数字系统设计与SOPC技术

宋彩利 康磊 主编

西安交通大学出版社
XI'AN JIAOTONG UNIVERSITY PRESS

内容简介

本书以 FPGA 和 SOPC 的设计技术为主线,介绍了采用 Verilog HDL 为硬件编程语言进行数字系统设计的方法和使用 SOPC 技术设计计算机应用系统的过程和方法。主要内容包括数字系统设计方法和步骤;EDA 开发环境介绍;Verilog 的语法及使用规则;常用组合和时序逻辑电路设计;计算机中运算器、存储器设计,直至设计 RISC 系统的计算机;SOPC 系统基本知识与设计步骤;NIOS II 常用外设编程,用 SOPC 技术构建满足任务要求的计算机应用系统,达到对 SOPC 的灵活应用。

本书从教学和工程角度出发,力图做到理论与实际相结合,将 FPGA 和 SOPC 设计技术应用于计算机应用系统的开发中,缩小学校教学与实际项目开发的距离,使学生为今后的 EDA 开发和就业打下良好的基础。本教材可作为高等院校工科学生的教材,也可用作工程技术人员进行 EDA 项目开发的参考书。

图书在版编目(CIP)数据

数字系统设计与 SOPC 技术/宋彩利,康磊主编. —西安:
西安交通大学出版社,2012.10(2020.8 重印)
ISBN 978 - 7 - 5605 - 4395 - 6

Ⅰ.①数… Ⅱ.①宋… ②康… Ⅲ.①数字系统-系统设计 Ⅳ.①TP271

中国版本图书馆 CIP 数据核字(2012)第 120199 号

书　　名	数字系统设计与 SOPC 技术
主　　编	宋彩利　康　磊
责任编辑	屈晓燕

出版发行　　西安交通大学出版社
　　　　　　(西安市兴庆南路 1 号　邮政编码 710048)
网　　址　　http://www.xjtupress.com
电　　话　　(029)82668357　82667874(发行中心)
　　　　　　(029)82668315(总编办)
传　　真　　(029)82668280
印　　刷　　西安日报社印务中心
开　　本　　787mm×1 092mm　1/16　印张 19.25　字数 468 千字
版次印次　　2012 年 10 月第 1 版　2020 年 8 月第 3 次印刷
书　　号　　ISBN 978 - 7 - 5605 - 4395 - 6
定　　价　　30.00 元

读者购书、书店添货,如发现印装质量问题,请与本社发行中心联系、调换。
订购热线:(029)82665248　(029)82665249
投稿热线:(029)82664954
读者信箱:jdlgy@yahoo.cn

前 言

随着 EDA 技术的广泛应用,学生在校应能够系统地学习数字系统和 EDA 设计技术,掌握 EDA 技术的基本概念和基本实践技能;具备使用可编程器件设计数字系统的技能。EDA 的关键技术是 FPGA 和 SOPC 技术,因此,我们以计算机系统的组成和应用为主线,介绍了计算机中各部件的 Verilog 实现和调试方法,以及用 SOPC 技术实现计算机应用系统的方法。本书具有以下特点:

1. 将 EDA 开发技术融入到计算机硬件课的教学中。

本书中我们将硬件描述语言 Verilog、EDA 设计方法、FPGA 技术和 SOPC 技术有机结合起来,介绍了用 FPGA 技术开发计算机中各部件的方法,从而设计自主知识产权的计算机系统,同时介绍了根据应用特点用 SOPC 技术设计计算机应用系统的方法,从而提高设计效率。

2. 采用 Verilog 语言作为硬件描述语言和大量的设计实例进行内容讲解。

目前有许多关于硬件描述语言的教材,其中大部分都是用 VHDL 语言来实现的,有关 Verilog 语言的书籍主要是对语法介绍和使用,可直接用于教学的实例较少,学生学习难度较大。选用 Verilog 硬件编程语言的主要原因为:Verilog 与 C 语言有很多相同点,并且大专院校都开设 C 语言,这给教学和学生学习带来很大方便。

3. SOPC 技术的应用。

SOPC(System On Programmable Chip,可编程片上系统)是一种灵活、高效的 SOC 解决方案,是一种新的软硬件协同的系统设计技术。它将处理器、存储器、I/O 接口等系统设计需要的功能模块集成到一个可编程器件上,构成一个满足用户需求的计算机系统。目前,SOPC 技术已广泛应用到各类数字系统的设计中,本书用实例对 SOPC 技术的应用与实现过程做了详细说明,力求让使用该教材的人能尽快使用该技术开发满足要求的产品。

本书从实用角度出发,力图做到理论与实际的结合,缩小学校讲授与实际项目开发的距离,学生学完本课程内容能尽快参加到实际项目的开发中。书中收集和编写的具体实例都在 DE2-70 开发板上进行过验证,使用其它开发环境时只需要做简单修改就可使用。本书出版后可扩展计算机教育的新思路,促进各校的计算机教学改革,该书可作为嵌入式课程教材、SOPC 技术教材、EDA 数字系统设计教材和计算机硬件综合课程设计教材,也可作为毕业设计的参考教材。

全书包括 9 章,第 1 章 FPGA 数字系统设计,介绍数字系统的设计方法和目前广泛采用的电子设计自动化(EDA)技术的相关基础知识;第 2 章 Verilog HDL 程序设计,介绍 Verilog HDL 程序的基本结构、数据类型、运算符、基本语句和 Verilog HDL 程序的设计方法;第 3 章 EDA 开发环境简介,介绍 DE2-70 开发板硬件结构、Quartus II 8.1 和 NIOS II 8.1 的安装过程以及 Quartus II 开发流程;第 4 章 常用组合和时序逻辑电路设计,介绍常用组合和时序逻辑电路的 Verilog 建模和仿真;第 5 章 运算器设计,介绍算术运算的原理和实现方法;第 6 章 存储器设计,介绍片上系统常用的几种存储器模块的实现方法,并给出外部存储器的驱动方法;第 7 章 模型机设计,介绍计算机中的主要部件运算器、存储器、CPU 的设计原理和设计方法,最后实现了一个基于 RISC CPU 的模型机;第 8 章 SOPC 系统设计,介绍 SOPC 的相关知识,利用简单实例介绍 SOPC Builder 硬件配置平台与硬件系统构建过程,以及 Nios II IDE 软件开发平台及软件开发与调试方法;第 9 章 NIOS II 常用外设编程,以实例的形式介绍一些常用的外设的硬件结构和软件编程,以及外部存储器的扩展方法,使读者掌握 Nios II 嵌入式系统的软硬件协同开发的技能。最后以多功能数字钟为综合实例,介绍了 SOPC 应用系统开发方法,希望能起到抛砖引玉的作用。

本书由西安石油大学计算机学院的宋彩利老师和康磊老师共同编写,宋彩利老师负责编写第 2、3、8、9 章,康磊老师负责编写第 1、4、5、6、7 章,由宋彩利老师进行统稿。本书的编者长期从事计算机的教学和科研工作,主编过多部教材。

尽管我们作了很大努力,力争为读者提供一些数字系统与 SOPC 应用系统的开发经验,但由于编者水平有限,有可能出现错误或考虑不周之处,请读者提出宝贵意见。

目　录

第1章 FPGA 数字系统设计

日常生活随处可见的手机、数码相机、ATM 机、计算机等都是数字系统。除此之外数字系统也已广泛应用于通信、航天、自动控制、医疗、教育、气象等工业、商业、科学研究诸多领域，当今的时代可以称之为数字化时代。

本章介绍数字系统的设计方法，现场可编程门阵列 FPGA(Programmable Gate Array)的工作原理以及目前广泛采用的电子设计自动化(EDA)技术的相关基础知识。

1.1 数字系统设计方法简介

数字系统的设计方法有两种。一种是传统的手工设计方法，另一种是电子设计自动化(EDA,Electronic Design Automation)设计方法。

传统的数字电路的设计方法依赖于手工和经验，是基于通用集成电路的特定功能实现的数字系统，这种设计也称为"积木式"设计。这种方法从设计到实现通常需要经过一系列的步骤：第 1 步，根据设计要求列出真值表或状态转移表，然后根据所选取的通用器件的特定功能对逻辑函数进行化简和变换，画出逻辑电路图；第 2 步，设计印刷电路板，根据选用部件的封装和尺寸设计电路板；第 3 步，根据设计电路绘制、制作印刷电路板。第 4 步，在电路板上焊接元件并对电路的功能进行检测及调试，如果电路存在故障，将需要花费大量的时间去排除。

随着集成电路技术的发展，传统的数字系统设计方法逐渐被 EDA 技术取代。EDA 是以大规模可编程器件为设计载体，以硬件描述语言为系统逻辑描述的主要表达方式，以计算机、大规模可编程逻辑器件的开发软件及实验开发系统为设计工具，通过有关的开发软件，自动完成用软件方式设计的电子系统到硬件系统的逻辑编译、逻辑化简、逻辑分割、逻辑综合及优化、逻辑布局布线、逻辑仿真，直至完成对于特定目标芯片的适配编译、逻辑映射、编程下载的工作，最终形成集成电子系统或专用集成芯片的一门多学科融合的新技术。因此可以看出 EDA 设计需要可编程电路、硬件描述语言、软件开发平台等一系列条件和工具。目前复杂数字系统已经广泛采用了基于计算机语言描述的设计方法。这种设计方法的转变是由于采用硬件描述语言 HDL(Hardware Description Languages)可以使设计者非常方便地利用可编程集成电路实现大型复杂电路，因为采用 HDL 和相关软件可以方便的管理可编程集成电路中上百万个逻辑门，而手工设计方法是根本不可能做到这一点的。即使是小系统的开发采用 HDL 也可以缩短开发周期快速占有市场。

下面我们对传统设计方法和 EDA 设计方法进行比较。

传统设计方法采用自下而上(Boottom_Up)的设计方法，其设计流程如图 1.1 所示。所谓自下而上的含义是指，电路设计是由所选用通用元件的功能决定的。顶层模块的功能是由若干个子模块实现的，而每一个子模块又由多个叶子模块来实现，叶子模块还可以由更小的子模块实现，最底层的模块是由已有的通用集成电路实现的。

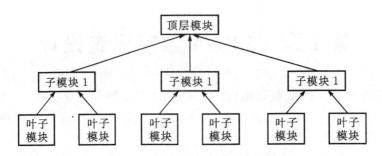

图 1.1　Bottom-Up 设计方法的示意图

传统设计方法的特点是：

(1)采用通用的逻辑元、器件,基于电路板的设计方法；

(2)以电路图为主；

(3)手工实现；

(4)电路功能测试和仿真在设计后期进行；

(5)设计周期长、灵活性差。

EDA 设计方法采用自上而下(Top_Down)的设计方法,自上而下是指按照数字系统的整体功能将系统逐步分解为各个子系统和模块,层层分解,直至整个系统中各个子系统关系合理,并便于逻辑电路级的设计和实现为止。整个系统和各子系统均可逐层描述、逐层仿真以满足整个系统的性能指标。EDA 设计流程如图 1.2 所示。

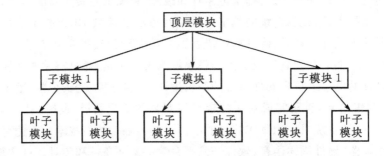

图 1.2　"Top→down"(自顶向下)设计系统硬件的过程

EDA 的设计特点是：

(1)EDA 是基于可编程芯片的设计方法；

(2)以硬件描述语言描述为主；

(3)设计手段以软件自动实现；

(4)电路的功能仿真可在设计早期进行；

(5)设计周期短、灵活性好。

EDA 与传统电子设计方法的优缺点具体见表 1.1。

表 1.1　EDA 设计方法与传统设计方法的比较

传统设计方法	EDA 设计方法
自底向上	自顶向下
手动设计	自动设计
硬软件分离	打破硬软件屏障
原理图方式设计	原理图、硬件描述语言等多种设计方式
系统功能固定	系统功能易于修改升级
不易仿真	易于仿真
难测试修改	易测试修改
模块移置共享困难	设计工作标准化,模块可移置共享
设计开发周期长	设计开发周期短

1.2　FPGA 结构和工作原理

1.2.1　FPGA 工作原理

FPGA 是在 PAL 等可编程器件的基础上进一步发展的产物。它是作为一种半定制电路而出现的,既解决了定制电路 ASIC 的不足,又克服了原有可编程器件门电路有限的缺点。

由于 FPGA 可以被修改,因此它在实现组合电路时的基本结构不可能像 ASIC 那样通过固定的与非门来完成,而是采用一种易于配置的结构。查找表 LUT(Look-Up-Table)可以很好地满足这一要求,目前主流 FPGA 都采用基于 SRAM 工艺的查找表结构,也有一些军品和宇航级 FPGA 采用 Flash 或熔丝与反熔丝工艺的查找表结构,通过烧写文件改变查找表内容的方法来实现对 FPGA 的重复配置。

根据数字电路的基本知识可知,对于一个 n 输入的逻辑运算,其所有的逻辑运算都可以表示成最小项之和的形式,而 n 个变量的最小项有 2^n 个,因此所有逻辑函数的结果最多有 2^n 个。因此如果事先将所有对应的结果存放于一组存贮单元中,然后以 n 变量的取值作为地址访问相应的存储单元,就可以得到相应函数的值,这也是就是查找表的原理。FPGA 的原理也是如此,它可以根据具体电路的功能生成烧录文件,然后通过烧写文件去配置查找表的内容,这样就可以在相同的电路情况下实现不同的逻辑功能。

查找表本质上就是一个 RAM,目前 FPGA 中多使用 4 位输入的 LUT,所以每一个 LUT 可以看成一个有 4 位地址线的 的 RAM,当用户通过原理图或 HDL 语言描述了一个逻辑电路以后,EDA 开发软件会自动计算逻辑电路的所有可能结果,并把真值表(即结果)事先写入 RAM,这样,每输入一个信号进行逻辑运算就等于输入一个地址进行查表,找出地址对应的内容,作为函数的结果输出。

由于基于 LUT 的 FPGA 具有很高的集成度,其器件密度从数万门到数千万门不等,可以完成极其复杂的时序与逻辑组合逻辑电路功能,所以适用于高速、高密度的高端数字逻辑电路设计领域。其组成部分主要有可编程输入/输出单元、基本可编程逻辑单元、内嵌 SRAM、丰富的布线资源、底层嵌入功能单元、内嵌专用单元等。

本节以 Altera 公司的 Cyclone II 系列芯片为例说明 FPGA 的工作原理。Cyclone II 系列芯片采用全铜层、低 K 值、1.2V SRAM 工艺设计,采用 300 mm 晶圆,以 90 nm 的工艺技术为基础,Cyclone II 器件提供了 4608 到 68416 个逻辑单元(LE)。表 1.2 是 Cyclone II 典型芯片性能和特性。

表 1.2　Cyclone II 典型芯片性能比较

器件	EP2C5	EP2C8	EP2C15	EP2C20	EP2C35	EP2C50	EP2C70
逻辑单元	4 608	8 256	14 448	18 752	33 216	50 528	68 416
M4K RAM 块	26	36	52	52	105	129	250
总比特数	119 808	165 888	239 616	239 616	483 840	594 432	1 152 000
嵌入式 18×18 乘法器个数	13	18	26	26	35	86	150
锁相环(PLLs)	2	2	4	4	4	4	4
用户 I/O 管脚数	158	182	315	315	475	450	622
差分通道	58	77	132	132	205	193	262

1.2.2　CycloneII 系列 FPGA 内部结构

图 1.3 是 Cyclone II 系列 FPGA 的内部结构图,其内部都是由逻辑阵列(Logic Array)、M4K 块(M4K Blocks)、输入输出单元(IOEs)、锁相环(PLL)、嵌入式乘法器(Embedded Multipliers)等构成。

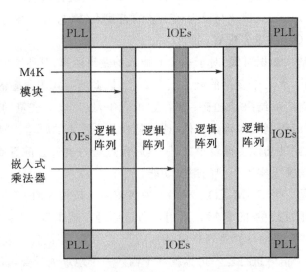

图 1.3　Cyclon II 系列 FPGA 内部结构

逻辑阵列块(LABs)是 Cyclone II 芯片的基本组成部分,每个 LAB 包含 16 个逻辑单元

LE(Logic Elements),LE 是可以实现各种用户逻辑功能的最小单元,所有 LAB 在器件内部按照行列形式排列,Cyclone II 器件内部 LE 的数量可以从 4608 到 68416。

M4K 块是一个带有校验功能的真正的双端口存储模块,可以被配制成最大宽度为 36 位且带宽为 260MHz 的真双端口、简单双端口或单端口存储器,与 LABs 一样,M4K 块也是按照行列形式在内部排列的,Cyclone II 器件提供的内嵌式存储器容量从 119 Kb 到 1 152 Kb 不等。

Cyclone II 器件还提供最多包含 4 个锁相环的全局时钟网络。这个时钟网络最多可以有 16 个全局时钟线遍布整个芯片,可以为器件内部的 IOEs、LEs、嵌入式乘法器和 M4K 块提供时钟信号,这些时钟信号也作为高速输出信号为其他芯片提供时钟,PLL 可以实现 FPGA 片内时钟的合成、移相以及实现高速差分信号的输出。

嵌入式乘法器模块在器件内部以列的形式排列,每个乘法器模块可以实现高达 250MHz 的两个 9 × 9 或一个 18 × 18 的乘法器。

每个 Cyclone II 器件的 IOE 排列在遍布在整个器件的 LAB 的行列末端,I/O 引脚是 IOE 产生的。Cyclone II 系列的 I/O 引脚支持各种标准类型的单独或差分输出/输出。每个 IOE 包含一个双向的 I/O 缓冲器和三个用于寄存器输入、输出和输出使能的信号。IOE 还可以为外部存储器设备(诸如 DDR,DDR2、SDR、SDRAM 和 QDRII SRAM 等)提供最高 167MHz 且具有延迟链功能的 DQS、DQ 和 DM 引脚的接口支持。

下面详细介绍 Cyclone II 器件内部模块的结构和功能。

1.逻辑单元 LE

LE 是 Cyclone II 结构中最小的逻辑单元,它能够出色地完成各种复杂的逻辑应用。每个 LE 具有下列特征。

①一个 4 输入的查找表(LUT),可以实现任意 4 变量的逻辑函数;
②一个可编程的寄存器;
③一个进位链连接;
④能够驱动各种类型的连接,包括本地互联、行、列、寄存器链和直接连接;
⑤支持寄存器打包;
⑥支持寄存器反馈。

(1)LE 简介

LE 的内部结构如图 1.4 所示,由查找表、进位链、同步置数和清零逻辑、可编程触发器、异步清零逻辑、时钟和时钟使能选择逻辑以及各种连接布线组成。LE 的输出可以来自进位链或可编程触发器。实现时序逻辑时选择触发器的输出,实现组合逻辑时进位链的输出可以将可编程寄存器旁路而直接输出。

可编程触发器可以被配置成 R - S、D、J - K、T 型触发器,具有数据输入端、时钟信号、输出使能、清零控制端和输出端。时钟网络、通用 I/O 信号以及内部逻辑都可以驱动触发器的时钟及清零信号,内部逻辑及 GPIO 可以驱动时钟使能信号。

每个 LE 有三个输出可以与本地、行、列资源相连。LUT 或触发器的输出可以独立驱动这三种输出。其中两个可以驱动列或行直接布线连接,一个可以驱动本地的内部连接。LUT 和触发器可以分别独立驱动三个输出,这样就允许 LUT 驱动一个输出而触发器驱动另一个输出。这种方法使器件中的寄存器和查找表完成各自不相干的功能,这种方式也称为寄存器打包,因此可以提高器件的利用率。在寄存器打包方式下工作时,LAB 的同步加载信号不再有效。

另外一种特殊的打包方式允许计数器输出反馈到同一个 LE 查找表的输入端。

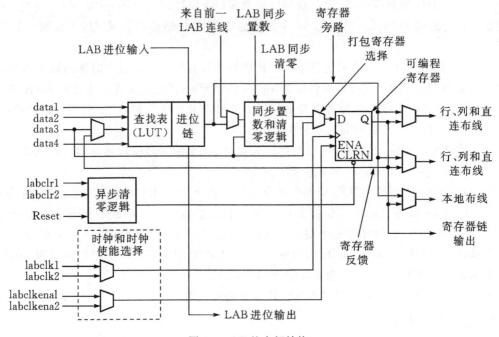

图 1.4　LE 的内部结构

LE 有两种操作模式:普通模式和算术模式,每种模式占用 LE 的资源是不同的。每种模式下 LE 的六个输入(四个数据输入、进位链输入和寄存器链输入)信号为了实现预期的功能被送到不同的目的端。LAB 范围内的信号为寄存器提供时钟、异步清零、同步清零、同步置数和时钟使能控制,这些 LAB 范围内的信号在 LE 的两种工作模式都可以使用。Quartus II 可以通过参数化模块库自动为一些常用功能(如计数器、加法器、减法器、算术功能等)自动的选择适当的模式。如果有必要,为了优化性能用户也可以指定 LE 的操作模式实现特殊的功能。

(2)LE 的普通模式

LE 的普通模式常用于实现通用逻辑和组合逻辑功能。在这种模式下来自 LAB 本地内部的四个数据输入端作为 LUT 的输入端,如图 1.5 所示。QuartusII 编译器会自动选择 cin 信号、data3 寄存器反馈信号中选择一个作为 LUT 的一个输入端。LE 的普通模式支持寄存器打包或寄存器反馈。

(3)LE 的算术模式

算术模式适合实现加法器、计数器、累加器和比较器。工作在算术模式下的一个 LE 可以实现 2 位的全加器和一个进位链,如图 1.6 所示。在算术模式下查找表的输入可以通过寄存器输出也可以不经过寄存器输出。在这种模式下同样支持寄存器反馈和寄存器打包。

QuartusII 的编译器在设计过程中会自动生成进位链,也可以在设计过程中手动生成进位链。像 LPM 这些参数化的模块会自动为应用产生优化的进位链。QuartusII 的编译器会自动连接在同一个列中 LAB 以产生长度大于 16 个 LE 的进位链。为了增强布线的功能,进位

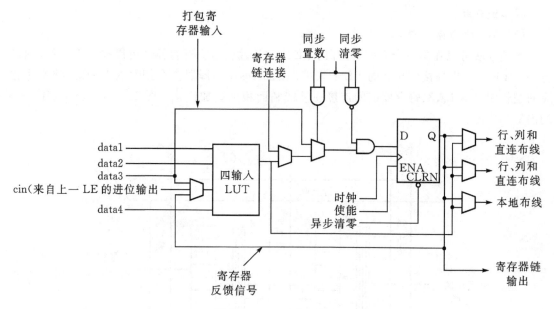

图 1.5　LE 的普通模式

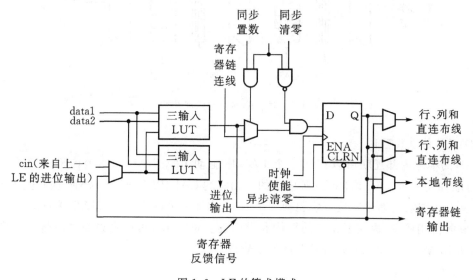

图 1.6　LE 的算术模式

链的连接是垂直的,这样可以使得 M4K 存储器块或嵌入式乘法器通过内部连线快速进行水平连接。

2. 逻辑阵列块(LAB)

每个逻辑阵列块包含以下几项:

①16 个 LE;

②LAB 控制信号;

③LE 进位链;

④寄存器链;

⑤本地互联。

(1)LAB 的内部结构

本地互联可以在同一个 LAB 内部的 LE 之间传输信号。寄存器链可以在一个 LAB 内部将一个 LE 的输出连接到相邻的 LE 输入端。QuartusII 编译器会在相邻的 LAB 之间产生相应的逻辑使得本 LAB、寄存器链的连接在性能和面积上更加优化。图 1.7 是 CycloneII LAB 的内部结构图。

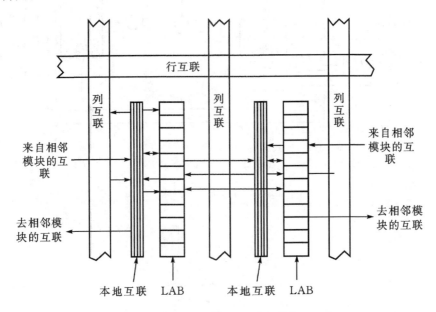

图 1.7　逻辑阵列块的内部结构

(2)LAB 的直接互联

LAB 的本地内部互联可以在同一个 LAB 中驱动 LE。LAB 的本地内部连接是由行互联、列互联和同一个 LAB 内部的 LE 驱动的。相邻的 LAB、PLL、M4K RAM 块和嵌入式乘法器可以从左边或右边通过直接互联驱动一个 LAB 本地的内部连接。直接互联的特征使得行、列互联资源占用最少,提高了设计的性能和灵活性。每个 LE 可以通过快速本地互联和直接互联驱动 48 个 LE。图 1.8 是直接互联的示意图。

3. LAB 的信号

每个 LAB 为了控制其内部的 LE 有专用的控制信号,这些控制信号包括:2 个时钟信号,2 个时钟使能信号,2 个异步清零信号,1 个同步清零信号,一个同步置数信号,如图 1.9 所示。这样同时可以产生 7 个控制信号。需要说明的是当使用同步置数信号时,labclk1 的 clkena 是不可用的。除此之外寄存器的打包和同步置数功能是不能同时使用的。每个 LAB 最多可以有 4 个非全局的控制信号,其他控制信号只有是全局控制信号时才可以使用。

同步清零和置数信号对实现计数器和其他功能是非常有用的,这两个信号是会影响 LAB 内部所有寄存器的 LAB 范围信号。

一个 LAB 可以使用 2 个时钟信号和 2 个时钟使能信号。每个 LAB 的时钟信号和时钟使能信号是相互关联的。例如,在一个特定 LAB 内的任一 LE 使用 labclk1 时同时也就使用了

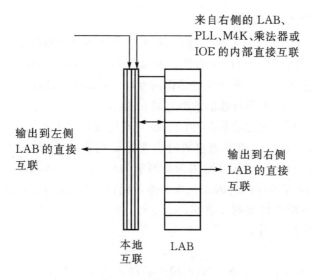

图 1.8　直接互联示意图

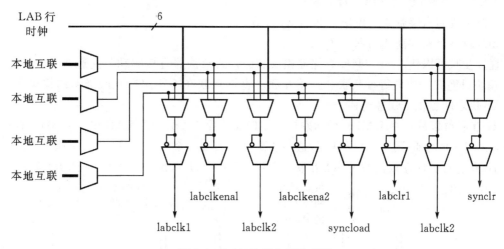

图 1.9　LAB 控制信号示意图

labclkena1,如果 LAB 使用了时钟信号的上升沿和下降沿,那么就是用了 LAB 的两个时钟信号。

　　LAB 范围信号控制产生寄存器的清零信号,LE 也具有异步清零的功能。每个 LAB 最多可以有两个异步清零信号(labclr1 和 labclr2)。LAB 中不提供寄存器的异步置数功能。寄存器的置数功能是采用非门的回拉技术实现的。CycloneII 器件只能在寄存器置数或异步清零功能中选择其一。

　　除了清零端口,CycloneII 器件还提供了一个芯片范围的复位信号 DEV_CLRn,可以对器件内的所有寄存器实现复位。Quartus II 软件在编译之前可以通过一个设置选项对该引脚进行设置。DEV_CLRn 的优先级信号高于芯片中所有其他信号。

4. 多模块之间的内部连接

在 CycloneII 结构中，LE、M4K 存储器块、嵌入式乘法器以及器件 I/O 引脚之间的连接是由称为 DirectDrive 技术的 MultiTrack 互联结构实现的。MultiTrack 互联是连续的、能够为内部模块之间的不同速度的信号提供性能优化的互联。Quartus II 编译器为了提高设计性能会自动选择主要连接方式以实现快速的内部互联。

DirectDrive 技术是保证使用相同的布线资源实现任意互联的关键，MultiTrack 和 Direct-Drive 消除了传统设计中在更改和添加模块时需要重新优化的周期，使得基于模块设计的集成阶段变得更加简单。MultiTrack 互联由跨度固定的行（直接连接，R4 和 R24）和列（寄存器链，C4 和 C16）组成。所有器件使用固定长度资源的路由技术，使得在不同密度器件上进行移植设计时可以对设计性能进行预测和重现。

下面对互联方式进行介绍。

（1）行间互联

在同一行中的 LAB、PLL、M4K 存储器模块和嵌入式乘法器之间信号的连接由专用的行互联来实现。这些行连接的资源包括：

①LAB 和邻近块之间的直接互联；

②向左或向右穿越 4 个模块之间的 R4 互联；

③跨越整个器件高速的 R24 互联。

直接互联可以使 LAB、M4K 存储器模块和嵌入式乘法器直接驱动其左边或右边的邻居。PLL 模块只能有一边进行行互联和直接互联。直接互联在不使用行互联资源的情况下为相邻 LAB 块之间提供了快速通信。

R4 互联可以从一个 LAB 开始向左或向右跨越 4 个 LAB、三个 LAB 和一个 M4K 存储器模块、3 个 LAB 和 1 个嵌入式乘法器，这些资源可以实现一个四 LAB 区域的快速行连接。每个 LAB 有它自己向左或向右的 R4 互联。如图 1.10 中显示出了一个 LAB 的 R4 互联。R4

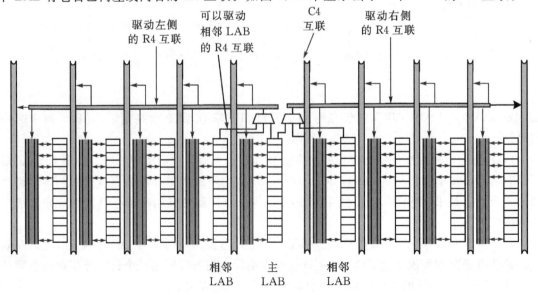

图 1.10　R4 互联示意图

互联可以驱动 LAB、M4K 存储器模块、嵌入式乘法器、PLL 和行 IOE,也可以被这些模块驱动。如图 1.10 中所示,对 LAB 接口而言,一个主 LAB 或一个相邻 LAB 可以驱动一个给定的 R4 互联,对于右边的 R4 互联可以被主 LAB 和其右边的邻居驱动。左边的 R4 互联可以被主 LAB 和其左边的邻居驱动。R4 互联由可以驱动其他的 R4 互联,这样就扩展了 LAB 可以驱动的范围。除此之外,R4 互联通过驱动 R24 互联、C4 和 C16 互联实现跨行互联。

R24 行互联可以为非相邻的 LAB、M4K 存储器模块、专用乘法器和行 IOE 之间的互联提供最快速的资源,以实现可以跨越 24 个 LAB 的长距离互联。R24 行互联可以驱动其他行或列 LAB 组(以 4 个 LAB 为一组)。R24 通过 R4 和 C4 互联驱动 LAB 的本地互联,而不是直接驱动 LAB 的本地互联。R24 可以驱动 R24、R4、C16 和 C4 互联。

(2)列间互联

列间互联的原理与行间互联类似,每一列的 LAB 有专用的在垂直方向连接 LAB、M4K 存储器模块、嵌入式乘法器以及行列 IOE 的连线,这些列互联资源包括:

①LAB 内部的寄存器链;

②可以上下跨越 4 个块距离的 C4 互联;

③可以在垂直方向跨越整个器件的高速 C16 互联。

CycloneII 器件在 LAB 内部 LE 间的快速连接可以采用一种增强的连接方式——寄存器链。寄存器链连接方式可以使一个 LE 的输出直接与另一个 LE 的输入端连接,可用于实现快速移位寄存器。QuartusII 编辑器能够自动选择连接方式以提高资源的利用率和系统性能。图 1.11 是寄存器链的互联示意图。

C4 互联可以从一个 LAB 开始向上或向下跨越 4 个 LAB、M4K 块或嵌入式乘法器,每个 LAB 有它自己的一套 C4 互联可以向上或向下驱动。如图 1.12 所示为从一个 LAB 开始的一

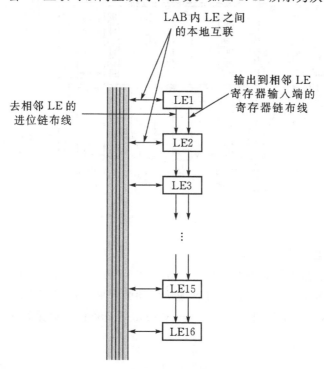

图 1.11　寄存器链连接示意图

个列中的 C4 互联。C4 互联可以驱动所有类型的模块,包括 PLL、M4K 存储器模块、嵌入式乘法器以及列和行 IOE,C4 也可以被这些模块驱动。一个主 LAB 或它的邻居可以驱动一个特定的 C4 互联。C4 互联可以相互驱动来来扩展它的范围。

C16 连接可以跨越 16 个 LAB 的长度,为 LAB、M4K 存储器模块、嵌入式乘法器和 IOE 之间的连接提供最快的方式。C16 互联可以驱动其他行和列驱动的 LAB 组(每组 4 个 LAB)。对于 LAB 的内部互联,C16 列互联不能直接驱,而是通过 C4 或 R4 驱动。C16 互联可以驱动 R24、R4、C16 和 C4 互联。

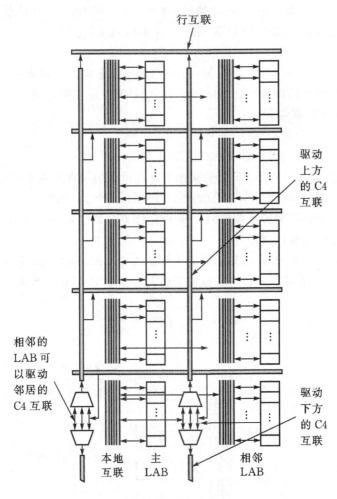

图 1.12　C4 互联示意图

(3)模块之间的互联选择

所有嵌入式模块之间通信的逻辑阵列与 LAB 和 LAB 之间的接口相似。每个模块与行连接和列连接相连,在其内部也有行连接和列连接驱动的区域。这些模块之间也有与邻居 LAB 直接进行连接的输入或输出信号。表 1.3 是 Cyclone II 器件的互联途径表。

表 1.3　Cyclone II 器件的互联途径表

源＼目标	寄存器链	本地互联	直接互联	R4互联	R24互联	C4互联	C16互联	LE	M4K RAM	乘法器	PLL	列IOE	行IOE
寄存器链								✓					
本地互联								✓	✓	✓	✓	✓	✓
直接互联		✓											
R4互联		✓		✓	✓	✓	✓						
R24互联				✓	✓	✓							
C4互联		✓		✓	✓	✓	✓						
C16互联				✓	✓	✓	✓						
LE	✓	✓	✓	✓		✓							
M4K RAM		✓		✓		✓							
乘法器		✓		✓		✓							
PLL			✓	✓		✓							
列IOE						✓	✓						
行IOE			✓	✓	✓	✓							

5. 时钟网络和锁相环

Cyclone II 器件提供了全局的时钟网络和最多 4 个 PLL 来实现时钟信号的管理方案。Cyclone II 时钟网络的特征有:

①最多 16 个全局时钟网络;

②最多 4 个 PLL;

③全局时钟网络动态时钟信号选择;

④全局网络动态使能和禁止。

每个全局时钟网络有一个时钟控制模块用于从时钟输入引脚(如 PLL 时钟输出、CLK、DPCLK 和内部逻辑)选择信号去驱动全局时钟网络。表 1.4 列出了每种 Cyclone II 器件中 PLLs,CLK,DPCLK 和全局时钟网络的数量。CLK 是固定引脚,而 DPCLK 是双功能的时钟引脚。

表 1.4　Cyclone II 器件的时钟资源

器件类型	PLL 数量	CLK 引脚数量	DPCLK 引脚数量	全局时钟网络数量
EP2C5	2	8	8	8
EP2C8	2	8	8	8
EP2C20	4	16	20	16
EP2C35	4	16	20	16
EP2C50	4	16	20	16
EP2C70	4	16	20	16

（1）专用时钟引脚

EP2C15 或规模更大一些的 Cyclone II 器件有 16 个专用引脚 CLK[15..0]（每边 4 个）如图 1.13 所示，较小一些的器件如 EP2C5 和 EP2C8 有 8 个专用时钟信号 CLK[7..0]（左右各 4 个），这些 CLK 信号驱动全局时钟网络中的 GCLK 信号，如图 1.13 所示。

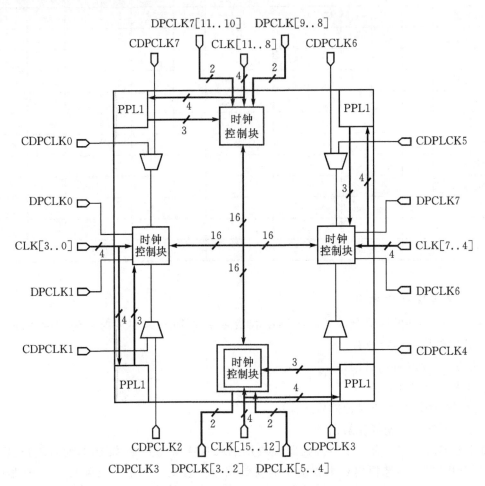

图 1.13　较大规模 CycloneII 器件内时钟控制模块的分布图

如果专用时钟信号没有反馈到全局时钟网络，则这些信号可以通过 MultiTrack 内部互联连接到逻辑阵列作为通用引脚，但是这样使用时这些引脚不支持 I/O 寄存器功能而只能是基于 LE 功能的寄存器。

（2）双功能时钟引脚

Cyclone II 系列器件有 20 个 DPCLK[19..0]（较大规模）或 8 DPCLK[7..0]（较小规模）个双功能的时钟引脚。4 个角的 CDPCLK 引脚在经过复用之后才进入时钟控制模块，因此与 DPCLK 信号（直接与时钟控制模块相连）相比会产生延迟。

从 DPCLK 到它的驱动输出有一个可编程的延迟链。为了确定传输延迟可以在 QuartusII 软件中的"Input Delay from Dual－Purpose Clock Pin to Fan－Out Destinations"进行设置。这些双功能的引脚可以连接到全局时钟网络作为高扇出的控制信号，如时钟信号、异步清零信号、预置信号和时钟使能信号,或 PCI 中的协议控制信号 TRDY 和 IRDY,也可以是外存储器的接口信号 DQS。

（3）全局时钟网络

Cyclone II 系列器件内部有 16 或 8 个全局时钟驱动网络,专用时钟信号 CLK、PPL 输出、逻辑阵列和双功能的时钟信号 DPCLK 引脚都可以驱动全局时钟网络。

全局时钟网络可以为器件内的所有资源,如 IOE、LE、存储器模块和嵌入式乘法器提供时钟信号。全局时钟信号也可以作为控制信号,如从外部接入的时钟使能或同步、异步清零信号以及 DDR SDRAM 或 QDRII SRAM 接口的 DQS 信号。内部逻辑也可以作为全局时钟信号、异步清零信号、时钟使能或其他控制信号驱动全局时钟网络。

每一个全局时钟网络都有一个如图 1.14 所示的时钟控制模块,CycloneII 器件最多有 16 个控制模块,而且这些时钟控制模块分布在器件的外围,较大规模的 CycloneII 器件(如 EP2C15 或更大)在每个边有 4 个(共 16 个)时钟控制模块,较小的些的器件(如 EP2C5 和 EP2C8 devices)在左右两边各有 4 个(共 8 个)时钟控制模块。

时钟控制模块具有以下功能:

①动态全局时钟网络时钟源选择;

②动态全局时钟网络使能/禁止控制。

在 CycloneII 器件中,CLK 引脚、PLL 计数器输出、DPCLK 引脚和内部逻辑都可以作为时钟控制模块的输入。时钟控制模块的输出控制相应的全局时钟网络。

从图 1.14 中可以看出,时钟控制模块的输入源有以下几个:

①与时钟控制模块在同侧的 4 个 CLK 引脚;

②一个 PLL 的 3 个输出时钟信号;

③与时钟控制模块在同侧的 4 个 DPCLK 引脚;

④4 个内部生成的信号。

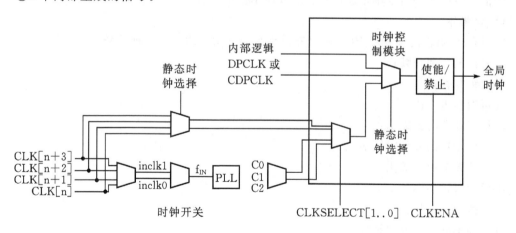

图 1.14　时钟控制模块

在上面列出的输入源中,只有两个 CLK 引脚、两个 PLL 输出、一个 DPCLK 引脚和一个内部生成信号可以最终驱动一个时钟控制模块,图 1.14 可以看出更多的细节。在时钟控制模块的六个输入中,两个 CLK 和两个 PLL 输出只能动态地选择一个接入到全局时钟网络。时钟控制模块对 DPCLK 和内部逻辑只能进行静态选择。

图 1.14 中的 CLKSWITCH 可以通过配置文件或使用 PLL 的手动转换功能时进行动态设置,复用器的输出是 PLL 可以作为 PLL 的标准时钟输入信号(fin);CLKSELECT[1..0]由内部信号产生,可以用于器件工作在用户模式时,对全局网络的时钟源进行动态选择。静态时钟选择信号是在配置文件中设置的,当器件工作在用户模式时是不能动态控制的。用户模式下内部逻辑可以被用于使能或禁止全局时钟网络。

(4)全局时钟网络分布

CycloneII 器件内部包含 16 个全局时钟网络,用这些时钟信号通过构成的一个 6 位总线复用器,可以驱动列 IOE 时钟、LAB 行时钟或行 IOE 时钟,如图 1.15 所示。在 LAB 的另一个复用器可以在 6 个 LAB 行时钟信号中选择两个作为其内部的 LE 寄存器时钟信号。

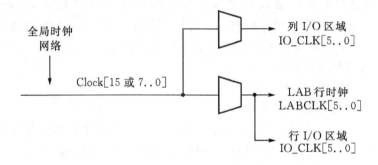

图 1.15　全局时钟网络复用器示意图

LAB 的行时钟可以作为 LE、M4K 存储器模块和嵌入式乘法器的输入。LAB 的行信号也可以扩展到行 I/O 时钟信号的区域。IOE 的时钟信号与行列块区域信号相关联,只有 6 个全局时钟信号与这些行列区域相连,如图 1.16 所示。

(5)锁相环

CycloneII 器件的锁相环 PLL 可以提供具有如下功能的通用时钟信号:

①时钟倍频和分频;

②时钟相移;

③可编程占空比;

④最多 3 个时钟输出;

⑤一个专用的外部时钟输入;

⑥支持差分时钟输出;

⑦手动时钟切换;

⑧支持门控信号;

⑨三种不同的差分时钟反馈方式;

⑩支持控制信号。

CycloneII 器件包含 2 个或 4 个 PLL,表 1.5 列出了每种 CycloneII 器件 PLL 的数量。

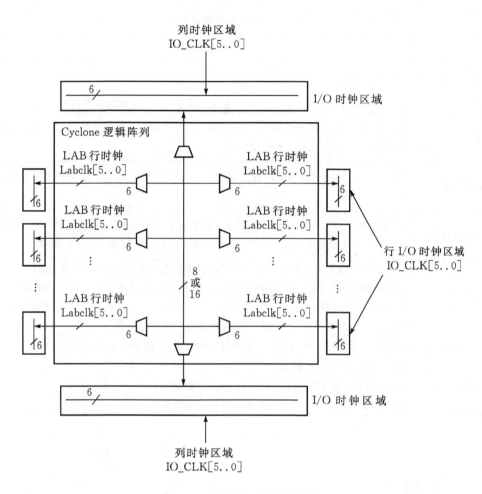

图 1.16　LAB 和 I/O 时钟区域

表 1.5　CycloneII 器件 PLL 的数量

器件型号	PLL1	PLL2	PLL3	PLL4
EP2C5	√	√		
EP2C8	√	√		
EP2C15	√	√	√	√
EP2C20	√	√	√	√
EP2C35	√	√	√	√
EP2C50	√	√	√	√
EP2C70	√	√	√	√

CycloneII 器件的内部 PLL 结构如图 1.17 所示。表 1.6 对 PLL 的各种功能进行了说明。

表 1.6　PLL 的功能描述

特征	功能描述
时钟倍频和分频	输出频率是输入频率的 $\dfrac{m}{n \times ci}$， 说明：m 和 $ci(i=0 \sim 2)$ 的取值范围是 $1 \sim 32$，n 的取值范围是 $1 \sim 4$
相移	CycloneII 的 PLL 具有相移可编程控制的能力，可编程相移的单位为 45°，即压控振荡器 VCO 周期的 8 分频是相移分辨率
可编程占空比	使得 PLL 的输出时钟信号的占空比可变。PLL 的输出 C2 还可以驱动专用的 PLL<＃>_out 引脚
手动时钟转换	CycloneII 的 PLL 可以通过内部逻辑手动时钟切换。这样就可以在用户模式下从 2 个参考输入时钟信号中进行切换，以满足多个时钟或不同频率时钟的需要
门控信号	这个锁定的输出表示有一个与参考时钟同相位稳定输出，CycloneII 的 PLL 包含一个可编程的计数器，这个计数器可以使这个锁存信号在用户指定的时钟计数范围内为低电平，这就使得 PLL 在这个锁存信号有效之前维持锁定状态。从锁存端口输出的门控或非门控的锁存信号都可以驱动内部逻辑或输出引脚
时钟反馈模式	时钟反馈模式有 3 种，分别是：零延时缓冲模式、普通模式和非补偿模式
控制信号	Pllenable 信号可以使能或禁止 PLL areset 信号可以复位和重新同步每个 PLL 的输入信号 Pfdena 信号通过一个可编程门控制鉴相器的输出

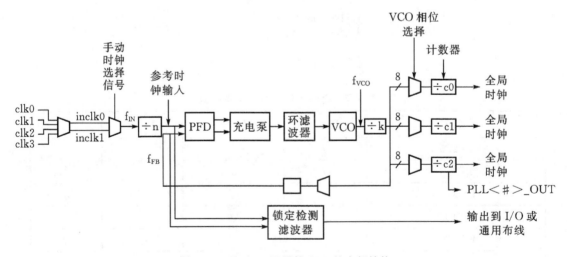

图 1.17　Cyclone II 器件 PLL 的内部结构

6.嵌入式存储器

CycloneII 的嵌入式存储器是由一组 M4K 存储器模块构成的，M4K 存储器模块包括一个具有同步写入功能的输入寄存器和输出寄存器，这样有助于实现流水设计和系统性能。输出寄存器可以旁路，但输入寄存器不能旁路。

(1)M4K 的基本性能

每个 M4K 模块可以实现各种类型的存储器,可以实现奇偶校验、真正双端口、简单双端口、单端口 RAM、ROM 或先进先出(FIFO)缓冲器。M4K 模块具有以下特征:

①4608RAM 位;

②250Mhz 带宽;

③真正双端口存储器;

④简单双端口存储器;

⑤单端口存储器;

⑥字节使能;

⑦支持奇偶校验位;

⑧移位寄存器;

⑨FIFO 缓冲;

⑩ROM;

⑪多种时钟模式;

⑫地址时钟使能。

需要注意的是,在进行读写操作时,若地址寄存器的建立时间和保持时间不正确会造成存储器内容的丢失。

表 1.7 是 CycloneII 器件中 M4K 存储器模块的数量和分布情况。

表 1.7 CycloneII 器件中 M4K 存储器模块的数量和分布

器件类型	M4K 列数	M4K 模块数	总 RAM 容量(位)
EP2C5	2	26	119 808
EP2C8	2	36	165 888
EP2C15	2	52	239 616
EP2C20	2	52	239 616
EP2C35	3	105	483 840
EP2C50	3	129	594 432
EP2C70	5	250	1 152 000

表 1.8 中列出了 M4K 存储器的各种特征。

表 1.8 M4K 存储器模块支持的各种性能小结

最高速度	250MHz
每个 M4K 存储模块的总容量(含校验位)	4,608
可配置模式	4K×1,4K×2,1K×4,4K×1,512×8,512×9,256×16,256×18 128×32(不提供真双端口模式) 128×36(不提供真双端口模式)

校验位	每字节提供一位校验位,校验位和内部逻辑电路可以实现对错误数据检查以保证数据的正确性
字节使能	M4K 可以写端口的位宽为 1,2,4,8,9,16,18,32 时支持字节写的功能。字节使能可以屏蔽输入数据的某些位而对一些特殊的字节进行写入,而未写入的字节内容保持不变
封装模式	如果两个独立的单端口存储器的容量等于或小于 M4K 存储器模块的一半,并且这两个模块被设置为单时钟模式时,那么,这两个单端口的存储器模块可以被封装成一个单 M4K 的模块
地址时钟使能	地址时钟使能功能使前一个地址的值在下一个地址时钟使能信号之前一直有效,这种功能在 cache 应用时处理数据丢失非常有效
存储器初始化文件(.mif)	当 M4K 模块被配置成 RAM 和 ROM 时,可以加载一个初始化文件来设置 RAM 和 ROM 的内容
上电条件	输出端口自动清零
寄存器清零	只有输出寄存器被清零
同一个端口写时读	新数据在时钟上升沿有效
混合端口写时读	旧数据在时钟上升沿有效

存储器的工作模式见表1.9

表 1.9　存储器的工作模式

工作模式	描述
单口存储器	不支持同时读写功能
简单双端口存储器	支持同时读写功能
具有混合位宽的简单双端口存储器	具有不同读写端口宽度的简单双端口存储器
真正双端口存储器	支持双端口读、双端口写或在不同时钟频率下一个端口读一个端口写
具有混合位宽的真正双端口	具有不同读写端口宽度的真正双端口存储器
嵌入式移位寄存器	M4K 存储器模块可以用于实现移位寄存器。指定单元的数据可以在时钟下降沿写入在时钟上升沿读出
ROM	M4K 存储器模块支持模式,可以用 MIF 文件初始化 ROM 的内容
FIFO 缓冲器	M4K 可以实现单时钟或双时钟的 FIFO。FIFO 不支持对空 FIFO 缓冲器同时进行读写

表 1.10 是 M4K 的时钟模式。

表 1.10　M4K 的时钟模式

时钟模式	说明
独立时钟模式	在这种模式下,每个端口有一个独立的时钟信号(端口 A 和端口 B)。时钟 A 控制端口 A 一方的所有寄存器,而时钟 B 控制 B 端口的所有寄存器
输入/输出时钟模式	在 A 端口或 B 端口,一个时钟控制所有输入存储器模块的寄存器:数据输入,Wren 和地址信号;另一个时钟控制数据输出寄存器
读/写时钟模式	在这种模式下最多有两个时钟可以控制读写功能。写时钟控制模块的数据输入、wraddress 和 wren 信号,读时钟控制数据输出、rdaddress 和 rden 信号
单时钟模式	在这种模式下一个时钟和一个时钟使能信号控制所有存储器模块的寄存器。寄存器不支持异步清零信号的控制

表 1.11 是 M4K 在不同配置模式下可以使用的时钟模式。

表 1.11　M4K 的时钟模式

时钟模式	真正双端口	简单双端口	单端口
独立时钟模式	√		
输入/输出时钟模式	√	√	√
读/写时钟模式		√	
单时钟模式	√		√

(2)M4K 的布线接口

M4K 模块本地的内部连接可以被 R4、C4 和来自相邻 LAB 的直接内部互联驱动。M4K 可以通过行资源与左右的 LAB 进行通信、通过列资源与所有的 LAB 列块进行通信。M4K 与左边或右边的相邻 LAB 最多可以有 16 个直连输入相连。M4K 的输出也可以通过这 16 个内部直连与左右 LAB 相连。图 1.18 是 M4K 模块到逻辑布线的接口。

7. 嵌入式乘法器

CycloneII 器件内部具有的优化嵌入式乘法器模块可以有助于对乘法运算要求很高的数字信号处理(DSP),诸如有限脉冲响应(FIR)滤波器,快速傅立叶变换(FFT)和离散余弦变换(DCT)等。在设计时可以根据需要使这些嵌入式乘法器工作在以下的一种或两种操作模式下。

①一个 18 位的乘法器;

②最多两个 9 位的独立乘法器。

嵌入式乘法器在使用输入和输出寄存器的 18×18 或 9×9 模式下,可以最高工作在 250MHz 下。

每个 CycloneII 器件都有 1~3 列的嵌入式乘法器可以高效地实现乘法功能。嵌入式乘法器分布高度与 LAB 行高度一致。表 1.12 是 CycloneII 器件中乘法器资源的分布情况。

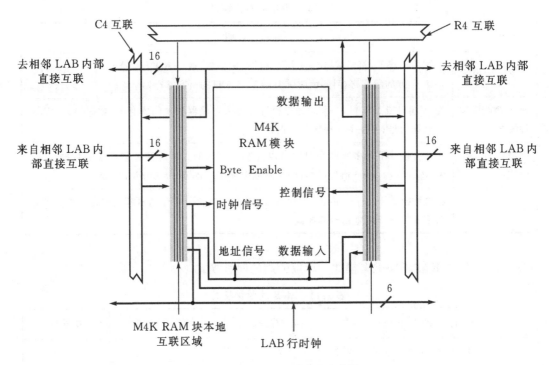

图 1.18　M4K RAM 模块的布线接口

表 1.12　嵌入式乘法器资源数量

器件	乘法器列数	乘法器总数量	9×9 乘法器数量	18×18 数量
EP2C5	1	13	26	13
EP2C8	1	18	36	18
EP2C15	1	26	52	26
EP2C20	1	26	52	26
EP2C35	1	35	70	35
EP2C50	2	86	172	86
EP2C70	3	150	300	150

(1)乘法器的内部结构

嵌入式乘法器由乘法器模块、输入输出寄存器和控制信号组成,其内部结构如图 1.19 所示。

嵌入式乘法器有五个动态的控制输入信号:signa、signb、clk、clken 和 aclr。

signa 和 signab 用来表示操作数是有符号数还是无符号数,为 1 表述该操作数是有符号数,为 0 表示该数是无符号数。嵌入式乘法器的两个操作数可以是有符号数也可以是无符号数,只要有一个操作数是有符号数运算的结果就是有符号数,只有两个操作数都是无符号数时运算的额结果才是无符号数。

嵌入式乘法器可以配置为 18 位和 9 位的乘法器。这两种宽度的乘法器都支持有符号整数和无符号整数的乘法,其输入和输出端都可连接寄存器。

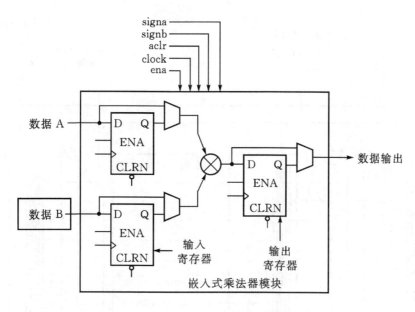

图 1.19　嵌入式乘法器内部结构

（2）乘法器的布线接口

R4、C4 和相邻 LAB 的内部互联可以驱动嵌入式乘法器的内部互联行接口。嵌入式乘法器可以通过行互联与左右 LAB 通信，也可以通过列资源与左右 LAB 列通信。嵌入式乘法器与左边或右边相邻 LAB 分别有最多 16 个直连输入相连。嵌入式乘法器的输出也可以通过 18 个内部直连与左右 LAB 相连。图 1.20 是嵌入式乘法器的布线接口图。

8. IOE 结构和特性

IOE 是输入输出模块，支持如下多种特性。

①单端 I/O 标准；

②与工作电压为 3.3V 的 64 位和 32 位 PCI 标准兼容；

③支持 JTAG 的边缘扫描测试；

④输出驱动强度控制；

⑤弱上拉电阻配置；

⑥三态缓冲；

⑦总线保持；

⑧用户模式的上拉电阻编程；

⑨可编程的输入输出延迟；

⑩支持 DQ 和 DQS 输入输出引脚；

⑪V_{REF}引脚。

Cyclone II 器件的 IOE 包含一个双向的 I/O 缓冲器和三个寄存器，这三个寄存器可以完成一倍数据传输率的双向数据传输。图 1.21 是 Cyclone II 的 IOE 结构。从图中可以看出 IOE 包含一个输入寄存器、一个输出寄存器和一个输出使能寄存器。Quartus II 软件可以自动复制 OE 寄存器用于控制多路输出和双向引脚。IOE 可以用于输入、输出和双向引脚。

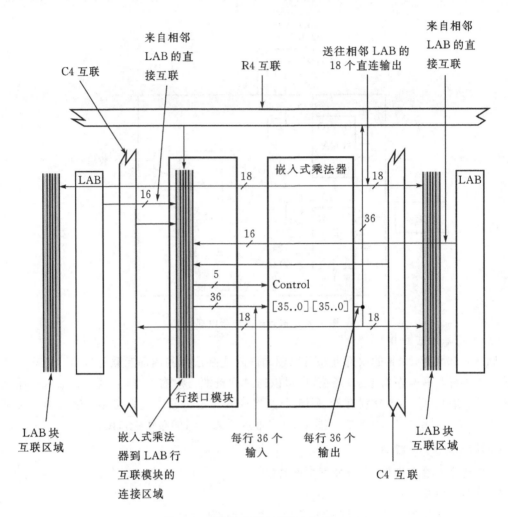

图 1.20　嵌入式乘法器的布线接口

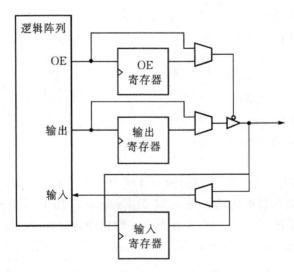

图 1.21　Cyclone II IOE 结构

　　IOE 在 CycloneII 器件中位于分布在四周的 IO 块中。每个 IO 块最多有 5 行 4 列的 IOE。行 IOE 模块可以驱动行、列（只能是 C4）或内部直连。列 IO 块只能驱动列的内部。图 1.22（a）、（b）分别是行、列 I/O 与逻辑阵列的连接方式。

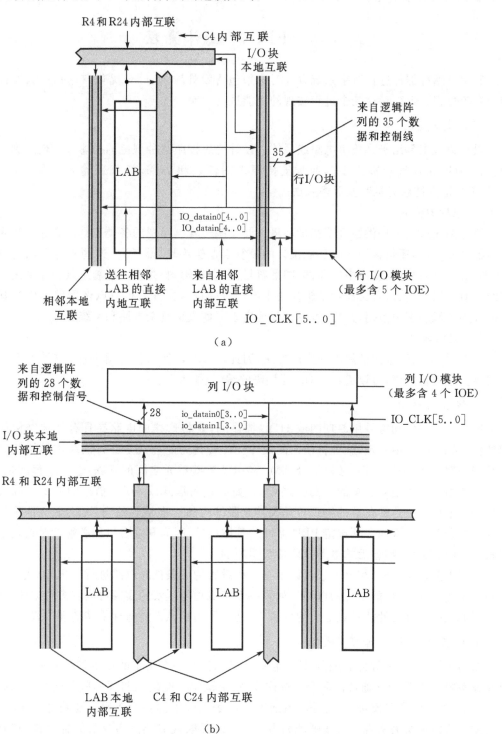

（a）

（b）

图 1.22　IOE 的行列连接方式

Cyclone II 器件能够支持多种单端口标准,这些标准包括 LVTTL、LVCMOS、SSTL - 2、SSTL - 18、HSTL - 18、HSTL - 15、PCI 和 PCIX,还可以与各种标准接口的存储器相连。有关 IOE 的各种详细情况请参阅器件手册。

1.3　FPGA 设计流程

利用可编程器件进行数字系统设计时必须包含设计输入、综合优化、布局布线、编程下载和仿真等过程。下面对这几个过程实现的功能进行说明。

1. 设计输入

设计输入工具用于将数字电路或系统的设计构思按照某种规范的描述方式输入到计算机中。目前的 EDA 设计输入工具通常支持原理图输入和 HDL 源代码输入两种方法,有些 EDA 工具也支持状态机和波形输入法。

(1)原理图输入

原理图输入工具提供原理图编辑环境以及绘制逻辑电路图的各类工具。它通常包含一个基本器件库,有的还包含一些由厂家设计的较复杂逻辑模块(器件)。这些器件都以逻辑符号(图形)表示,用户可以将库中的器件(图形符号)导入逻辑图,并使用绘制工具在器件之间进行连线。对于用户而言,自己设计逻辑模块生成相应的符号文件后也可以像器件库中的其他元件一样加入原理图中使用,这样,可以方便地实现一些大型复杂电路和系统。

(2)HDL 输入

HDL 是可编程器件最常用的描述方法,因此,EDA 软件系统为用 HDL 描述的电路和系统提供文本编辑环境,可以进行 HDL 源代码的编辑、输入。

2. 综合与优化

输入的电路的功能是用原理图或 HDL 描述的,要将这样的电路在具有特定结构的可编程器件(如 FPGA)中实现,就要将输入的设计文件转化为能与选定器件的基本结构相映射的一系列物理单元(如逻辑门、触发器、RAM 等)以及这些单元之间的互联,这个过程就是综合。综合器的输入可以是其支持的电路描述形式,如原理图形式或 HDL 描述的形式。综合器的输出是一个用来描述转化后的物理单元及其互联结构的标准格式的文件,这个文件称为网表文件。综合器在综合前必须选定 PLD 器件的具体型号,因为其综合过程必须针对选定芯片生成相应的网表文件,综合后的电路是硬件可实现的。

在产生网表文件时,综合器还可以根据系统设置约束条件对电路进行优化,形成一个与设计输入功能相同,但性能更优的电路。如果一个逻辑功能模块的实现可以有多种方式,那么综合器能够根据设计者性能参数定义的要求,自动选择满足该性能指标最佳实现方式。

3. 目标芯片布局布线/适配

布局布线工具,也称为适配器,用于精确定义如何在一个给定的目标芯片上实现所设计的电路或系统。PLD 器件通常由多个模块构成,每个模块都能编程实现一些逻辑功能。布局就是在 PLD 器件的众多模块中,为综合器所产生网表文件中的各个逻辑功能块选择 PLD 芯片中合适位置的模块去实现。布线则是利用芯片中的互联线路连接布局后的各个逻辑功能块。布局布线/适配过程的输入是综合器产生的网表文件。输出是可用于目标芯片最终实现的配置文件,它包含了 PLD 中可编程开关的配置信息。

4.编程/下载

编程/下载工具用于将布局布线/适配器产生的配置文件通过编程器或下载电缆下载到目标芯片中,从而完成设计电路或系统的物理实现。

5.功能仿真与时序仿真

功能仿真用于测试电路或系统设计的功能是否与预期相同。功能仿真器的输入是综合器产生的网表文件,并要求用户给定仿真过程中用到的各个输入信号的取值。功能仿真过程不考虑电路的延迟特性(即假定输入信号的变化会立即引起输出信号的变化),评估并显示电路对应于各输入情况下的输出结果。仿真结果通常以波形图的形式描述。

但实际的电路往往需要满足一些时间性能指标,甚至有些电路在构建后可能因为信号的延迟而不能正确操作。布线布局工具在将综合器产生的网表文件映射到目标芯片,形成芯片配置文件后,已经考虑了芯片的结构特性。可能的延迟有两种,一种是逻辑功能块内部产生的延迟,另一种是逻辑功能块间连线产生的延迟。时序仿真器将布局布线工具产生的配置文件作为输入,对所设计电路或系统的信号延迟进行评估,其结果可用来检测形成的电路是否满足设计的时序要求。

系统开发中的上述过程可以用图 1.23 进行描述。

系统总体设计可以定义整体结构和功能,按照从高到低的设计层次向下分解至具体的电路模块,每一个电路模块通常需要按图 1.23 所示的流程对各个模块分别进行综合优化、功能仿真、布局布线以及时序仿真等一系列操作,以保证每个子模块设计的正确性,避免由于模块设计的问题而必须每次都对整个系统进行编译操作所引起的工作时间的浪费。

在每个子模块都通过仿真测试后,整个系统的开发过程仍须按照图 1.23 所示的流程进行。若仿真结果不正确或不能满足某些指标要求,则需要根据具体问题返回到前边的不同阶段进行修改。

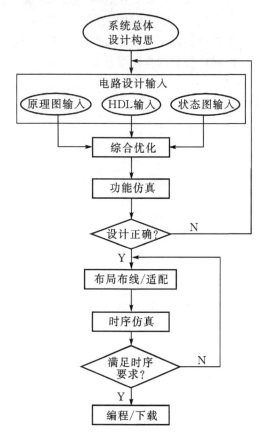

图 1.23　EDA 开发流程图

近几年来,设计已提升到系统设计的层次,即行为综合工具可直接将行为描述进行综合,更有利于缩短设计周期,降低设计成本。

习　题

1. 试比较数字系统设计方法中自上而下和自下而上的方法,哪种方法设计周期较短?

2. EDA 设计方法需要哪些软硬件环境的支持?

3. 请说明 FPGA 中查找表 LUT 的工作原理。

4. Cyclone II 系列 FPGA 的内部有哪几部分构成,各部分的功能是什么?

5. 在 Altera 公司的网站上,查阅该公司 FPGA 芯片资料,说明该公司 APEX II 和 Stratix II 系列芯片结构的特点。

6. FPGA 的开发要经过哪些过程? 每个过程都涉及到哪些软硬件?

7. 说明综合和布线的区别。

8. 功能仿真正确能否说明电路工作正确?

9. 时序仿真的作用是什么?

第 2 章　Verilog HDL 程序设计

Verilog HDL 是一种标准通用的硬件描述语言,用于数字系统的设计,设计者可用它进行各种级别的逻辑设计。由于 Verilog HDL 语法类似于 C 语言,学习和掌握比较容易,因此,逐步成为目前应用最广泛的一种硬件描述语言。

本章介绍 Verilog HDL 程序的基本结构、数据类型、运算符、基本语句和 Verilog HDL 程序的设计方法。

2.1　Verilog HDL 程序的基本结构

Verilog HDL 程序由模块(module)组成,模块的基本结构如图 2.1 所示。一个完整的模块由模块端口定义和模块内容两部分组成,模块内容包括 I/O 声明、信号类型声明和功能描述。

图 2.1　Verilog HDL 程序模块结构

例如,定义一个 1 位全加器 full_addr 模块,其输入/输出端口有 4 个。a,b 是全加器的两个加数输入,cin 是低位的进位输入,s 是全加器的和输出,cout 是全加器向高位的进位输出。其格式如下:

```
module full_addr(s,cout,a,b,cin);    //模块端口定义
    input a,b,cin;                    //I/O 声明
    output s,cout;
    assign {cout,s}=a+b+cin;          //功能描述
endmodule
```

模块的设计遵循以下规则:

(1)模块内容位于 module 和 endmodule 之间,每个模块都有一个名字即模块名,如 full_addr,模块名中可以包含英文字母、数字和下划线,并以英文字母开头;

(2)除 endmodule 外,所有的语句后边必须有分号";";

(3)可以用/ * … * /和//…对程序的任何部分作注释,增加程序的可读性和可维护性。

2.1.1　模块端口定义

模块端口定义用来声明设计模块的输入/输出端口,其格式如下:

module 模块名(端口 1,端口 2,端口 3,…);

模块的端口是设计电路模块与外部联系的全部输入/ 输出端口信号,是设计实体的对外引脚,是外界可以看到的部分(不包括电源线和地线),多个端口之间用逗号“,”隔开。

2.1.2　模块内容

模块内容是对信号的 I/O 状态及信号类型进行声明,并描述模块的功能。

1. I/O 声明

模块的 I/O 声明用来声明各端口数据流动方向,包括输入(input)、输出(output)、和双向(inout)。I/O 声明格式如下:

(1)输入声明

如果信号位宽为 1 位,声明格式为:

input 端口 1,端口 2,端口 3,…;

如果信号位宽大于 1 为,声明格式为:

input[信号位宽-1:0] 端口 1,端口 2,端口 3,…;

(2)输出声明

如果信号位宽为 1 为,声明格式为:

output 端口 1,端口 2,端口 3,…;

如果信号位宽大于 1 为,声明格式为:

output[信号位宽-1:0] 端口 1,端口 2,端口 3,…;

(3)输入、输出声明

如果信号位宽为 1 为,声明格式为:

inout 端口 1,端口 2,端口 3,…;

如果信号位宽大于 1 为,声明格式为:

inout[信号位宽-1:0] 端口 1,端口 2,端口 3,…;

2. 信号类型声明

信号类型声明用来声明设计电路的功能描述中所用的信号的数据类型,常用的信号类型有连线(wire)、寄存器(reg)、整型(integer)、实型(real)、时间(time)等。

3. 功能描述

功能描述是 Verilog HDL 程序的主要部分,用来描述设计模块内部结构和模块端口间的逻辑关系,在电路上相当于器件的内部结构。功能描述可以用 assign 语句、实例化元件、always 块语句、initial 块语句来实现。

(1)用 assign 语句

这种方式很简单,只要在 assign 后面加一个赋值语句即可。assign 语句一般适合对组合逻辑进行描述,称为连续赋值方式。

例如,描述一个两输入的与门可写为:

assign a=b & c;

(2)用实例元件

用实例化元件就是利用 Verilog HDL 提供的元件库实现一个逻辑关系。

例如,用实例化元件表示一个两输入的与门可以写为:

and　u1(q,a,b);

其中,and 是 Verilog HDL 元件库中与门的元件名,u1 是实例化后的与门名称,q 是与门的输出,a,b 是与门的输入端。要求模块中每个实例化后的元件名字必须是唯一的。

(3)用 always 块语句

always 块语句可以产生各种逻辑,常用于时序逻辑的功能描述。一个程序设计模块中,可以包含一个或多个 always 块语句。程序运行中,在某种条件满足时,就重复执行一遍 always块中的语句。

例如,表示一个带有异步清除端的 D 触发器可写为:

```
always @(posedge clk or posedge clr)
 begin
    if(clr)q<=0;
    else q<=d;
 end
```

其中,posedge clk 和 posedge clr 分别表示模块重复执行的触发条件是 clk 或 clr 信号的上升沿,当任意一个上升沿到来时,程序块都被重复执行一次。程序中的“<=”不是小于等于,是赋值运算符的一种,后面章节中将详细讲到。

(4)用 initial 块语句

initial 块语句与 always 块语句类似,不过在程序中 initial 块语句只被执行一次。

2.2　Verilog HDL 的数据类型

Verilog HDL 中共有 19 种数据类型。数据类型是用来表示数字电路中的数据存储和传送元素的。Verilog HDL 中的常量和变量分别属于这些类型。本章只介绍最常用的几种数据类型。

2.2.1　常量

在程序运行过程中,其值不能改变的量称为常量。在 Verilog HDL 中有三类常量:

(1)整型常量

(2)实型常量

(3)字符串型常量

1.整型常量

在 Verilog HDL 中,整型常量的表示格式为:

<位宽>′<进制><数字>

位宽:位宽是对应的二进制宽度。当定义的位宽比常数指定的位宽长时,在常数的左边自动填补 0,但如果常数的最左边一位是 x 或 z 时,就在左边自动填补 x 或 z;当定义的位宽比常数指定的长度小时,那么最左边的相应位就被截断。

进制:整型数有 4 种进制形式:

(1)二进制(b 或 B)

(2)十进制(d 或 D)

(3)八进制(o 或 Q)

(4)十六进制(h 或 H)

数字:数值可以用下列四种基本的值来表示:

(1) 0:逻辑 0 或"假"

(2) 1:逻辑 1 或"真"

(3) x:未知

(4) z:高阻

这四种值的解释都内置于语言中。如一个 0 的值是指逻辑 0,一个为 1 的值是指逻辑 1,一个为 z 的值是指高阻抗,一个为 x 的值是指逻辑不定值,x 值和 z 值都是不分大小写的。

例如:

6′B10X1Z0　　　//6 位二进制数,从低位数起第 2 位为高阻,第 4 位为不定值

5′O37　　　　　//5 位八进制数

4′D98　　　　　//4 位十进制数

7′H1A　　　　　//7 位十六进制数

8′h4Z　　　　　//8 位十六进制值, 即 0100z z z z

－8′D76　　　　//8 位十进制值, 即－76,符号必须写在最前边

另外,整型常量还有两种表示方式,其格式为:

′＜进制＞＜数字＞

＜数字＞

在不指定位宽时,缺省位宽由机器系统决定,但至少 32 位;如果数值中既无位宽,也无进制,则缺省为十进制数。

例如:

′O35　　　　　// 位宽为 32 位的八进制数

′H67　　　　　// 位宽为 32 位的十六进制数

92　　　　　　//十进制数 92

－100　　　　　//十进制数－100

2. 实型常量

实型数可以用十进制计数法和科学计数法两种格式表示。在表示小数时,小数点两边必须都有数字,否则为非法的表示形式。

例如:

7.56　　　　　//十进制数计数法

4.　　　　　　//非法表示,小数点后应有数字

34.56e2　　　//科学计数法,其值为 3456(e 与 E 相同)

6E－2　　　　//科学计数法,其值为 0.06

3. 字符串型常量

字符串是用双引号括起来的字符序列,它必须写在同一行,不能分行书写。字符串中的每

个字符都是以其 ASCII 码进行存放,一个字符串可以看作是 8 位的 ASCII 值序列。

例如:

"hello!"　　　　　　//按字母顺序存放,每个字母为 8 位 ASCII 码

另外,存在一些特殊字符又称转义字符,用"\"来说明,常用的特殊字符的表示及含义如表 2.1 所示。

表 2.1　特殊字符的表示及含义

特殊字符表示	含义
\n	换行符
\t	制表符 Tab 键
\\	符号\
\ *	符号 *
\ddd	3 位八进制数表示的 ASCII 码
%%	符号%

4. 参数常量

在 Verilog HDL 中用 parameter 来定义常量,即用 parameter 定义一个标识符代表一个常量,称为参数常量或符号常量,这样可以增加程序的可读性和可维护性。

参数常量定义格式如下:

parameter 标示符 1＝表达式 1,标示符 2＝表达式 2,…,标示符 n＝表达式 n;

例如:

parameter　PI＝3.14,　A＝8′B10110101, WORD_LENGTH＝16;

2.2.2　变量

在程序运行过程中,其值可以改变的量称为变量。在 Verilog HDL 中,变量的数据类型很多,这里只对常用的几种变量类型进行介绍。

1. wire 型

wire 是网络数据类型,表示结构实体之间的物理连接。网络类型的变量不能存储值,而且必须受到驱动器的驱动。如果没有驱动器连接到网络型的变量上,则其值为高阻值。网络型数据有很多种,但最常用的是 wire 型。

wire 型变量常用来表示以 assign 语句表示的组合逻辑信号,输入/输出信号在默认情况下自动定义为 wire 型。wire 型信号可作为任何方程式的输入,也可作为 assign 语句和实例化元件的输出。

wire 型变量的定义格式如下:

wire　[msb:lsb]变量 1,变量 2,…,变量 n;

其中 wire 是定义符;[msb:lsb]中的 msb 和 lsb 分别表示 wire 型变量的最高位和最低位的编号,位宽由 msb 和 lsb 确定,如果不指定位宽,位宽自动默认为 1;定义多个变量时,变量之间用逗号隔开。

例如：

wire a,b; 　　　　//定义了 2 个 1 位 wire 型变量 a、b

wire ［7:0］m,n; //定义了 2 个 8 位 wire 型变量 m、n,最低位为第 0 位,最高位为第 7 位

wire ［8:1］x,y; //定义了 2 个 8 位 wire 型变量 x、y,最低位为第 1 位,最高位为第 8 位

2. reg 型

reg 是寄存器类型,是数据存储单元的抽象,其对应的是具有状态保持作用的硬件电路元件,如触发器、锁存器等。

reg 型变量只能在 always 和 initial 块中被赋值,通过赋值语句改变 reg 型变量的值,若 reg 型变量未初始化,其值为未知值 x。reg 型变量与 wire 型变量的区别是 wire 型变量需要持续的驱动,而 reg 型变量保持最后一次的赋值。

reg 型变量的定义格式如下：

reg ［msb:lsb］ 变量 1,变量 2,…,变量 n;

其中,reg 是定义符;［msb:lsb］中的 msb 和 lsb 分别表示 reg 型变量的最高位和最低位的编号,位宽由 msb 和 lsb 确定,如果不指定位宽,位宽自动默认为 1。

例如：

reg x0,y0; 　　　　//定义了 2 个 1 位 reg 型变量 x0、y0

reg ［7:0］ d,q; //定义了 2 个 8 位 reg 型变量 d、q,最低位为第 0 位,最高位为第 7 位

reg ［8:1］ sum; //定义了 1 个 8 位 reg 型变量 sum,最低位为第 1 位,最高位为第 8 位

3. memory 型

memory 型是存储器型,是通过建立 reg 型数组来描述存储器的,可以描述 RAM 存储器、ROM 存储器和 reg 文件。

memory 型变量的定义格式如下：

reg ［msb:lsb］ 存储单元 1[n1:m1],存储单元 2[n2:m2],…,存储单元 i[ni:mi];

其中,[n1:m1],[n2:m2],…,[ni:mi]分别表示存储单元的编号范围。

例如：

reg memory1[1023:0]; 　　　　　　　//存储器为 1024 个单元,每个单元为 1 位

reg ［7:0］ memory2[15:0]; 　　　　//存储器为 16 个单元,每个单元为 8 位

reg ［32:1］ memory2[1:512]; 　　　//存储器为 512 个单元,每个单元为 32 位

值得注意的是,对存储单元的访问可以通过数组的索引进行访问。例如：

reg ［8:1］ RAM[3:0];

RAM[0]=8′H1A;

RAM[1]=8′H00;

RAM[2]=8′H55;

RAM[3]=8′H31;

4. integer 型

integer 型是 32 位带符号整型变量,用于对循环控制变量的说明,典型应用是高层次的行为建模,它与后面的 time 和 real 类型一样是不可综合的,也就是说这些类型是纯数学的抽象描述,不与任何物理电路相对应。

integer 型变量的定义格式如下：

integer 变量 1，变量 2，…，变量 n；

例如：

integer　i，j；　　　　　　//定义了 2 个整型变量 i,j

integer　d[1:8]；　　　　//定义了 1 个含有 8 个数据的整型数组

5. time 型

time 类型用于存储和处理时间，是 64 位无符号数。

time 型变量的定义格式如下：

time 变量 1，变量 2，…，变量 n；

6. real 型

real 型是 64 位带符号实型变量，用于存储和处理实型数据。

real 型变量的定义格式如下：

real 变量 1，变量 2，…，变量 n；

2.3　Verilog HDL 的运算符

Verilog HDL 的运算符范围很广。按功能划分为 9 类，分别是算术运算符、逻辑运算符、关系运算符、等值运算符、缩减运算符、条件运算符、位运算符、移位运算符和拼接运算符。

按运算符所带操作数的个数划分为 3 类，分别是可带一个操作数的运算符叫单目运算符；可带两个操作数的运算符叫双目运算符；可带三个操作数的运算符叫三目运算符。

1. 算术运算符

算术运算符包括：

＋　　　（加法运算符或正值运算符，如 x＋y，＋8）

－　　　（减法运算符或负值运算符，如 x－y，－90）

＊　　　（乘法运算符，如 x＊y）

/　　　（除法运算符，如 x/y）

％　　　（取模运算符，如 x ％ y）

值得注意的是，两个整数相除时，结果为整数，例如 9/2＝4；取模运算符要求两个操作数皆为整数，结果为两个数相除后的余数，例如 9/2＝1。

2. 逻辑运算符

逻辑运算符包括：

&&　　（逻辑与）

||　　　（逻辑或）

!　　　（逻辑非）

逻辑运算符操作的结果为 0(假)或 1(真)。

例如，假设：

a = 'b0；　　//0 为假

b = 'b1；　　//1 为真

那么：

a ＆＆ b　　　结果为 0（假）

a ‖ b　　　　结果为 1（真）

！a　　　　　结果为 1（真）

！b　　　　　结果为 0（假）

在判断一个数是否为真时，以 0 代表"假"，以非 0 代表"真"。

例如，假设：

ABus ＝ 'b0111；

BBus ＝ 'b0101；

那么：

ABus ‖ BBus　　　结果为 1（真）

ABus ＆＆ BBus　　结果为 1（真）

！ABus　　　　　　结果为 0（假）

3. 关系运算符

关系运算符包括：

＜　（小于）

＜＝（小于等于）

＞　（大于）

＞＝（大于等于）

关系运算符是用来确定指定的两个操作数之间的关系是否成立，如果成立，结果为 1（真）；如果不成立，结果为 0（假）。

例如，假设：

m ＝19；

n ＝ 5；

那么：

m ＞ n　　　结果为 1（真）

a ＞＝ b　　结果为 1（真）

m ＜ n　　　结果为 0（假）

a ＜＝ b　　结果为 0（假）

4. 等值运算符

等值运算符包括：

＝＝　　（逻辑相等）

！＝　　（逻辑不等）

＝＝＝　（全等）

！＝＝　（非全等）

"＝＝"运算符称为逻辑相等运算符，而"＝＝＝"称为全等运算符，两个运算符都是比较两个数是否相等，如果两个操作数相等，运算结果为逻辑值 1，如果两个操作数不相等，运算结果为逻辑 0。不同的是由于操作数中的某些位可能存在不定值 x 或高阻值 z，这时逻辑相等在进行比较时,结果为不定值 x,而全等运算符是按位进行比较,对这些不定位或高阻位也进行比较,只要两个操作数完全一致,结果为 1(真),否则结果为 0。

与“==”和“===”相同,“！＝”的运算结果可能为 1、0 或 x,而“！==”的运算结果只有两种状态 1 或 0 。

例如,假设:

d1 ＝ 4′b010x;

d2 ＝ 4′b010x;

那么:

d1＝＝ d2　　　结果为 x

d1＝＝＝ d2　　　结果为 1

5. 位运算符

位运算符包括:

~　　（非）

&　　（与）

~&　（与非）

|　　（或）

~|　（或非）

^　　（异或）

^~　（同或）

位运算符是对两个操作数按位进行逻辑运算。当两个操作数的位数不同时,自动在位数少的操作数的高位补 0。

例如,假设:

x ＝8′b01011111;

y ＝ 4′b1100;

那么:

x & y＝8′b00001100

x| y＝8′b01011111

~x ＝8′b10100000

~y＝4′b0011

x~& y＝8′b11110011

x~| y＝8′b10100000

x ∧ y＝8′b01010011

x ∧ ~ y＝8′b10101100

6. 缩减运算符

缩减运算符包括:

&　　　（与）

~&　（与非）

|　　　（或）

~|　　　（或非）

^　　　　（异或）

^~　　　（同或）

缩减运算符与逻辑运算符的法则一样,但缩减运算符是对单个操作数按位进行逻辑递推运算,运算结果为 1 位二进制数。

例如:

reg [7:0] a;

reg b

b=&a;

程序中,b=&a;语句与 b=a[0] & a[1] & a[2] & a[3] & a[4] & a[5] & a[6] & a7];语句等价。

7. 移位运算符

移位运算符包括:

<<　　（左移）

>>　　（右移）

左移和右移运算符是对操作数进行逻辑移位操作,空位由 0 进行填补。

移位运算的格式为:

a<<n 或 a>>n

其中,a 为操作数,n 为移位的次数。

例如,假设:

i =8;

m=3

那么:

i<<m　　　　结果为 64

i>>m　　　　结果为 1

8. 条件运算符

条件运算符是:

? :

条件运算符是唯一的一个三目运算符,即条件运算符需要三个操作数。

条件运算符格式如下:

条件? 表达式 1:表达式 2

条件表达式的含义是:如果条件为真,结果为表达式 1 的值;如果条件为假,结果为表达式 2 的值。

例如:

a=10, b=20;

y=a>b? a:b;

由于 a>b 条件为假,因此,y 的值为 b 的值。

9.拼接运算符

拼接运算符是：

｛ ｝

拼接运算符用来将两个或多个数据的某些位拼接起来,拼接运算符格式如下：

｛数据 1 的某些位,数据 2 的某些位,… ,数据 n 的某些位｝

例如：

X＝｛a[7:4],b[3],c[2:0]｝

表示 X 是由 a 的第 4～7 位、b 的第 3 位和 c 的第 0～2 位拼接而成。

10.运算符的优先级

在一个表达式中出现多种运算符时,其运算的优先级顺序如表 2.2 所示。

表 2.2　运算符的运算优先级

特殊字符表示	含义
! ～ ＊ ／ ％ ＋ － << >> < <= > >= == != === !== & ^ ^～ ｜ && ｜｜ ?:	高优先级 ↓ 低优先级

2.4　Verilog HDL 的基本语句

语句是构成 Verilog HDL 程序不可缺少的部分。Verilog HDL 的语句包括赋值语句、条件语句、循环语句、结构声明语句和编译预处理语句。在这些语句中,有些语句是顺序执行语句,有些语句是并行执行语句。

2.4.1　赋值语句

在 Verilog HDL 中,赋值语句有两种。

1.连续赋值语句

连续赋值语句用来驱动 wire 型变量,这一变量必须事先定义过。使用连续赋值语句时,只要输入端操作数的值发生变化,该语句就重新计算并刷新赋值结果。连续赋值语句用来描述组合逻辑。

连续赋值语句格式如下：

assign ♯（延时量）wire 型变量名＝赋值表达式；

语句的含义是：只要右边赋值表达式上有事件发生，就重新计算表达式的值，新结果在指定的延时时间单位以后赋值给 wire 型变量。如果不指定延时量，延时量默认为 0。

例如：

wire a,b,c;

assign c＝a & b;

2. 过程赋值语句

过程赋值语句是在 initial 或 always 语句块内赋值，它用于对 reg 型、memory 型、integer 型、time 型和 real 型变量赋值，这些变量在下一次过程赋值之前保持原来的值。过程赋值语句分为两类，分别为阻塞赋值和非阻塞赋值。

（1）阻塞赋值

阻塞赋值的赋值符为"＝"，它是在该语句结束时就完成赋值操作。

阻塞赋值格式如下：

变量＝赋值表达式；

（2）非阻塞赋值

非阻塞赋值的赋值符为"＜＝"，它是在块结束时才完成赋值操作。

非阻塞赋值格式如下：

变量＜＝赋值表达式；

过程中使用阻塞赋值与非阻塞赋值的主要区别是：一条阻塞赋值语句执行时，下一条语句被阻塞，即只有当一条语句执行结束，下条语句才能执行；非阻塞赋值语句中，各条语句是同时执行的。也可以理解为，阻塞赋值是串行执行的，非阻塞赋值是并行执行的。为了理解这两种赋值，可以分析下面有两段程序的执行过程。

程序段 1

initial

begin

  q1＝a;

  q2＝a^ cin;

  s＝q1+q2;

end

程序段 2

initial

begin

  r1＜＝2;

  r2＜＝r1;

  r3＜＝r2;

  end

程序段 1 执行时，先给 q1 赋值，接着计算 q2 的值并赋值，然后将 q1 与 q2 相加，结果赋给 s；而程序段 2 中各条语句是在块结束时同时完成赋值的。

2.4.2　条件语句

1. if_else 语句

if 语句是用来判断给定的条件是否满足,根据判定的结果为真或假决定执行的操作。Verilog HDL 语言提供了 3 种形式的 if 语句。

(1)if(表达式)　语句

例如:

if(x>y)　　q=x;

(2)if(表达式)　语句 1　else　语句 2

例如:

if(Reset)

　　Q = 0;

else

　　Q = D;

(3)if(表达式 1)　语句 1

else if(表达式 2)　语句 2

else if(表达式 3)　语句 3

　　⋮

else if(表达式 m)　语句 m

else 语句 n

例如:

if(x>y)　　　Q = in1;

if(x==y)　　Q = in2;

else　　　　Q = in3;

2. case 语句

case 语句是一种多分支语句,if 语句每次只能有两个分支可供选择,而实际应用中常常需要多分支选择,Verilog HDL 语言中的 case 语句可以直接处理多分支选择。

case 语句格式如下:

case(控制表达式)

　　分支项表达式 1:语句 1

　　分支项表达式 2:语句 2

　　⋮

　　分支项表达式 m:语句 m

　　default:语句 n

endcase

case 语句首先对控制表达式求值,然后依次对各分支项表达式求值并进行比较,遇到第一个与控制表达式值相匹配的分支中的语句被执行。一个 case 结构中可以有多个分支,但这些值不需要互斥。缺省分支覆盖所有没有被分支表达式覆盖的其他分支。

分支表达式和各分支项表达式不必都是常量表达式。在 case 语句中,x 和 z 值作为文字值进行比较。

例如,下面 case 结构表示的是一个 3∶8 译码器的程序。

module seg(SW,Q);

input [2:0] SW;　　// SW 为 3 位输入端口

output [7:0]Q;　　//Q 为 3∶8 译码器的 8 个输出端口

reg [7:0]Q;

always @(SW)　　//SW 中有状态改变时,执行 case 结构的语句

begin

case (SW)

　　　3′b000:Q=8′b11111110;

　　　3′b001:Q=8′b11111101;

　　　3′b010:Q=8′b11111011;

　　　3′b011:Q=8′b11110111;

　　　3′b100:Q=8′b11101111;

　　　3′b101:Q=8′b11011111;

　　　3′b110:Q=8′b10111111;

　　　3′b111:Q=8′b01111111;

endcase

end

endmodule

在实际应用中,如果将 SW 与 3 个拨码开关相连,将 Q 与 8 个 LED 显示灯相连,当拨动 3 个开关时,就可以观察到 8 个 LED 灯对应的状态。

2.4.3　循环语句

Verilog HDL 中有四类循环语句,它们是:

- forever 循环
- repeat 循环
- while 循环
- for 循环

1. forever 循环语句

forever 循环语句用于连续执行过程,其格式如下:

　　forever　语句

　　或

　　forever　begin　多条语句　end

forever 循环语句常用于产生周期性的波形。它与 always 语句不同之处在于它不能独立写在程序中,而必须写在 initial 块中。

例如:

initial

begin

```
clock = 0;
♯ 5 forever
♯10 clock = ~ clock;
end
```

这一程序段用于产生时钟波形。时钟首先初始化为 0，并一直保持到第 5 个时间单位。此后每隔 10 个时间单位 clock 反相一次。

2. repeat 循环语句

repeat 循环语句是用于执行指定循环次数的过程语句。其格式如下：

```
repeat(表达式)    语句
 或
repeat(表达式)   begin   多条语句   end
```

repeat 循环语句中的表达式通常为常量表达式，表示循环的次数。如果循环计数表达式的值不确定，即为 x 或 z 时，那么循环次数按 0 处理。

例如，下面是用 repeat 语句完成算式 S＝1＋2＋3＋4＋…＋100 的程序。

```
initial
begin
  s = 0;
  i = 1;
  repeat(100)
  begin
   s = s + i;
   i=i+1
  end
end
```

3. while 循环语句

while 循环执行过程赋值语句直到指定的条件为假。其格式如下：

```
while(条件)   语句
while(条件)   begin   多条语句   end
```

执行 while 时，先对条件进行判断，如果条件为真，就执行语句；如果条件为假，就退出循环；如果条件在开始时就为假，那就一次都不执行语句。如果条件为 x 或 z，按 0（假）处理。

例如，下面是用 while 语句完成对定义的 256 个存储单元初始化的程序段。

```
reg[7:0] memory[0:255];
initial
begin
  reg i;
  i=0;
  while(i<=255)
  memory[i]=0;
```

end

4. for 循环语句

for 循环语句按照指定的次数重复执行过程赋值语句若干次,其格式如下:

    for(初值表达式;条件;循环变量增值)　语句

      或

    for(初值表达式;条件;循环变量增值)　begin　多条语句　end

for 循环的执行过程为:

(1)计算初值表达式。

(2)进行条件判断,若条件为真,则执行语句,然后执行后面的第 3 步,若条件为假,则退出循环,转到第 5 步。

(3)执行过程语句,对循环变量进行增值。

(4)转回第 2 步继续执行。

(5)执行 for 循环下面的语句。

例如,下面是用 for 语句、加法语句和移位语句实现 16 位乘法器的程序。

```
reg[15:0] x,y;
reg[31:0] s;
initial
begin
  reg i;
  s=0;
  for (i=0; i<=15; i=i+1)
  if(y[i]) s=s+(x<<i);
end
```

2.4.4　结构声明语句

Verilog HDL 中任何过程模块都从属于以下 4 种结构说明语句:

- Initial 说明语句
- always 说明语句
- task 说明语句
- function 说明语句

1. initial 说明语句

initial 语句常用于对各变量的初始化。一个程序模块中可以有多个 Initial 块,每个 Initial 块在程序一开始同时执行,并且只执行一次。

initial 语句格式如下:

```
Initial
  begin
  语句 1;
  语句 2;
   ⋮
```

```
  语句 n；
end
例如：
  initial
  begin
    reset = 1；
    ♯3 reset = 0；
    ♯5 reset = 1；
  end
```

这一程序段用于产生复位信号，复位信号初始状态为高电平，3 个时间单位后，产生 5 个时间单位的低电平复位信号后又维持在高电平。

2. always 说明语句

与 initial 语句一样，一个程序中可以有多个 always 语句，always 语句也是在程序一开始立即被执行，不同的是 always 语句不断重复运行，直至程序运行结束。但 always 语句后跟的过程块是否执行要看其触发条件是否满足，如果条件满足，则运行一次过程块，如果不满足，则不断的循环执行 always 语句。

always 语句格式如下：

always　　@（敏感事件列表）

　　语句块

always 语句后面是一个敏感事件列表，该敏感事件列表的作用是激活 always 语句的执行的条件，敏感事件可以是电平触发，也可以是边沿触发。电平触发的 always 块常用于描述组合逻辑的行为，而边沿触发的 always 块常用于描述时序行为。

always 语句后面的敏感事件可以是单个事件，也可以是多个事件，多个事件之间用 or 连接。在敏感事件列表中，如果敏感事件是电平信号，直接列出信号名；如果敏感事件是边沿信号，可分为上升沿信号和下降沿信号，上升沿触发的信号前加关键字 posedge，下降沿触发的信号前加关键字 negedge。

例如，用 clk 的上升沿使 count 加 1 的程序为：

```
reg [7：0] count
always @（posedge clk）
begin
  count＝count＋1；
end
```

如果要用 clk 的下降沿使 count 加 1，只需将程序中的敏感事件改为 negedge clk 即可。

例如，下面是一个电平敏感型锁存器的程序。

```
module latch(enable,date,q)
input enable；
input [7：0]data；
output [7：0]q；
reg [7：0]q；
```

```
always @(enable or data)
begin
    if(enable)
    q<=data;
end
```

该程序表示当输入信号 enable 或 data 电平发生改变时,always 块中的语句被执行一次。

3. task 说明语句

task 说明语句用来定义任务。任务类似于高级语言中的子程序,用来单独完成某项任务,并被其他模块或其他任务调用。利用任务可以把一个大的设计分解成若干小的任务,使程序清晰易懂,便于理解与调试。

(1)任务定义语句

task 定义格式如下:

```
task   任务名;
    端口声明语句;
    类型声明语句;
    begin
    语句;
    end
endtask
```

(2)任务的调用

task 任务的调用格式如下:

```
任务名(端口名列表);
```

例如,在运算器中,经常用到加法运算,加法运算有 8 位加法、16 位加法、32 位加法等,16 位加法和 32 位加法又可以用 8 位加法器实现。这样可以定义一个任务实现 8 位加法运算,16 位加法和 32 位加法通过多次调用 8 位加法运算的任务来实现。

下面代码中,定义了一个任务 adder8 完成 8 位二进制数加法运算,通过在 always 块中两次调用任务 adder8 实现了 16 位数 a 和 b 的加法运算,相加结果存放在 sum 中,进位存放在 cout 中。

```
module add16(a,b,cin,sum,cout);
input [15:0] a,b;
input cin;
output [15:0] sum;
output cout;
reg [15:0] sum;
reg cout;
reg c8;
always @(a or b or cin)
    begin
    adder8(a[7:0],b[7:0],cin,sum[7:0],c8);
```

```
    adder8(a[15:8],b[15:8],c8,sum[15:8],cout);
  end
task adder8;
  input [7:0] ta,tb;
  input tcin;
  output [7:0] tsum;
  output tcout;
  begin
   {tcout,tsum}=ta+tb+tcin;
  end
endtask
endmodule
```

使用任务时,需要注意以下几点:

- 任务的定义和调用必须在同一个模块内。任务定义不能出现在任何一个过程块内部,任务的调用应在 always 块、initial 块或另一个任务中。
- 任务定义时,task 语句后没用端口名列表,输入输出端口名是通过端口声明语句进行顺序声明的;一个任务也可以没有输入输出端口。
- 当任务被调用时,任务被激活。如果一个任务有输入输出端口,调用时需列出端口名列表,其顺序和类型应与任务定义中完全一致。
- 进行任务调用时,参数的传递是按值传递的,不能按址传递。
- 一个任务可以调用别的任务或函数,可调用的任务和函数的个数不受限制。

4. function 说明语句

function 说明语句用来定义函数。函数类似高级语言中的函数,用来单独完成某项具体的操作。函数可以作为表达式中的一个操作数,也可被模块、任务或其他函数调用,函数调用时有一个返回值。

(1)函数语句定义

function 定义格式如下:

```
function  <返回值的类型或范围> 函数名
    端口声明语句;
    类型声明语句;
    begin
    语句;
    end
endtfunction
```

其中,返回值的类型或范围是可选项,如果缺省则返回值为一位寄存器类型的数据。

(2)函数的调用

function 函数的调用格式如下:

函数名(端口名列表);

函数与任务一样,也是用来完成一个独立的任务,但函数与任务有以下不同点:

- 函数只能有一个返回值,而任务却可以有多个或没有返回值。函数的返回值只是通过函数名返回的,而任务的返回值是通过输出端口传递的。
- 函数至少有一个输入变量,而任务可以没有或有多个任何类型的变量。
- 函数只能与主模块共用一个仿真时间,而任务可以定义自己的仿真时间单位。
- 函数不能调用任务,而任务能调用其他任务和函数。

例如,下面程序是一个用 function 实现将两位十六进制数转换成对应的两个的共阳极七段 LED 显示的代码的例子。其中 SW 用于输入两位十六进制数,十六进制数要在七段 LED 上进行显示,必须将其转换成其对应的七段显示代码,hex0 和 hex1 就是分别用来输出对应的七段共阳极 LED 显示的代码。

```
module display(SW, hex0,hex1);
input [7:0] SW;
output [6:0] hex0;
reg [6:0] hex0;
output [6:0] hex1;
reg [6:0] hex1;
always @(SW)
begin
  hex0＝seg_7(SW[3:0]);
  hex1＝seg_7(SW[7:4]);
end
function [6:0] seg_7;
input [3:0] num;
case(num)
  4'h1: seg_7 = 7'b1111001;
  4'h2: seg_7 = 7'b0100100;
  4'h3: seg_7 = 7'b0110000;
  4'h4: seg_7 = 7'b0011001;
  4'h5: seg_7 = 7'b0010010;
  4'h6: seg_7 = 7'b0000010;
  4'h7: seg_7 = 7'b1111000;
  4'h8: seg_7 = 7'b0000000;
  4'h9: seg_7 = 7'b0011000;
  4'ha: seg_7 = 7'b0001000;
  4'hb: seg_7 = 7'b0000011;
  4'hc: seg_7 = 7'b1000110;
  4'hd: seg_7 = 7'b0100001;
  4'he: seg_7 = 7'b0000110;
  4'hf: seg_7 = 7'b0001110;
  4'h0: seg_7 = 7'b1000000;
```

endcase

endfunction

endmodule

2.4.5　编译预处理语句

Verilog HDL 语言提供了编译预处理的功能,以′(反引号)开始的某些标识符就是编译预处理指令。在 Verilog HDL 语言编译时,这些指令在整个编译过程中有效,直到遇到其他的不同编译程序指令。

1. 宏定义(define 和′undef)

′define 指令是用一个标识符代替一个字符串,其定义格式如下:

′define　宏名　字符串

例如:

　′define WORDSIZE 16

　…

　reg [′WORDSIZE − 1:0] data1;　　//相当于 reg [15:0] data1;

对于宏的定义应注意以下几点:

- 宏名可以用小写字母,也可以用大写字母,为与变量名区别,建议使用大写字母。
- 宏定义语句后不跟分号,如果加了分号,则连同分号一起进行置换。
- 宏定义语句可以在模块内,也可以在模块外。
- 在引用宏时,必须在宏名前加符号"′"。

宏定义将在整个文件内起作用,如果要取消宏前面定义的宏,用′undef 指令。

例如:

′define BYTE 8

…

　wire [′ BYTE − 1:0] bus;　　　　　//相当于 wire [7:0] bus;

　…

′undef BYTE　　　　　　　　　　// 在′undef 后,BYTE 的宏定义不再有效。

2. 文件包含(′include)

′include 语句用来实现文件的包含操作,它可以将一个源文件包含到本文件中。其语句格式为:

′include　"文件名"

例如:

′include　"d:\eda\s1. v"

编译时,这一行由 d:\eda\s1. v 文件中的内容替代。

3. 时间尺度(′timescale)

在 Verilog HDL 模型中,所有时延都用单位时间表述。使用′timescale 预编译指令将时间单位与实际时间相关联。该指令用于定义时间单位和时间精度。

′timescale 预编译指令格式为:

′timescale 时间单位/时间精度

其中,时间单位用来定义模块中仿真时间的基准单位,时间精度用来声明模块仿真时间的精确程度,该参数用于对时间值进行取整操作。时间单位和时间精度由值 1、10、和 100 以及单位 s、ms、μs、ns、ps 和 fs 组成。例如:

'timescale 1ns/100ps

表示时延单位为 1ns,时延精度为 100ps。'timescale 编译指令在模块说明外部出现,并且影响后面所有的时延值。

例如:

'timescale 10ns/ 100ps

…

always #1.55 clock＝~clock;

'timescale 语句表示模块中的时间值均为 10ns 的整数倍,延时时间的最小分辨率为十分之一 ns(100ps),即延时时间可表示为带一位小数的实型数。这样,根据时间精度,1.55 取整为 1.6,那么,clock 变反的时间间隔 16ns。

在编译过程中,'timescale 指令影响这一编译指令后面所有模块中的时延值,直至遇到另一个'timescale 指令。当一个设计中的多个模块带有自身的'timescale 编译指令时,则用最小的时间精度来决定仿真时间单位。

例如:

'timescale 1ns/ 100ps

module AndFunc (Z, A, B);

output Z;

input A, B;

and #5.22 Al(Z, A, B);

endmodule

'timescale 10ns/ 1ns

module TB;

 reg PutA;

 initial

   begin

   PutA = 0;

   #5.21 PutA = 1;

   #10.4 PutA = 0;

end

endmodule

在这个例子中,每个模块都有自身的'timescale 编译指令。在第一个模块中,5.22 对应 5.2 ns,在第二个模块中 5.21 对应 52ns,10.4 对应 104 ns。如果仿真模块 TB,设计中的所有模块最小时间精度为 100ps。因此,所有延迟将换算成精度为 100ps。延迟 52ns 现在对应 520 * 100ps,104 对应 1040 * 100 ps。更重要的是,仿真使用 100ps 为时间精度。如果仿真模块 AndFunc,由于模块 TB 不是模块 AddFunc 的子模块,模块 TB 中的'timescale 程序指令将不再有效。

4. 条件编译（'ifdef、'else、'endif）

一般情况下，源程序中的所有语句行都参加编译。但是有时希望其中一部分语句只在条件满足时才进行编译，条件不满足时不编译这些语句，或者编译另外一组语句，这就是条件编译。

条件编译语句格式如下：

'ifdef　　COMPUTER－PC

　parameter WORD_SIZE = 16

'else

　parameter WORD_SIZE = 32

'endif

在编译过程中，如果已定义了名字为 COMPUTER－PC 的文本宏，就选择第一种参数声明，否则选择第二种参数说明。条件编译中，'else 语句是可选的。

2.5　模块化程序设计

在实际的应用系统设计时，如果将所有功能用一个模块完成，那么模块设计复杂，可读性差。为了便于设计，可以将一个大的程序分层次、分模块进行设计，即所谓的模块化程序设计。一个工程中可以设计多个模块，其中有一个主模块称为顶层模块，其他模块称为子模块，每个模块存放在一个文件中，上层模块可以调用下层模块。多模块之间关系如图 2.2 所示。

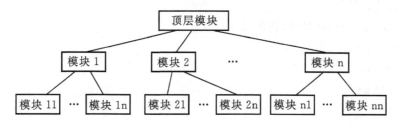

图 2.2　多模块之间关系图

在模块化设计中，上层模块对下层进行调用，每调用一次模块被调用模块的电路就被复制一次，相当于在上层模块中生成了一个实例，因此，被调用的模块称为实例模块或实例部件，上层模块对实例模块的调用称为模块的实例化。上层模块与实例模块之间是通过端口列表进行连接的。

1. 模块调用

模块调用语句格式如下：

模块名 实例名（信号列表）；

（1）模块名就是定义模块时紧跟在 module 关键字后面的名字。

（2）实例名是为本次调用的模块命名的实例名称，它对本次调用的模块进行唯一的识别。

（3）信号列表由与实例模块相连接的外部信号组成，指出实例模块与外界的连接关系。

2. 模块调用的信号列表

实例模块与外界的连接的信号列表有两种形式。

(1)按顺序连接

　　外部信号按顺序排列,调用语句中的信号列表和模块定义中的端口列表一一对应。其格式为:

　　(信号名 1,信号名 2,…,信号名 n)

(2)按名称连接

　　指出了调用模块中信号名和被调用模块的端口名之间的关系,信号名的顺序可以任意,只要保证信号名与端口名之间匹配即可。其格式如下:

　　(.端口名 1(信号名 1),.端口名 2(信号名 2),…,.端口名 n(信号名 n))

　　下面是一个用模块化方式设计 8 位译码器电路系统的例子,从中可以看出模块之间的调用关系。

　　在 8 位计数译码电路系统中,首先设计一个 4 位二进制加法计数器模块 count4 和一个七段 LED 显示译码器模块 dec_seg7,然后用实例化方式将这两个模块连接成 8 位译码电路系统。具体设计步骤如下:

(1)4 位二进制加法计数器模块设计

　　在 count4 设计中共有 4 个端口,其中 clr 是复位控制输入端,当 clr=1 时,计数器复位,clk 是时钟输入端,en 是使能控制输入端,当 en=1 时,计时器正常工作,q[3..0]是计数器输出端,cout 进位输出端,当 q[3..0]=1111 时,cout=1,该信号可与高位计数器的 en 输入端连接,用于启动高位计数器工作。

　　count4 模块的 Verilog HDL 代码如下:

```
module count4(clk,clr,en,cout,q);
input clk,clr,en;
output [3:0] q;
output cout;
reg [3:0] q;
always @(posedge clr r posedge clk)
    begin
      if(clr) q='b0000;
      else  if (en) q=q+1;
    end
    assign cout=&q;
endmodule
```

(2)七段 LED 显示译码模块 dec_seg7 模块设计

dec_seg7 模块的 a[3..0]是 4 为输入数据端,q[7..0]是 8 位译码器输出端,用于提供与a[3..0]对应的共阳极七段显示代码。

　　dec_seg7 模块的 Verilog HDL 代码如下:

```
module dec_seg7(a,q);
input [3:0] a;
```

```
output [7:0] q;
reg [7:0] q;
always @(a)
  begin
    case(a)
      4'h1: q = 8'b01111001;
      4'h2: q = 8'b00100100;
      4'h3: q = 8'b00110000;
      4'h4: q = 8'b00011001;
      4'h5: q = 8'b00010010;
      4'h6: q = 8'b00000010;
      4'h7: q = 8'b01111000;
      4'h8: q = 8'b00000000;
      4'h9: q = 8'b00011000;
      4'ha: q = 8'b00001000;
      4'hb: q = 8'b00000011;
      4'hc: q = 8'b01000110;
      4'hd: q = 8'b00100001;
      4'he: q = 8'b00000110;
      4'hf: q = 8'b00001110;
      4'h0: q = 8'b01000000;
    endcase
  end
endmodule
```

(3) 8 位译码器电路系统顶层文件设计

顶层文件的 count_dec 模块对计数器模块进行了两次调用,形成了两个实例模块 u1、u2,用于实现 8 位计数功能,然后又对 dec_seg7 模块进行了调用,形成了 u3、u4,用于实现将计数值的高位和低位分别转为对应的七段显示代码。

顶层模块的 Verilog HDL 代码如下:

```
module count_dec(clk,clr,en,cout,q);
input clk,clr,en;
output [15:0] q;
output cout;
reg [15:0] q;
reg   cout;
wire [3:0] q1,q2;
wire x;
count4 u1(clk,clr,en,x,q1);
count4 u2(clk,clr,x,cout,q2);
```

```
dec_seg7 u3(q1,q[7:0]);
dec_seg7 u4(q2,q[15:8]);
endmodule
```

习 题

1. 说出 Verilog HDL 程序由哪几部分组成。
2. Verilog HDL 程序的功能描述有哪几种方法？
3. 连续赋值与过程赋值的区别？阻塞赋值与非阻塞赋值有什么区别？
4. 编程产生周期为 5 个时间单位，脉宽为 1 个时间单位的连续脉冲信号。
5. 举例说明 initial 说明语句与 always 说明语句的相同点与不同点。
6. 编程实现一个 4:16 译码器。
7. 编程实现一个 4 选 1 的数据选择器。
8. 编程实现一个 8 位移位器。
9. 设计一个 16 位计数译码电路系统。

第3章 EDA 开发环境简介

FPGA 应用系统开发需要有验证环境,验证环境包括硬件环境和软件环境两部分。本教材选用 ALTERA 公司的 DE2－70 开发板作为硬件验证环境,软件采用 Quartus II 8.1,在 SOPC 开发部分还要安装 NIOS II 8.1。本章重点介绍 DE2－70 开发板硬件结构、Quartus II 8.1 和 NIOS II 8.1 的安装过程以及 Quartus Ⅱ开发流程。

3.1 DE2－70 开发板简介

目前市面上有很多种用于教学的实验开发板和用于研发的核心板,其中 ALTERA 公司的 DE2－70 就是一款资源较多,能满足教学和科研应用的开发设备。

DE2－70 开发板以 Cyclone II 2C70 FPGA 为核心,其结构如图 3.1 所示。

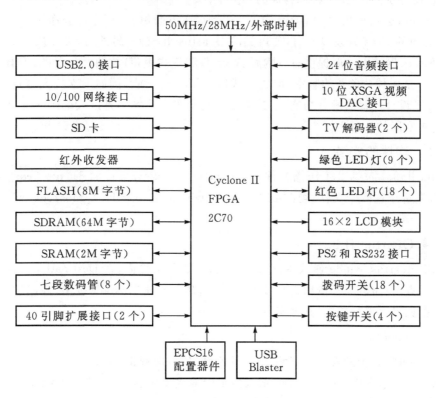

图 3.1 DE2－70 硬件结构图

DE2－70 开发板各模块的具体硬件电路可查阅 DE2－70 的随机文档,或在 Altera 公司网站上进行查询。

3.2 软件集成开发环境简介

Quartus II 是 Altera 公司的综合性 PLD 开发软件,支持原理图、VHDL、VerilogHDL 以及 AHDL 等多种设计输入形式,内嵌综合器以及仿真器,可以完成设计输入、编译、综合、布线、时序分析、仿真、编程下载等 EDA 设计过程。

Quartus II 有 Windows、Linux 以及 Unix 多种版本,可以适合各种操作系统的使用。Quartus II 提供了完善的用户图形界面设计方式。具有运行速度快,界面统一,功能集中,易学易用等特点。

Quartus II 支持 Altera 的 IP 核,包含了 LPM/MegaFunction 宏功能模块库,使用户可以充分利用成熟的模块,简化了设计的复杂性、加快了设计速度。对第三方 EDA 工具的良好支持,使用户可以在设计流程的各个阶段使用熟悉的第三放 EDA 工具。

Quartus II 通过和 DSP Builder 工具与 Matlab/Simulink 相结合,可以方便地实现各种 DSP 应用系统;支持 Altera 的片上可编程系统(SOPC)开发,集系统级设计、嵌入式软件开发、可编程逻辑设计于一体,是一种综合性的开发平台。

自从 Altera 公司推出的 Quartus II 后,其版本在不断更新,至今已公布了 9.1 版本。购买 Altera 公司的 EDA 开发设备时,公司提供 Quartus II 软件,另外,也可以从 Altera 网站获取软件。Altera 网站上一般提供有订购版、Web 版和正式版,订购版是免费的,但有使用时间限制;Web 版是一种全免费的版本,但比正式版少了一些功能,例如不支持大容量的 FPGA;正式版提供了设计过程的所有功能,它是需要付费购买的。本书是以 Quartus II 8.1 版本为例介绍 EDA 实际的全过程。

3.2.1 软件的安装

Quartus II 8.1 包括 2 个压缩文件,81_quartus_windows. rar 和 81_nios2eds_windows. rar,安装时先解压这两个文件,得到 81_quartus_windows. exe 和 81_nios2eds_windows. exe 文件。

1. 安装 Quartus II 8.1

双击 81_quartus_windows 文件. exe,进入图 3.2 所示界面,在 Destination folder 中输入安装目录,或点击"Browser"按钮选择安装文件夹,然后点击"Install"按钮,开始进行安装,安装过程中,根据提示进行选择,直至安装完成。

2. 安装 Nios II

要进行 SOPC 系统开发需要安装 Nios II 系统,安装时双击 81_nios2eds_windows. exe 文件,进入图 3.3 所示界面,在 Destination folder 中输入安装目录,或点击"Browser"按钮选择安装文件夹,然后点击"Install"按钮,开始进行安装,安装过程中,根据提示进行选择,直至安装完成。

3. 软件破解

软件不经过破解只能试用 30 天,破解后就不受应用时间限制,要破解软件,需要购买破解软件,按照破解说明完成破解。

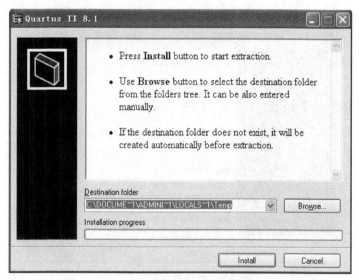

图 3.2　Quartus II 8.1 安装界面

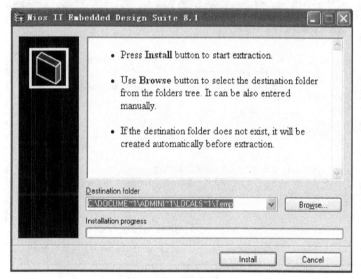

图 3.3　Nios II 安装界面

3.2.2　驱动程序安装

在使用 Quartus II 8.1 软件完成电路设计时,还必须安装 Altera 的硬件驱动程序,才能将设计结果通过通信接口编程下载到目标芯片中。通信接口可以是并行接口也可以是串行接口,Altera 公司的 DE2-70 开发板是使用 PC 机的 USB 接口,通过开发板的 USB-Blaster 接口编程下载的,因此应安装 USB-Blaster 驱动程序。

当开发板第一次与 PC 机的 USB 接口连接时,出现如图3.4所示的硬件更新向导界面。

点击"下一步"按钮,出现如图 3.5 所示找到新的硬件向导界面,选择"在搜索中包含这个位置",浏览找到驱动程序,驱动程序在 C:\altera\81\quartus\drivers\usb-blaster 目录下。

点击"下一步"按钮,出现如图 3.6 所示完成找到新的硬件向导界面,点击"完成"按钮,驱动程序安装完成。

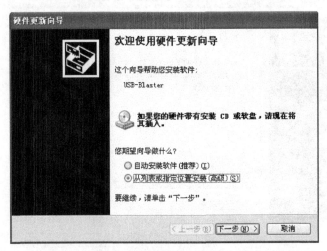

图 3.4　硬件更新向导界面

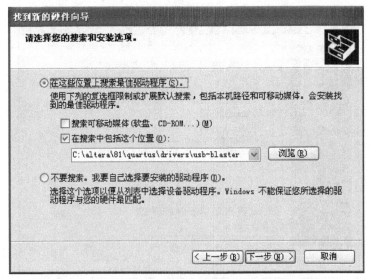

图 3.5　找到新的硬件向导界面

3.3　Quartus Ⅱ 设计步骤

Quartus Ⅱ 8.1 软件含有 FPGA 和 CPLD 设计所有阶段的解决方案,设计流程分为设计输入、综合、布局与布线、时序分析、仿真、编程与配置。Quartus Ⅱ 软件为设计的每个阶段都提供了图形用户界面,在设计的不同阶段使用不同的界面。下面就举例详细介绍利用 Quartus Ⅱ 软件进行设计的步骤。

3.3.1　设计介绍

要求设计一个用 8 个拨码开关控制 8 个 LED 灯状态的系统,开关闭合,对应灯亮;开关打开,对应灯熄灭。

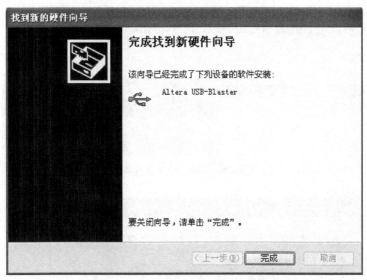

图 3.6　完成找到新的硬件向导界面

在 DE2－70 开发板上有 18 个拨码开关 SW0～SW17,18 个红色 LED 灯 LED0～LED17。SW0 电路原理如图 3.7(a)所示,开关闭合输入端为 0;开关打开输入端为 1。LED0 的电路原理如图 3.7(b)所示,LED 灯的控制端为 1 灯亮,控制端为 0 灯熄灭。其余开关和 LED 灯电路原理相同。

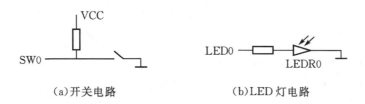

(a)开关电路　　　　　　　　　(b)LED 灯电路

图 3.7　开关与 LED 灯电路

本设计选用 SW0～SW7 作开关输入,选择 LED0－LED7 作显示输出。为了便于对工程相关的文件进行管理,设计之前先建立一个文件夹,此文件夹用于存放与该设计相关的所有文件。本设计在 D 盘建立一个文件夹,取名为 switch_led,路径为 D:\ switch_led。

需要注意的是:文件夹和文件不能用中文字符命名,也不能包含空格,建议用英文字母、数字和下划线,最好以英文字母开头,长度在 8 个字符以内。

3.3.2　设计过程

1. 创建工程

任何一项设计都是一个工程(Project),设计一个项目时,应先建立工程。启动 Quartus II 8.1,出现如图 3.8 所示的主界面,选择"File"菜单下的"New Project Wazard",如果是第一次建立工程,出现如图 3.9 所示的新建工程向导介绍界面。

选择"Don′t show me this introduction again"选项,下一次建立工程时,就不再出现这个界面,单击"next"按钮进入如图 3.10 所示的新建工程向导。

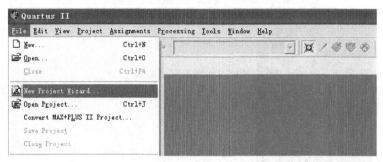

图 3.8　Quartus II 主界面

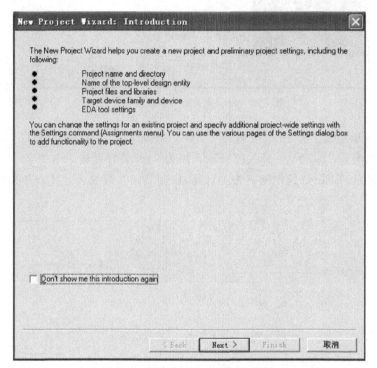

图 3.9　新建工程向导对话框介绍

　　图 3.10 的第一个文本框为工作目录,可输入存放工程的目录,或单击右侧的"…"按钮选择目录;第二个文本框用于输入工程名;第三个文本框为顶层设计实体名;通常工程名与顶层实体同名;在多层次系统设计中,以与工程名同名的设计实体作为顶层文件名(如果不同名,在编译前要设置顶层文件)。本例中,输入 SWICH_LED 作为工程名和顶层实体名,单击"Next"按钮,进入图 3.11 所示的添加文件对话框。

　　在图 3.11 中,"File name"后的文本框用于输入设计文件名,也可以单击右侧的"…"按钮选择设计文件,点击"Add"按钮将设计文件加入到工程中;单击"Add All"可将设定目录下的所有设计文件加入到工程中;选择"User Libraries …"可以加入用户自定义函数;如果还没有设计文件可不选择。点击"Next"按钮,出现如图 3.12 所示的选择芯片对话框,根据实际的硬件环境选择所用的芯片的型号。

　　由于 DE2-70 开发板使用的 FPGA 芯片为 Cyclone Ⅱ 系列的 EP2C70F896C6,因此,在

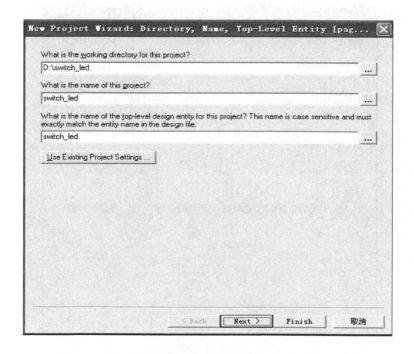

图 3.10　新建工程向导界面

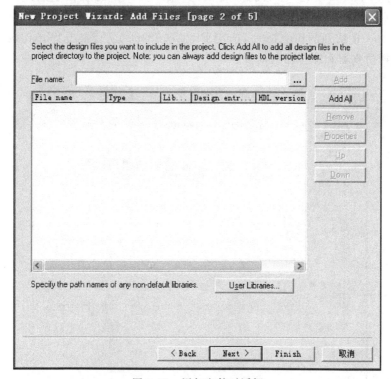

图 3.11　添加文件对话框

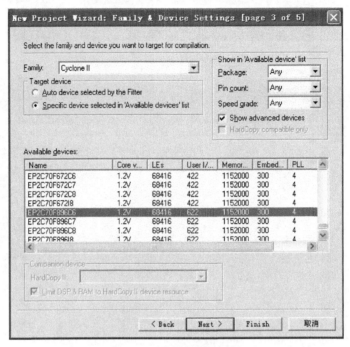

图 3.12   选择芯片对话框

"Family"栏选择 Cyclone Ⅱ芯片系列,然后在"Target device"选项框中选择"Specific device selected in 'Available device' list",即选择一个确定的目标芯片,在"Available devices"列表中列出了 Cyclone Ⅱ系列的所有芯片,选定 EP2C70F896C6 后,点击"Next"按钮,出现如图 3.13所示的选择仿真器和综合器对话框。

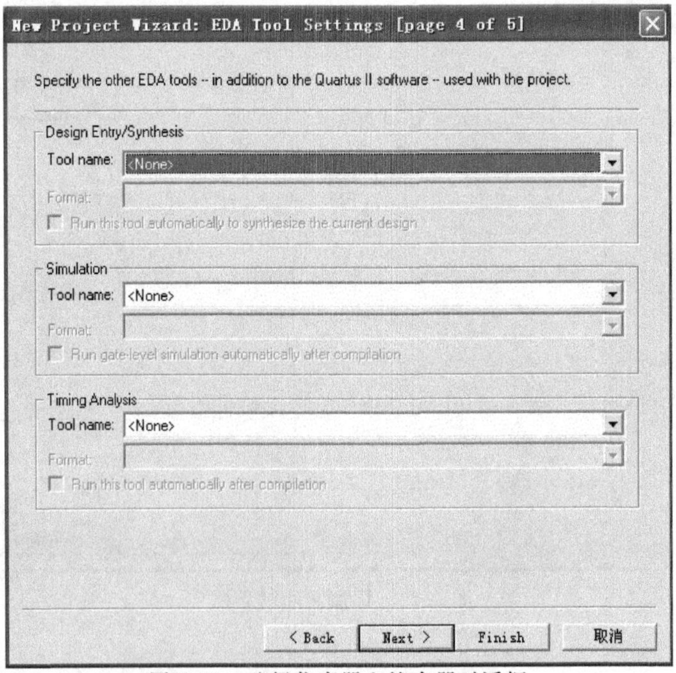

图 3.13   选择仿真器和综合器对话框

在该界面中,用户可以指定第三方的仿真器和综合器,如果不选择,将使用 Quartus Ⅱ自带的仿真器和综合器,点击"Next"按钮,出现如图 3.14 所示的工程设计统计对话框,对话框中列出了此工程设计的相关信息,点击"Finish"按钮,已成功的建立了工程。在 Project Navigator 中可以查看该工程的各项文件以及层次结构。

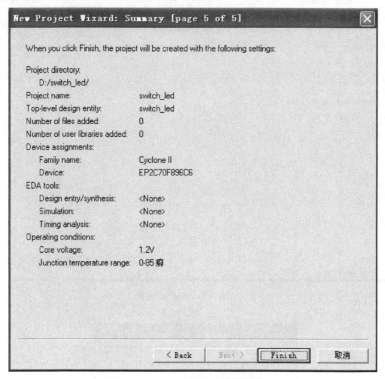

图 3.14　工程设计统计对话框

工程建立后,还可以通过"Assignments"菜单下的"Setting"对话框,如图 3.15 所示,重新设置工程中的一些选项。

2.设计输入

建立工程后,便可进行数字系统的设计,在 Quartus Ⅱ的"File"菜单中选择"New",出现如图 3.16 所示的新建文件对话框。对话框中有多种设计输入法可供选择,下面分别介绍 Verilog HDL 和模块/原理图输入过程。

(1) Verilog HDL 输入法

在图 3.16 选择 Verilog HDL File,进入如图 3.17 所示 Verilog HDL 文件编辑界面,输入用 Verilog HDL 编写的 8 位加法器的文件,在"File"菜单中选择"Save"保存文件。保存文件时,文件名与模块名应一致。

由于 Verilog HDL 代码的语法比较难记,为帮助编写程序,编辑器中提供了一个 Verilog 模板,模版中提供了多种 Verilog 实例,例如 module 模块描述、always 块等。要使用模板,只需在 Quartus Ⅱ的"Edit"菜单中选择"Insert Template",就可以进入插入模板界面,设计时根据需要选择模板。

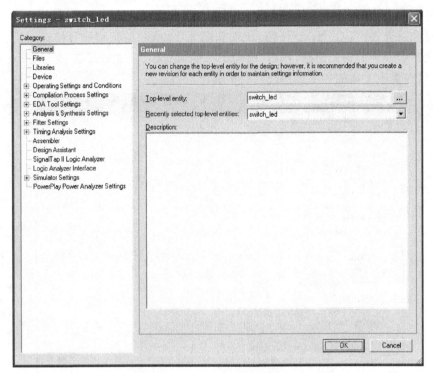

图 3.15 Setting 对话框

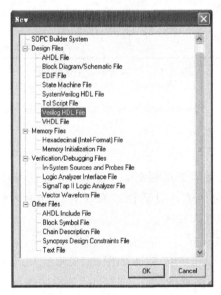

图 3.16 新建文件对话框

（2）模块/原理图输入法

在图 3.16 选择 Block Diagram/Schematic File，点击"OK"，进入如图 3.18 所示模块图/原理图设计输入界面。模块/原理图的设计过程分为以下几步。

① 放置元件

在原理图编辑窗口中的任何一个空白位置双击鼠标左键，弹出如图 3.19 所示的元器件选

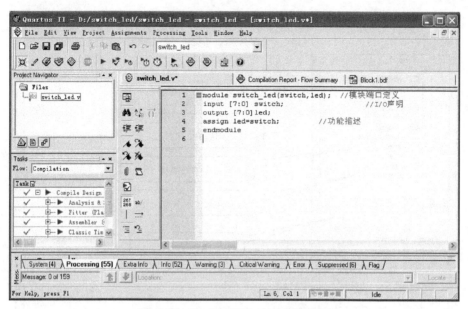

图 3.17　Verilog HDL 文件编辑界面

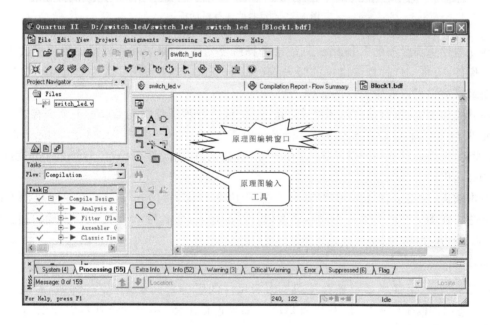

图 3.18　模块/原理图设计输入界面

择对话框。或者选择原理图工具中的 ，或者在编辑窗口右击鼠标，在弹出的菜单中选择
"Insert"下的"Symbol as Block…"项，也可弹出元器件选择对话框。

在 Quartus Ⅱ 中列出了存放在安装目录下的 altera\72\quartus\libraries 文件夹中的各
种元件库。其中 megafunctions 是参数可选的元器件库，如加减法器、编码器、译码器等；oth-
ers 是 MAX＋PLUSⅡ库，包括加法器、译码器、计数器、移位器、寄存器等 74 系列器件；primi-
tives 是基本元件库，包括缓冲器、逻辑门、电源、输入、输出等。

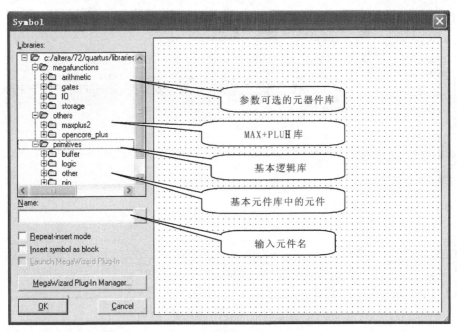

图 3.19　元器件选择对话框

在元器件选择窗口的 Libraries 列表中选择所要元件,如果要在原理图编辑界面放置多个相同的原件,应将元件选择窗口中的"Repeat-insert mode"选项选中,然后单击"OK"按钮,在原理图编辑窗口可以放置选择的元件。

在开关控制 LED 灯的显示系统中,用上述方法在原理图编辑界面放置 1 个含有 8 个三态门的元件 74244、输入、输出元件和地线元件,如图 3.20 所示。其中 74244 在 others 的 max-plus2 库中,地线元件在 primitives 的 other 库中,输入、输出元件在 primitives 的 pin 库中。

②命名引脚

双击输入、输出引脚,出现引脚属性界面,引脚名默认名为 pin_name,在这里可以修改引脚的名称。在图 8.20 中,输入引脚用作拨码开关的输入,命名为 switch[7..0],输出引脚用作 LED 灯的输出,命名为 led[7..0]。

③连线

在工具箱中,用选择节点连接工具 在元件的引脚之间绘制连线,例如,连接地线与 74244 三态门的两个门控信号 1GN 和 2GN。如果连接出错,用鼠标选择错误线段,点击 Delete 键,即可删除该线。

在进行一组信号进行连接时,选择总线连接工具 ,可进行总线的连接,例如,连接输入引脚 switch[7..0]和输出引脚 led[7..0]。总线连接采用在引脚上加连接线和标注的方法进行连接,图中 a[3..0]与 74244 的 1A4~1A1 输入端连接,a[7..4]与 74244 的 2A4~2A1 输入端连接。也可以只在引脚上标出名称,不直接连线,电路综合时会自动进行连接,y[3..0]与 1Y4~1Y1 的连接,y[7..4]与 2Y4~2Y1 的连接就是采用这种方法。

④保存文件

原理图设计完成完成后,保存文件供以后各过程使用。

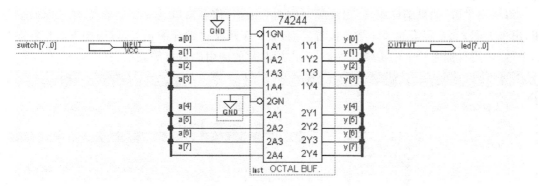

图 3.20　元器件选择对话框

3. 编译设计文件

如果工程中只有一个设计文件,且文件名与工程名同名,该文件即是顶层实体文件;如果文件名与工程名不同名或一个工程中包含多个设计文件,编译前先要设置顶层实体文件,其余文件作为子模块文件。

设置顶层文件的方法是:在工程向导中选择文件选项卡"Files",然后选择文件,在选择的文件上点击鼠标右键,在弹出菜单中选择"Set as Top_Level Entity",选择的文件就作为顶层实体文件。

如果顶层实体文件是用 Verilog HDL 编写的文件(.v),那么在顶层文件中用模块调用语句直接调用子模块文件;如果顶层实体文件是用模块/原理图编写的文件(.bdf),那么应将.v子模块转变为元件,然后就可以同系统元件一样使用。转变方法是在子模块文件名上点击鼠标右键,在弹出菜单中选择"Create Symbol Files for Current File",子模块就转变为元件。

设置好顶层实体文件后,选择 Quartus Ⅱ 主窗口"Processing"菜单下的"Starting compilation"(开始编译),或者在工具栏选择"Starting compilation"按钮,即开始了编译工作。编译过程包括分析与综合、适配、编程、时序分析四个环节。

（1）分析与综合（Analysis & Synthesis）

在编译过程中,首先对设计文件进行分析和检查,检查其是否有语法错误,如果有错误,则报告错误信息并标出错误位置,供设计者进行修改;如果无错误,接着进行综合,通过综合完成设计逻辑到器件资源的映射。

（2）适配（Fitting）

适配是完成设计逻辑在器件中的布局和布线、选择适当的内部连接路径、引脚分配、逻辑元件分配等操作。

（3）汇编（Assembler）

完成适配后进入汇编环节。在汇编过程中,产生多种形式的器件编程映像文件,这样就可以通过 MasterBlaster 或 ByteBlaster 电缆将设计逻辑下载到目标芯片的编程文件。对 CPLD 来说,产生的是熔丝图文件;对 FPGA 来说,生成位流文件。

（4）时序分析（Timing Analyzer）

在时序分析阶段,计算给定设计与器件上的延时,完成设计分析的时序分析和所有逻辑性能分析。

编译完成后,如果编译成功,出现编译成功对话框,信息窗口显示 0 个错误,单击"确定"按钮,出现如图 3.21 所示的编译结果报告界面,报告工程文件编译的相关信息,如下载目标芯片的型号、占用目标芯片中的逻辑元件数目、占用芯片的的引脚数目等。

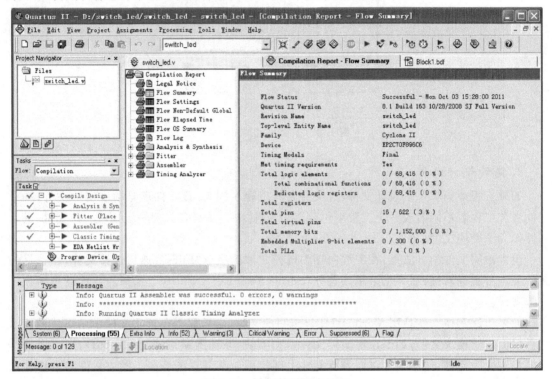

图 3.21　编译结果报告界面

如果程序中有错误,编译后出现编译不成功对话框和出现错误数对话框,并且在信息窗口列出了错误的位置和类型,双击错误信息,程序中的错误行就以高亮度显示,这时可以根据提示修改错误直至编译成功。如果想了解错误的更多信息,可以单击错误提示行,然后按 F1 键,有关错误的帮助信息就显示出来了。

4.仿真

仿真是对设计功能进行验证的一种方法,如果一个设计比较简单或者能够确保设计是正确的,可以跳过仿真这一步。仿真需要经过建立波形文件、输入信号节点、设置波形参量、编辑输入信号、保存波形文件和运行仿真器。

(1)建立波形文件

在 Quartus Ⅱ 的"File"菜单中选择"New",在图 3.16 所示的新建文件对话框中选择 Verifacation/Debugging Files 选项卡中的 Vector Waveform File 后进入如图 3.22 所示的波形文件编辑界面。

(2)输入信号节点

在波形编辑模式下,选择"Edit"菜单中的"Insert Node or Bus...",或者在波形文件的 name 栏右击,在弹出的快捷菜单中选择"Insert Node or Bus..",弹出如图 3.23 所示的 Insert Node or Bus(插入节点或总线)对话框。点击"Node Finder..."按钮,出现如图 3.24 所示的

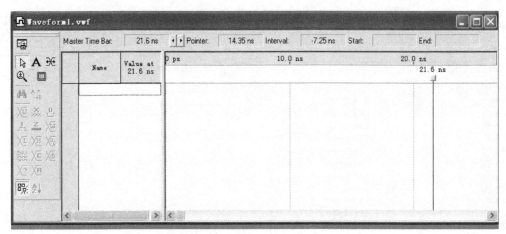

图 3.22　波形文件编辑界面

Node Finder(节点发现)对话框。

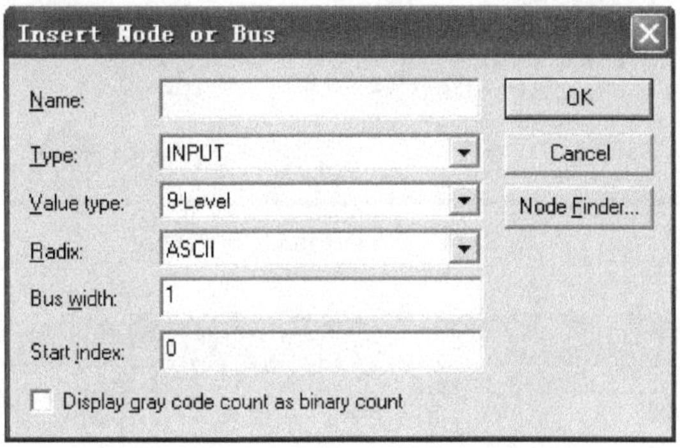

图 3.23　Insert Node or Bus 对话框

在 Node Finder 对话框的 Filter 下拉列表中选择 Pins:all,再单击"list"按钮,这时在左边的 Nodes Found 列表框中列出了 8 个开关和 8 个 LED 灯的全部信号节点。选择仿真时需要观察节点 switch 和 led,并将其移到右边的 Selected Nodes 列表框中。节点选择完毕,单击"OK"按钮即可。

(3)设置波形参量

Quartus Ⅱ 默认的仿真时间域是 1μs,如果需要更长的时间观察仿真结果,可选择"Edit"菜单中的"End Time..."",弹出如图 3.25 所示的 End Time 对话框。输入适当的仿真时间域,然后单击"OK"按钮即可完成设置。

(4)编辑输入信号

编辑输入信号就是设置输入信号的状态或值,波形编辑器左边的工具中有各种信号状态和值可供选择。在本系统中,开关为 8 位数,可用(计数值按钮)设置其值。具体方法为:单击选中波形编辑窗口的信号名 switch,使之变成蓝色条,再单击工具中的"Counter Value"按钮,出现如图 3.26 所示 Counter Value 对话框。在对话框中可设置计数方式,计数初值和计数步长,设置后按"确认"按钮。

(5)保存波形文件

在 Quartus Ⅱ 的"File"菜单中选择"Save",在弹出的 Save As 对话框中单击"OK"按钮,波

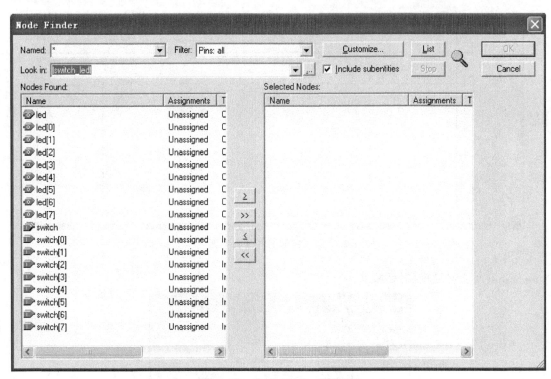

图 3.24　Node Finder 对话框

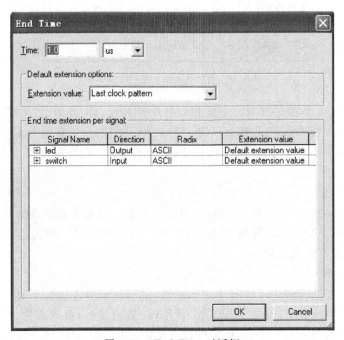

图 3.25　End Time 对话框

形文件自动保存,文件名与设计文件同名,扩展名为. vwf。如果要更改波形文件名,选择"Save As…",然后输入文件名,点击"OK"按钮即可。

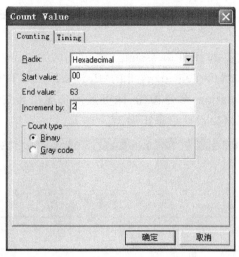

图 3.26 Counter Value 对话框

（6）运行仿真器

仿真分为功能仿真和时序仿真两种，功能仿真只是简单的验证设计逻辑元件和连线的正确性，不考虑信号传递的延时，但对一些复杂的设计需要考虑信号之间的延时，这时就要进行时序仿真。

① 功能仿真

在 Quartus Ⅱ 的"Assignments"菜单中选择"Setting…"，出现如图 3.27 所示设置窗口，在

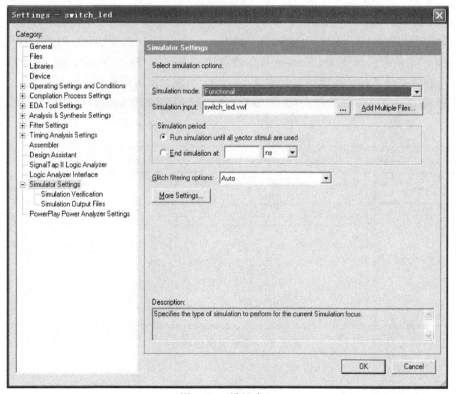

图 3.27 设置窗口

窗口左边的列表中选择"Simulator"，在 Simulation mode（仿真模式）列表中选择"Function-al"，单击"OK"按钮。

　　在进行功能仿真前，先要选择"Processing "菜单下的" Generate Functional Simulation Netlist"产生一个网标文件，然后在 Quartus Ⅱ 的"Processing"菜单中选择"Start Simulation"，或单击工具栏的"Start Simulation"命令按钮，即可显示功能仿真波形。系统的仿真波形如图 3.28 所示，根据波形可以观察出设计结果正确。

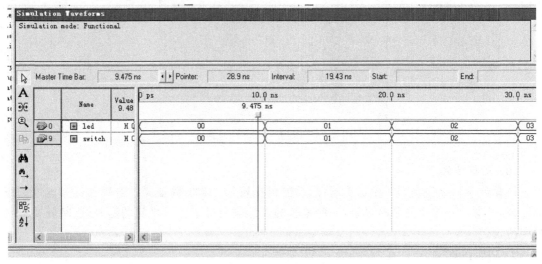

图 3.28　系统功能仿真结果

② 时序仿真

　　进行时序仿真时，在图 3.27 设置窗口中，将 Simulation mode 选择"Timer"，然后在 Quartus Ⅱ 的"Processing"菜单中选择"Start Simulation"，或单击工具栏的"Start Simulation"命令按钮，即可显示时序仿真波形。系统的仿真波形如图 3.29 所示，根据波形可以观察出设计结果。

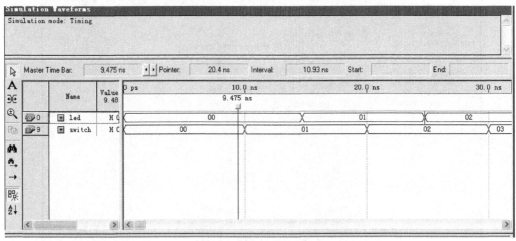

图 3.29　系统时序仿真结果

5.引脚分配

工程编译、仿真通过后,就可以将配置数据下载到应用系统进行验证。下载之前首先要进行引脚分配,保证设计引脚与实际应用系统引脚对应。

进行引脚分配时,选择"Assignments"菜单中的"Pins",进入如图 3.30 所示的引脚分配界面。图中列出了本系统的所有输入输出引脚,在每个引脚的 Location 位置双击,输入或选择其对应的实际引脚。

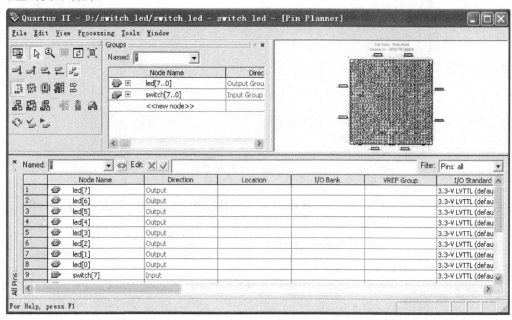

图 3.30　引脚分配界面

在 DE2－70 开发板上,外部设备(如拨码开关、按钮开关、发光二极管、七段显示管、LCD等)与目标芯片的连接是固定的,设计验证时只能按照固定位置进行引脚分配。当一个设计完成后,以后的设计中可能会用到相同的引脚分配,Quartus II 允许用户以文件的形式导出或导入引脚分配,而不是每次都手工进行引脚分配。引脚分配文件是一种以逗号隔开的文件,后缀名为 CSV,该文件可以用任何一种纯文本编辑器进行编辑,也可以用 Microsoft Excel 打开和编辑。

导出工程中引脚分配的过程是,在引脚分配界面选择"File"菜单中的"Export…"选项,出现如图 3.31 所示的界面,选择文件存放路径,并输入文件名,单击"Export"按钮即可导出引脚分配文件。

导入引脚分配文件的过程为,选择"Assignments"菜单下的"Import Assignments"选项,出现如图 3.32 所示的界面,输入或选择引脚分配文件名,单击"OK"按钮,相同的引脚分配即可导入。

为了设计方便,购买 DE2－70 实验板时所带光盘的 DE2－70\DE2_70_tutorials\design_files 目录下的 DE2_70_pin_assignments.csv 文件中存放了 DE2－70 实验板上所有的引脚分配情况,该文件也可到 altera 网站下载,这些引脚名称与用户手册上完全相同。使用时只要将设计文件中引脚名与该文件的引脚名相同即可。例如,可以将本系统的输入引脚名改为 iSW

图 3.31 引脚分配导出界面

[7..0]，输出改名为 oLEDR[7..0]，这样，只
要导入 DE2_70_pin_assignments.csv 文件就
可实现引脚分配，即系统的输入和输出自动与
实验板上的开关和灯进行了连接。

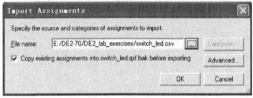

图 3.32 引脚分配导入界面

6. 下载验证

下载验证是将编译形成的位流文件(.sof)直接下载到 Cyclone II FPGA 芯片中，用来验证设计的正确性。

将位流文件下载到 DE2-70 开发板的 Cyclone II FPGA 芯片的过程如下：

(1)确保 DE2-70 开发板已经供电。

(2)用随设备提供的 USB 电缆一端与 PC 机的 USB 口相连，另一端与 DE2-70 开发板的 USB-Blaster 接口相连。

(3)将 DE2-70 开发板上的 RUN/PROG 开关拨向 RUN 的位置。

(4)在 Quartus II 软件中选择"Tools"菜单中的"Progammer"，进入如图 3.33 所示编程界面，双击"Hardware Setup"按钮，选择"Hardware Setup"为 USB-Blaster 编程方式，编程模式为 JTAG。编程方式选择完成后，通过左边的命令按钮可添加或删除下载文件，并选择选项 program/Configue，然后单击"Start"按钮完成程序的下载。

程序下载完成后，在 DE2-70 开发板上通过波动 SW7～SW0 开关，在 LEDR7～LEDR0 观察发光二极管的状态，验证设计的正确性。

下载到 FPGA 芯片中的位流，只要系统不掉电，数据流就一直保存，但是掉电时，配置信息丢失。

7. 对配置器件编程

为了使应用系统能独立运行，就必须将配置数据存放在非易失的器件中，通常将配置数据存放在专用的配置器件中。DE2-70 开发板上的 Altera EPCS16 是一个专门用于存放配置数

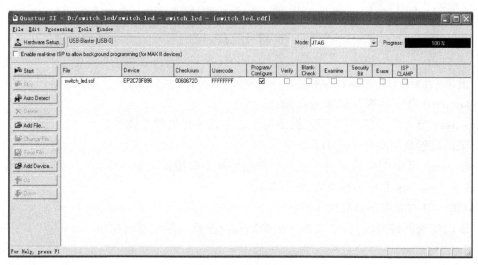

图 3.33　编程界面

据的串行 Flash 芯片,系统掉电时,数据不丢失,当重新上电时,配置数据就自动从 EPCS16 芯片下载到 Cyclone II FPGA 芯片中。

将位流文件下载到 DE2 – 70 开发板的 EPCS16 串行 Flash 芯片的过程如下:

(1)确保 DE2 – 70 开发板已经供电。

(2)用随设备提供的 USB 电缆一端与 PC 机的 USB 口相连,另一端与 DE2 – 70 开发板的 USB- Blaster 接口相连。

(3)将 DE2 – 70 开发板上的 RUN/PROG 开关拨向 PROG 的位置。

(4)在 Quartus II 软件中选择"Tools"菜单中的"Progammer",进入如图 3.34 所示编程界面,将编程模式为"Active Serial programming"。添加编译形成的. pof 文件,并选择选项 program/Configue,然后单击"Start"按钮完成程序的下载。

(5)对配置器件编程完成后,将 RUN/PROG 开关拨回 RUN 的位置,按电源开关对系统进行复位,这时位流文件直接加载到 Cyclone II FPGA 芯片中,而不需要重新下载配置数据。

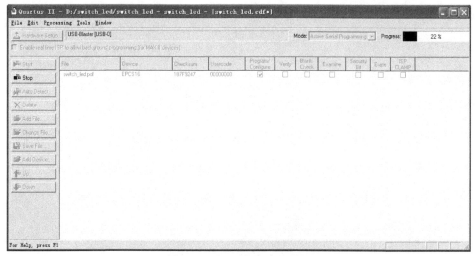

图 3.34　配置芯片编程界面

习　题

1. 说出 Quartus Ⅱ 的设计流程？
2. Quartus Ⅱ 支持哪些编辑输入法？
3. Altera 公司的 DE2 - 70 开发板是用什么方式进行编程下载的。
4. 说出设置顶层实体文件的方法。
5. Quartus Ⅱ 中工程编译包括哪几个阶段？每个阶段的功能是什么？
6. 说出 Quartus Ⅱ 中仿真需要经过哪几步。
7. 功能仿真与时序仿真有何不同？
8. 说出配置器件的功能，并说出下载验证和对配置器件编程的作用。

第4章　常用组合和时序逻辑电路设计

数字电路按照电路的内部结构可以分为组合逻辑电路和时序逻辑电路。

组合逻辑电路在逻辑功能上的特点是：电路在任何时刻的输出状态只取决于该时刻的输入状态，而与电路原来的状态无关。因此组合电路在电路构成上具有以下基本特征：

(1)电路由逻辑门电路组成；

(2)输出、输入之间没有反馈延迟电路；

(3)不包含记忆性元件(触发器)。

常见的组合逻辑电路主要包括编码器、译码器、数据选择器和数据分配器、数据比较器等。

时序逻辑电路的特点是：任何时刻的输出信号不仅取决于当时的输入信号，还与电路历史状态有关。因此，时序逻辑电路必须具有记忆的功能。触发器就是具有记忆功能的基本元件。常见的时序逻辑电路主要包括计数器、寄存器、序列信号发生器等。

本章主要介绍常用组合和时序逻辑电路的 Verilog 建模和仿真。

4.1　编码器

用文字、数字或符号代表特定对象的过程叫编码，电路中的编码就是在一系列事物中将其中的每一个事物用一组二进制代码来表示，编码器就是实现这种功能的电路。编码器的逻辑功能就是把输入的 2^N 个信号转化为 N 位输出。常用的编码器根据工作特点有普通编码器和优先编码器两种。

表 4.1 和表 4.2 分别是一个 8 线－3 线的普通编码器和优先编码器的真值表，表中输入用 $\overline{IN_i}$ 表示，输出用 Y_i(正逻辑)或 $\overline{Y_i}$(负逻辑)表示。普通编码器在任何时刻只允许所有输入中只能有一个输入是有效电平(如表 4.1 中的低电平)，否则会出现输出混乱的情况。而优先编码器则允许在同一时刻有两个或两个以上的输入信号有效，当多个输入信号同时有效时，只对其中优先权最高的一个输入进行编码，输入信号的优先级别是由设计者根据需要确定的。

表 4.1　普通 8 线 3 线编码器输入输出关系表

输入								输出		
$\overline{IN_0}$	$\overline{IN_1}$	$\overline{IN_2}$	$\overline{IN_3}$	$\overline{IN_4}$	$\overline{IN_5}$	$\overline{IN_6}$	$\overline{IN_7}$	Y_2	Y_1	Y_0
0	1	1	1	1	1	1	1	0	0	0
1	0	1	1	1	1	1	1	0	0	1
1	1	0	1	1	1	1	1	0	1	0
1	1	1	0	1	1	1	1	0	1	1
1	1	1	1	0	1	1	1	1	0	0
1	1	1	1	1	0	1	1	1	0	1
1	1	1	1	1	1	0	1	1	1	0
1	1	1	1	1	1	1	0	1	1	1

表 4.2　优先编码器真值表

输入								输出			
$\overline{IN_0}$	$\overline{IN_1}$	$\overline{IN_2}$	$\overline{IN_3}$	$\overline{IN_4}$	$\overline{IN_5}$	$\overline{IN_6}$	$\overline{IN_7}$	$\overline{Y_2}$	$\overline{Y_1}$	$\overline{Y_0}$	Y_S
1	1	1	1	1	1	1	1	1	1	1	0
×	×	×	×	×	×	×	0	0	0	0	1
×	×	×	×	×	×	0	1	0	0	1	1
×	×	×	×	×	0	1	1	0	1	0	1
×	×	×	×	0	1	1	1	0	1	1	1
×	×	×	0	1	1	1	1	1	0	0	1
×	×	0	1	1	1	1	1	1	0	1	1
×	0	1	1	1	1	1	1	1	1	0	1
0	1	1	1	1	1	1	1	1	1	1	1

代码 4.1 是实现优先编码器的 Verilog 代码，其功能仿真结果见图 4.1。

代码 4.1　普通编码器模块

```verilog
module encoder1(iIN_N,oY_N);
    input[7:0] iIN_N;
    output reg [2:0] oY_N;
    always@(iIN_N)
      case(iIN_N)
      8'b01111111:oY_N=3'b000;
      8'b10111111:oY_N=3'b001;
      8'b11011111:oY_N=3'b010;
      8'b11101111:oY_N=3'b011;
      8'b11110111:oY_N=3'b100;
      8'b11111011:oY_N=3'b101;
      8'b11111101:oY_N=3'b110;
      8'b11111110:oY_N=3'b111;
      default: oY_N=3'bxxx;
      endcase
endmodule
```

从图 4.1 可以看出，当 8 个输入信号中只有一个信号为低电平时，输出编码正确。当输入信号中同时有多个低电平时，输出均为"111"。

代码 4.2 是实现优先编码器的 Verilog 代码，其功能仿真结果见图 4.2。

代码 4.2　8 位优先编码器

```verilog
module encoder2(iIN_N,oY_N);        //优先编码器模块定义
```

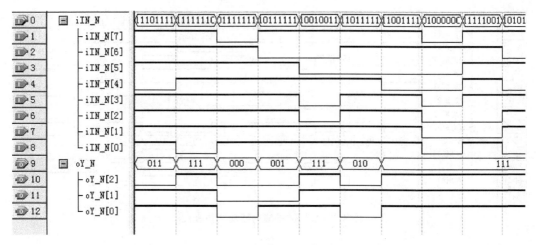

图 4.1　普通编码器功能仿真图

input[7:0] iIN_N;
output reg [2:0] oY_N;

always@(iIN_N)
　　if(iIN_N[7]==0)
　　　　oY_N=3'h0;
　　else if(iIN_N[6]==0)
　　　　oY_N=3'h1;
　　else if(iIN_N[5]==0)
　　　　oY_N=3'h2;
　　else if(iIN_N[4]==0)
　　　　oY_N=3'h3;
　　else if(iIN_N[3]==0)
　　　　oY_N=3'h4;
　　else if(iIN_N[2]==0)
　　　　oY_N=3'h5;
　　else if(iIN_N[1]==0)
　　　　oY_N=3'h6;
　　else if(iIN_N[0]==0)
　　　　oY_N=3'h7;
　　else
　　　　oY_N=3'h7;
endmodule

从图 4.2 可以当 8 个输入信号中有多个 0 时,只对其优先级最高的信号进行编码。即当输入 iIN_N=01001110 时,由于 iIN_N[7]的优先级最高,所以输出为 oY_N=111,当输入 iIN_N=11000101 时,由于 iIN_N[5]的优先级最高,因此 oY_N=010。

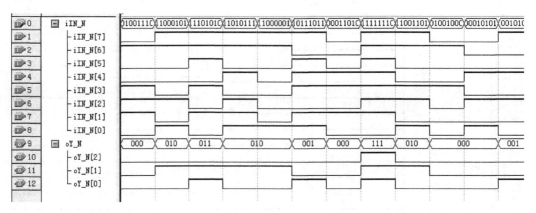

图 4.2　8 位优先编码器功能仿真图

4.2　译码器

译码器就是实现译码功能的电路,是将输入编码的特定含义"翻译"成一个对应的状态信号,通常是把输入的 N 个二进制信号转换成 2^N 个代表原意的状态信号。常用的译码器有二进制译码器、二—十进制译码器和显示译码器等。

4.2.1　二进制译码器

二进制译码器的逻辑功能是把输入二进制代码表示的所有状态翻译成对应的输出信号。若输入是 3 位二进制代码,3 位二进制代码可以表示 8 种状态,因此就有 8 个输出端,每个输出端分别表示一种输入状态。因此,又把 3 位二进制译码器称为 3 线—8 线译码器,简称 3-8 译码器,与此类似的还有 2-4 译码器和 4-16 译码器等。

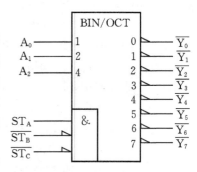

图 4.3　74LS138 逻辑符号

常用的 3-8 译码器 74LS138 的逻辑符号如图 4.3 所示,图中 ST_A、$\overline{ST_B}$ 和 $\overline{ST_B}$ 是译码控制信号,只有当 $ST_A = 1$,$\overline{ST_B} + \overline{ST_C} = 0$ 时,译码器才对输入信号 $A_2 A_1 A_0$ 进行译码,其逻辑功能如表 4.3 所示。

表 4.3　74LS138 真值表

输入					输出							
ST_A	$\overline{ST_B} + \overline{ST_C}$	A_2	A_1	A_0	$\overline{Y_0}$	$\overline{Y_1}$	$\overline{Y_2}$	$\overline{Y_3}$	$\overline{Y_4}$	$\overline{Y_5}$	$\overline{Y_6}$	$\overline{Y_7}$
$\times$	1	$\times$	$\times$	$\times$	1	1	1	1	1	1	1	1
0	$\times$	$\times$	$\times$	$\times$	1	1	1	1	1	1	1	1
1	0	0	0	0	0	1	1	1	1	1	1	1
1	0	0	0	1	1	0	1	1	1	1	1	1
1	0	0	1	0	1	1	0	1	1	1	1	1
1	0	0	1	1	1	1	1	0	1	1	1	1

续表 4.3

输入					输出							
ST_A	$\overline{ST_B}+\overline{ST_C}$	A_2	A_1	A_0	$\overline{Y_0}$	$\overline{Y_1}$	$\overline{Y_2}$	$\overline{Y_3}$	$\overline{Y_4}$	$\overline{Y_5}$	$\overline{Y_6}$	$\overline{Y_7}$
1	0	1	0	0	1	1	1	1	0	1	1	1
1	0	1	0	1	1	1	1	1	1	0	1	1
1	0	1	1	0	1	1	1	1	1	1	0	1
1	0	1	1	1	1	1	1	1	1	1	1	0

代码 4.3 给出了 3-8 译码器 Verilog 模块的实现,其功能仿真结果见图 4.4。

代码 4.3　3-8 译码器模块

```verilog
module decoder(iSTA ,iSTB_N,iSTC_N,iA,oY_N);
  input iSTA ,iSTB_N,iSTC_N;
  input [2:0] iA;
  output  [7:0] oY_N;

  reg [7:0]m_y;
  assign oY_N=m_y;
  always@(iSTA,iSTB_N,iSTC_N,iA)
  if(iSTA&&!(iSTB_N||iSTC_N))
    case(iA)
        3'b000:m_y = 8'b11111110;
        3'b001:m_y =8'b11111101;
        3'b010:m_y =8'b11111011;
        3'b011:m_y =8'b11110111;
        3'b100:m_y =8'b11101111;
        3'b101:m_y =8'b11011111;
        3'b110:m_y =8'b10111111;
        3'b111:m_y =8'b01111111;
    endcase
  else
    m_y=8'hff;
endmodule
```

图 4.4 中 iA 和 oY_N 信号显示的数字均为十六进制制数据。从图中可见当控制信号有效时,即 iSTA=1、iSTB_N=0、iSTC_N=0,输出信号 oY_N 与输入信号的 iA 的对应关系是:iA=$(0)_{16}$ 时,输出 oY_N[0]=0,输出其余输出均为 1;iA=$(1)_{16}$ 时,输出 oY_N[1]=0,输出其余输出均为 1;其余类推。当控制信号无效时,oY_N 均为高。

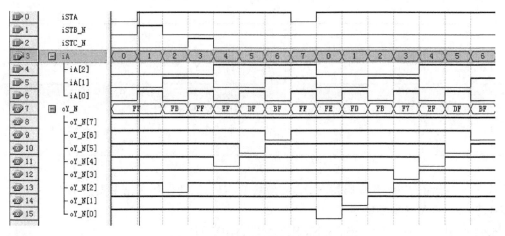

图 4.4　3 - 8 译码器功能仿真图

4.2.2　十进制译码器

十进制译码器的逻辑功能是将输入的四位 BCD 码翻译成对应的输出信号,因此输出信号有 10 个。图 4.5 是十进制译码器的逻辑符号,真值表如表 4.4 所示。

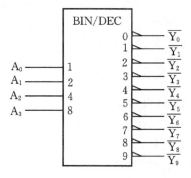

图 4.5　十进制译码器的逻辑符号

表 4.4　十进制译码器真值表

输入				输出									
A_3	A_2	A_1	A_0	$\overline{Y_0}$	$\overline{Y_1}$	$\overline{Y_2}$	$\overline{Y_3}$	$\overline{Y_4}$	$\overline{Y_5}$	$\overline{Y_6}$	$\overline{Y_7}$	$\overline{Y_8}$	$\overline{Y_9}$
0	0	0	0	0	1	1	1	1	1	1	1	1	1
0	0	0	1	1	0	1	1	1	1	1	1	1	1
0	0	1	0	1	1	0	1	1	1	1	1	1	1
0	0	1	1	1	1	1	0	1	1	1	1	1	1
0	1	0	0	1	1	1	1	0	1	1	1	1	1
0	1	0	1	1	1	1	1	1	0	1	1	1	1
0	1	1	0	1	1	1	1	1	1	0	1	1	1
0	1	1	1	1	1	1	1	1	1	1	0	1	1
1	0	0	0	1	1	1	1	1	1	1	1	0	1
1	0	0	1	1	1	1	1	1	1	1	1	1	0
1	0	1	0	1	1	1	1	1	1	1	1	1	1

续表 4.4

输入				输出									
A_3	A_2	A_1	A_0	$\overline{Y}_0$	$\overline{Y}_1$	$\overline{Y}_2$	$\overline{Y}_3$	$\overline{Y}_4$	$\overline{Y}_5$	$\overline{Y}_6$	$\overline{Y}_7$	$\overline{Y}_8$	$\overline{Y}_9$
1	0	1	1	1	1	1	1	1	1	1	1	1	1
1	1	0	0	1	1	1	1	1	1	1	1	1	1
1	1	0	1	1	1	1	1	1	1	1	1	1	1
1	1	1	0	1	1	1	1	1	1	1	1	1	1
1	1	1	1	1	1	1	1	1	1	1	1	1	1

　　实现二-十进制译码器的 Verilog 程序见代码 4.4,其功能仿真结果见图 4.6。

代码 4.4　二-十进制译码器模块

```
module Decoder_BtoD(iA,oY);
    input [3:0] iA;
    output reg [9:0] oY;
    always@(iA)
        case (iA)
            4'b0000:oY=10'h001;
            4'b0001:oY=10'h002;
            4'b0010:oY=10'h004;
            4'b0011:oY=10'h008;
            4'b0100:oY=10'h010;
            4'b0101:oY=10'h020;
            4'b0110:oY=10'h040;
            4'b0111:oY=10'h080;
            4'b1000:oY=10'h100;
            4'b1001:oY=10'h200;
            default:oY=10'h000;
        endcase
endmodule
```

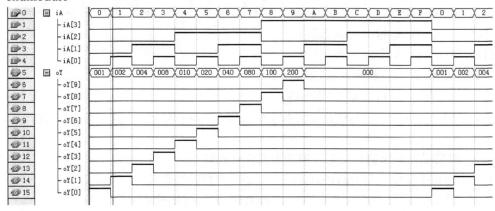

图 4.6　二-十进制译码功能仿真图

图 4.6 中 iA 和 oY 中显示的数字均为该信号对应的十六进制数据。从图中可见当输入信号 iA 为 8421BCD 码 $(0)_{16}$~$(9)_{16}$ 时,输出信号 oY 中一个与输入对应的信号为高电平,即当 iA=$(0)_{16}$ 时,只有 oY[0]=1,oY[9]~oY[1]均为 0;当 iA=$(1)_{16}$ 时,只有 oY[1]=1,oY[9]~oY[2]及 Y[0]均为 0;其余类推。当输入信号 iA 为 $(A)_{16}$~$(F)_{16}$ 时输出均为低电平。

4.2.3　七段译码器

在实际应用中往往需要显示数字,常用最简单的显示器件是七段数码管。它是由多个发光二极管 LED 按分段式封装制成的。LED 数码管有共阴型和共阳型两种形式,图 4.7 分别是七段数码显示器件的外形图、共阴极和共阳极 LED 电路连接图,图中有 8 个 LED 分别用于显示数字和小数点,每个 LED 灯的亮灭由其对应的 a~g、DP 段位信号控制。在图 4.7(b)所示的共阴极连接的数码管中,公共端 COM 接低电平,因此,当段位信号为高电平时,对应的 LED 段亮,当段位控制信号为低电平时,对应的 LED 灯灭。例如,当 abcdefg=111 1110 时,只有 g 段位对应的 LED 段灭,其余 LED 段都亮,因此显示数字"0"。在图 4.7(c)所示的共阳极连接的数码管中,公共端 COM 接高电平,当段位信号为低电平时,对应的 LED 段亮,当段位信号为高电平时,则对应的 LED 灯灭,因此,共阳极数码当段位控制信号 abcdefg=000 0001 时显示"0"。

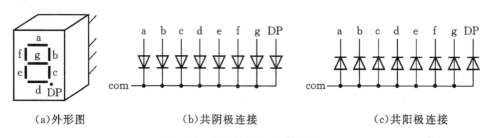

（a）外形图　　　　　　　（b）共阴极连接　　　　　　　（c）共阳极连接

图 4.7　七段显示 LED 数码管

图 4.8 所示的是常用的七段译码器的输出与显示字形的对应关系。

七段译码器的功能就是给出输入信号对应的段码输出,例如对共阴极译码器而言当输入为"0"时,为了显示"0"就需要 a~g 七个段中只有 g 段是灭的,其余段都应点亮,因此输出 abcdefg=11111110,即"0"的段码。输入为"6"时,只有 b 段是灭的,其余段都应点亮,因此输出为 abcdefg=10111111,即"6"的段码。

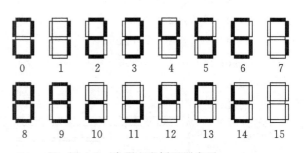

图 4.8　常用七段译码器字形

具有共阴共阳输出控制功能的七段数字译码器 Verilog 程序见代码 4.5,其功能仿真结果见图 4.9。

代码 4.5　具有共阴共阳输出可选控制的七段译码模块

```
moduledecoder_seg7 (iflag,iA,oY);      //七段译码模块定义
    input iflag;                       //共阴、共阳输出控制端,
    input[3:0] iA;                     //四位二进制输入
```

output reg [6:0] oY;

always@(iflag,iA)
begin
　　case(iA)
　　4'b0000:oY=7'h3f;　　　　　　　//iflag=1 共阴极输出
　　4'b0001:oY=7'h06;
　　4'b0010:oY=7'h5b;
　　4'b0011:oY=7'h4f;
　　4'b0100:oY=7'h66;
　　4'b0101:oY=7'h6d;
　　4'b0110:oY=7'h7d;
　　4'b0111:oY=7'h27;
　　4'b1000:oY=7'h7f;
　　4'b1001:oY=7'h6f;
　　4'b1010:oY=7'h77;
　　4'b1011:oY=7'h7c;
　　4'b1100:oY=7'h58;
　　4'b1101:oY=7'h5e;
　　4'b1110:oY=7'h79;
　　4'b1111:oY=7'h71;
　　endcase
　　if(! iflag)
　　　　oY=~oY;　　//iflag=1 共阳极输出
　　end
endmodule

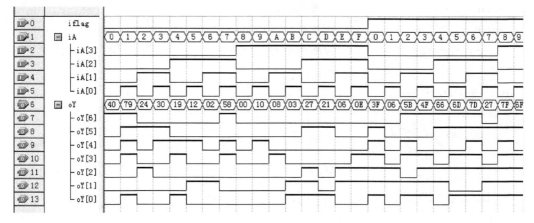

图 4.9　七段数码译码器功能仿真图

图 4.9 输入 iA 和输出 oY 显示的数字均为 16 进制数据,当 iflag＝0 时输出的是共阴极七段的段码,当 iflag＝1 时输出的是共阳极七段的段码。

4.3　数据选择器和数据分配器

在实际应用中,往往需要在多路输入数据中根据需要选择其中的一路,完成这样功能的电路,称作数据选择器或多路选择器。数据分配器实现的是数据选择器的相反的功能,是将某一路数据分配到不同的数据通道上,数据选择器也称多路分配器。

4.3.1　数据选择器

数据选择器的作用可以用如图 4.10 所示的多路开关描述。根据输入信号 $A_1 A_0$ 的状态,从输入的四路数据 $D_3 \sim D_0$ 中选择一个作为输出,图中 $A_1 A_0 = 11$,所以输出的数据是 D_3。其对应的真值表如表 4.5 所示。

常见的数据选择器有四选一、八选一、十六选一电路。

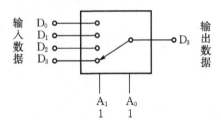

图 4.10　数据选择器工作原理示意图

表 4.5　四选一数据选择器真值表

A_1	A_0	Y
0	0	D_0
0	1	D_1
1	0	D_2
1	1	D_3

代码 4.6 是实现一个四选一数据选择器功能的 Verilog 模块。其功能仿真结果见图 4.11。

代码 4.6　四选一数据选择器模块

```
module mux4(iD,iS,oQ);        // 四选一数据选择器模块定义
  input [3:0] iD;             //数据输入信号
  input [1:0] iS;             //数据选择控制信号
  output reg oQ;              //输出信号

  always@(iD,iS)
    case(iS)
    2'b00:oQ=iD[0];
    2'b01:oQ=iD[1];
    2'b10:oQ=iD[2];
    2'b11:oQ=iD[3];
    endcase
endmodule
```

在图 4.11 中输入 iS 和 iD 显示的数字均为十六进制数据,从图中可以看出当 iS＝00 时,

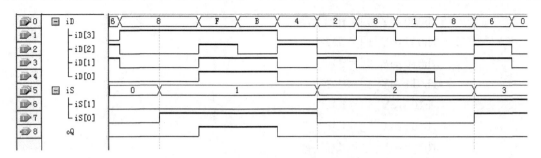

图 4.11 四选一数据选择器功能仿真结果

输出 oQ＝iD[0]，当 iS＝00 时，输出 oQ＝iD[1]，其余类推。

4.3.2 数据分配器

数据分配器实现的是数据选择器的相反的功能，是将某一路数据分配到不同的数据通道上，数据选择器也称多路分配器。

图 4.12 是一个四路数据分配器的功能示意图。图中 S 相当于一个由信号 $A_1 A_0$ 控制的单刀多掷输出开关，输入数据 D 在地址输入 $A_1 A_0$ 的控制下，传送到输出 $Y_0 \sim Y_3$ 的不同数据通道上。

表 4.6 是四路数据分配器的真值表。

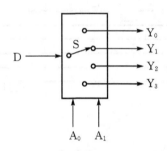

图 4.12 四路数据分配器功能示意图

表 4.6 四路数据分配器选择器真值表

A_1	A_0	Y_3	Y_3	Y_3	Y_3
0	0	D	1	1	1
0	1	1	D	1	1
1	0	1	1	D	1
1	1	1	1	1	D

代码 4.7 是实现了一个八路数据分配的 Verilog 模块。其功能仿真结果见图 4.13。

代码 4.7 8 路数据分配器模块

```
module dmux_8(iEN,iS,iD,oY);        //8 路数据分配器模块定义
  input iEN;                         //使能控制信号
  input iD;                          //数据输入信号
  input [2:0] iS;                    //地址信号
  output reg [7:0] oY;               //数据输出信号
  always@(iD,iEN,iS)
    begin
      oY=8'b11111111;
      if(iEN)
        case(iS)
```

```
                3'b000:oY[0]=iD;
                3'b001:oY[1]=iD;
                3'b010:oY[2]=iD;
                3'b011:oY[3]=iD;
                3'b100:oY[4]=iD;
                3'b101:oY[5]=iD;
                3'b110:oY[6]=iD;
                3'b111:oY[7]=iD;
              endcase
          end
    endmodule
```

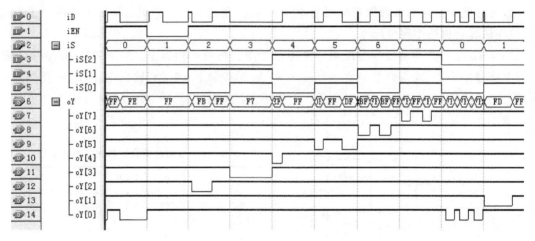

图 4.13　八路数据分配器功能仿真结果

图 4.13 中输入 iS 和 oY 显示的数字均为十六进制数据,从图中可以在 iEN=1 时,输入信号 iD 在 iS 的控制下被分配到指定的 oY 端。当 iS=00 时,输入 iD 被送到输出 oY[0]端,当 iS=01 时,iD 被送到输出 oY[1],其余类推。

4.4　数据比较器

数据比较器是能够对两个数值数据进行比较并给出结果的逻辑电路。

设数据比较器的两个待比较的输入分别设为 A、B,比较结果可能出现大于、等于、小于三种情况,分别用变量 $F_{A>B}$,$F_{A=B}$,$F_{A<B}$ 表示比较的结果,若 A>B,则 $F_{A>B}=1$,若 A=B,$F_{A=B}=1$,若 A<B,$F_{A<B}=1$。一位比较器的真值表如表 4.7 所示。

多位的数据比较器用硬件实现时要考虑高位的比较结果实现起来比较复杂,但 VerilogHDL 实现起来就比较容易。代码 4.8 给出了长度可选的一个比较器模块及其调用模块的的 Verilog 程序。该模块将比较数据的位数作为参数,可以实现任意位数的比较。其功能仿真结果见图 4.14。

表 4.7 一位数值比较器真值表

A	B	$F_{A>B}$	$F_{A=B}$	$F_{A<B}$
0	0	0	1	0
0	1	0	0	1
1	0	1	0	0
1	1	0	1	0

代码 4.8 8 位数值比较器模块

```
modulecompare_8(a,b,great,less,equ);    //调用比较器模块的顶层模块
  input [7:0] a,b;
  output great,less,equ;
  compare_n #(8) u1(a,b,great,less,equ);   //调用 8 位比较器模块
  endmodule


module compare_n(A,B,AGB,ALB,AEB);       //比较器模块
  input [n-1:0] A,B;
  output reg AGB,ALB,AEB;
  parameter n=4;

  always@(A,B)
   begin
    AGB=0;
    ALB=0;
    AEB=0;
    if(A>B)
      AGB=1;
    else if(A==B)
      AEB=1;
    else
      ALB=1;
  end
endmodule
```

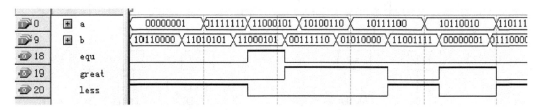

图 4.14 八位数据比较器功能仿真图

4.5　奇偶产生/校验电路

数据在计算和传送的过程中由于电路故障或外部干扰会使数据出现某些位发生翻转的现象,由电路故障产生的错误可以采用更换故障器件得以解决,对外部干扰产生的错误由于其不确定性,必须采用相应的数据检错或纠错方法。常用的方法是在数据发送端和数据接收端对数据进行相应的处理。在发送端,发送的信息除了原数据信息外,还要增加若干位的编码,这些新增的编码位称为校验位,有效的数据位和校验位组合成数据校验码。在接收端,根据接收的数据校验码判断数据的正确性。常用的数据校验码有奇偶校验码、汉明校验码和循环冗余校验码,本节只介绍奇偶校验码。

表 4.8　偶校验真值表

数据位 $D_3 D_2 D_1 D_0$	校验位 P
0000	0
0001	1
0010	1
0011	0
0100	1
0101	0
0110	0
0111	1
1000	1
1001	0
1010	0
1011	1
1100	0
1101	1
1110	1
1111	0

1. 奇偶产生/校验电路工作原理

奇(或偶)校验码具有一位的检错能力,其基本思想是通过在原数据信息后增加一位奇校验位(或偶校验码),形成奇(或偶)校验码。发送端发送奇(或偶)校验码,接收端对收到的奇(或偶)校验码中的数据位采用同样的方法产生新的校验位,并将该校验位与收到的校验位进行比较,若一致则数据正确,否则数据错误。具有产生检验码和奇偶检验功能的电路称为奇偶产生/校验器。

奇偶校验码包含 n 位数据位和 1 位校验位,对于奇校验码而言,其数据位加校验位后“1”的个数是奇数个,对于偶校验码而言,数据位加校验位后“1”的个数是偶数个。

下面我们设计一个采用偶校验的 4 位二进制(奇)偶产生/校验器。表 4.8 列出了偶校验的真值表。由此可写出校验位 P 的逻辑表达式:

$$P = D_3 \oplus D_2 \oplus D_1 \oplus D_0$$

实现校验位 P 的电路如图 4.15 所示。

为了检验所传送的数据位及偶校验位是否正确,还应设计偶校验检测器。根据接收的数据位产生校验位 P' 与收到的校验位 P 进行比较就实现了校验功能,电路如图 4.16 所示。其中 E 是输出的校验结果,若 $P' = P$,则 E=0,表示校验正确,若 $P' \neq P$,则 E=1 校验错误。

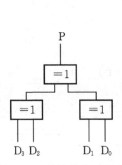

图 4.15　校验位产生电路

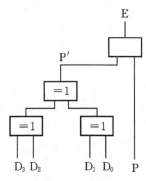

图 4.16　偶校验电路

2. 奇偶产生校验电路的 Verilog 设计与仿真

代码 4.9 是一个奇偶校验/产生模块的 Verilog 程序,该模块当数据位宽度参数选择 8 时可以实现 74180 器件的功能,其数据位的宽度可以用参数 n 进行设置。代码 4.9 的功能仿真结果见图 4.17。

代码 4.9　奇偶校验/产生模块

```verilog
module odd_even_check(data,even,odd,Fod,Fev);
    input [n-1:0] data;          //待传送数据
    input even,odd;              //奇偶控制输入
    output reg Fod,Fev;          //奇偶产生/校验位输出
    reg temp;

    parameter n=8;

    always@(data,even,odd)
    begin
        temp=^data;
        case({even,odd})
            2'b00:{Fev,Fod}=2'b11;
            2'b01:
                if(temp)
                    {Fev,Fod}=2'b10;
                else
                    {Fev,Fod}=2'b01;
            2'b10:
                if(temp)
                    {Fev,Fod}=2'b01;
                else
                    {Fev,Fod}=2'b10;
            2'b11:{Fev,Fod}=2'b00;
        endcase
    end
endmodule
```

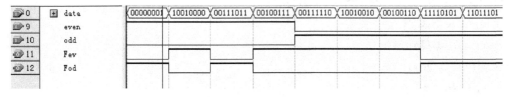

图 4.17　奇偶校验/产生器功能仿真图

4.6　触发器

触发器是能够存储或记忆一位二进制信息的基本单元电路。触发器有两个基本特点，第一，有两个能够保持的稳定状态，分别用逻辑 0（称为 0 状态）和逻辑 1（称为 1 状态）表示。第二，在适当输入信号作用下，可从一种稳定状态翻转到另一种稳定状态，并且在输入信号取消后，能将新的状态保存下来。为了明确表示触发器的状态通常把接收输入信号之前的状态称为现态，记作 Q^n，将接收输入信号之后的状态称为次态，记作 Q^{n+1}。

触发器的种类很多，分类方法也各不相同。按触发器的触发方式可分为，电位触发方式、主从触发方式和边沿触发方式。按照逻辑功能来分，可分为 R－S 触发器、D 触发器、J－K 触发器和 T 触发器等。

4.6.1　基本 R－S 触发器

时钟信号 CP 高有效的钟控 R－S 触发器逻辑符号见图 4.18 。钟控 R－S 触发器的状态转移真值表见表 4.9，表示出的均为 CP＝1 时的情况。从表中可以看出控制输入端 R 和 S 同时为 1 时会出现不确定的状态，要避免这种情况的出现，因此基本 R－S 触发器在工作时必须满足约束条件，即 RS＝0。

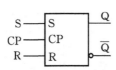

图 4.18　钟控 R－S 触发逻辑符号

表 4.9　钟控 R－S 触发器状态转移真值表

SR	Q^{n+1}
00	Q^n
01	0
10	1
11	不确定

代码 4.10 是用 4 个与非门实现的钟控 R－S 触发器模块，其功能仿真如图 4.19 所示。

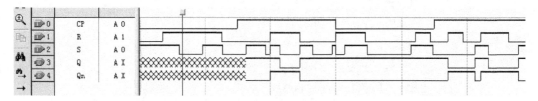

图 4.19　基本 R－S 触发器功能仿真图

代码 4.10　钟控 R－S 触发器

```
module BASIC_RS_CP(R,S,CP,Q,Qn);
    input R,S,CP;
    output Q,Qn;
    wire Q1,Qn1;
    wire Rd,Sd;
    assign   Q=Q1;
```

```
assign   Qn＝Qn1；
nand u1(Sd, CP, S)
nand u2(Rd, CP, R)；
nand u3(Q1, Sd, Qn1)
nand u4(Qn1, Rd, Q1)；
endmodule
```

从图 4.19 可以看出在 CP 高电平时,R＝1,S＝0 时,Q＝0;R＝0,S＝1 时,Q＝1;R＝0,S＝0 时,Q 保持不变。需要注意的是在 CP 有效时,不能出现 R＝1 和 S＝1 的情况,原因是:此时 Q＝1、Qn＝1 这与触发器的状态定义不相符,即 0 状态:Q＝0、Qn＝1;1 状态:Q＝1、Qn＝0。

4.6.2　D 触发器

D 触发器是应用非常广泛的电路,它在使用时没有约束条件,且可以方便地构成各种时序逻辑电路。

图 4.20 是上升沿触发 D 的触发器的逻辑符号。表 4.10 是 D 触发器的状态转移真值表。

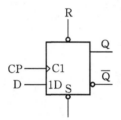

图 4.20　D 触发器逻辑符号

表 4.10　D 触发器状态转移真值表

D	Q^{n+1}
0	0
1	1

下面分别给出几种常用的 D 触发器的 Verilog 描述及仿真。

1. 基本功能 D 触发器

代码 4.11 是实现上升沿触发的 D 触发器基本功能的 Verilog 模块代码,其功能仿真如图 4.21 所示。

代码 4.11　上升沿触发 D 触发器

```
moduleBASIC_DFF_UP(D,CP,Q,QN)；   //基本功能 D 触发器
 input D,CP；
 output reg Q；
 output QN；

 assign QN＝～Q；

 always@(posedge CP)
  begin
   Q<=D；
  end
endmodule
```

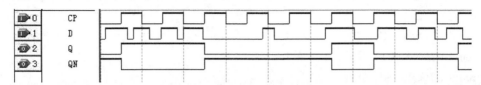

图 4.21　D 触发器功能仿真图

从图 4.21 可以看出,在每个 CP 的上升沿时刻,输出 Q 的状态受此刻 D 的控制。

2. 带异步置位复位端的 D 触发器

实际应用中的触发器为了便于控制,通常还设置有复位端 R 和置位控制 S。复位信号和置位信号对电路状态的影响有同步和异步两种控制方式。

异步置位复位信号的变化直接影响电路的状态与时钟信号 CP 无关。表 4.11 是异步复位置位(高电平有效)D 触发器的状态转移真值表。

表 4.11　D 触发器状态转移真值表

R	S	CP	D	Q^{n+1}
0	0	↑	D	D
1	0	X	X	0
0	1	X	X	1

代码 4.12 实现了一个具有异步复位置位功能、上升沿触发的 D 触发器模块,其功能仿真如图 4.22 所示。

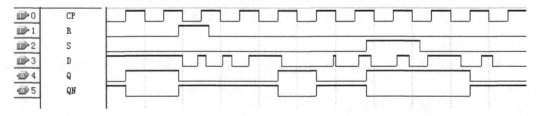

图 4.22　具有异步置位复位功能 D 触发器功能仿真图

代码 4.12　带异步置位复位端的 D 触发器模块

```
moduleASYNC_RS_D_FF (D,CP,R,S,Q,QN);
    input D,CP,R,S;
    output Q,QN;
    reg Q;
    assign QN=～Q;

    always@(posedge CP or posedge R or posedge S)
        if(R)
            Q<=1'b0;
```

```
    else if(S)
        Q<=1'b1;
    else
        Q<=D;
endmodule
```

分析图 4.22 可以看出，当 R=1 时，Q 立即置 0；当 S=1 时，Q 立即置 1。置位信号 S 和复位信号 R 直接决定电路的状态，与时钟信号无关。

3.带同步置位复位端的 D 触发器

同步置位复位控制信号对触发器电路的状态的影响受时钟信号 CP 的控制，只有在特定时钟信号有效的情况下才会影响触发器的输出状态。表 4.12 是同步复位置位（高电平有效）的 D 触发器的状态转移真值表。

表 4.12　D 触发器状态转移真值表

R	S	CP	D	Q^{n+1}
0	0	↑	D	D
1	0	↑	X	0
0	1	↑	X	1

代码 4.13 是另一个描述 D 触发器模块的 Verilog 程序，与代码 4.12 不同的是其复位和置位功能是同步的。其功能仿真如图 4.23 所示。

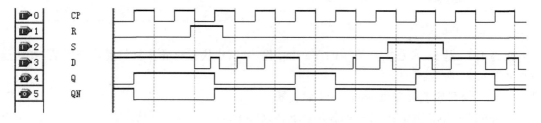

图 4.23　具有同步置位复位功能 D 触发器功能仿真图

代码 4.13　同步置位复位端 D 触发器模块

```
moduleSYNC_RS_D_FF(D,CP,R,S,Q,QN);
    input D,CP,R,S;
    output  Q,QN;
    reg Q;

    assign QN=~Q;
    always@(posedge CP)
        if(R)
            Q<=1'b0;
```

```
    else if(S)
        Q<=1'b1;
    else
        Q<=D;
endmodule
```

分析图 4.23 可以看出,当 R=1 时,只有 CP 的上升沿到来时 Q 才为 0;当 S=1 时,只有 CP 的上升沿到来时 Q 才为 1。因此置位信号 S 和复位信号 R 对电路状态的影响还与时钟信号 CP 有关。

比较代码 4.12 和代码 4.13 可以发现,在实现异步控制时,要将复位、置位控制信号写入到 always 语句的敏感时间列表中,当置位和复位控制信号有效时直接引发相应的处理,而同步控制时,只有时钟信号有效时才对控制信号进行判断。

4.6.3　J-K 触发器

J-K 触发器既能够解决钟控 R-S 触发器对输入信号约束条件的限制,与 D 触发器相比又具有较强的功能,其应用非常广泛。

图 4.24 是上升沿触发 J-K 的触发器的逻辑符号。表 4.13 是 J-K 触发器的状态转移真值表。从表 4.13 可以看出 J-K 触发器相比 D 触发器还具有状态反转功能。

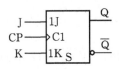

图 4.24　D 触发器逻辑符号

表 4.13　J-K 触发器状态转移真值表

J	K	Q^{n+1}	功能
0	0	Q^n	保持
0	1	0	置 0
1	0	1	置 1
1	1	$\overline{Q^n}$	翻转

代码 4.14 是 J-K 触发器模块的 Verilog 程序,该模块具有异步复位置位控制端,其功能仿真如图 4.25 所示。

代码 4.14　带异步置位复位端的 J-K 触发器

```
moduleASYNC_RS_JK_FF(J,K,CP,R,S,Q,QN);
    input J,K,CP,R,S;
    output Q,QN;
    reg Q;

    assign QN=~Q;

    always@(posedge CP or posedge R or posedge S)
        if(R)
            Q<=1'b0;
        else if(S)
            Q<=1'b1;
        else
```

```
    begin
      if(J==1&&K==1)
          Q<=~Q;
      else if(J==0&&K==1)
          Q<=1'b0;
      else if(J==1&&K==0)
          Q<=1'b1;
    end
endmodule
```

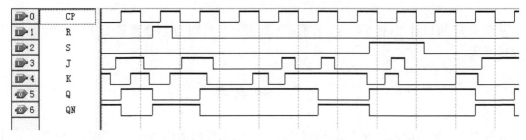

图 4.25　具有异步置位复位功能 J—K 触发器功能仿真图

图 4.25 可以看出，R 和 S 是异步控制信号，当 RS 均无效时，在 CP 的上升沿到来时若 JK=10，则 Q=1；若 JK=01，则 Q=0；若 JK=11，则 Q 取反；若 JK=00，则 Q 保持原状态不变。

4.6.4　T 触发器

T 触发器的逻辑功能比较简单，只有保持和翻转功能，其逻辑符号见图 4.26，状态转移真值表见表 4.14。

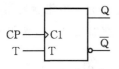

图 4.26　T 触发器逻辑符号

表 4.14　T 触发器状态转移真值表

T	Q^{n+1}	功能
0	Q^n	保持
1	$\overline{Q^n}$	翻转

代码 4.15 是一个 T 触发器模块的 Verilog 程序，其功能仿真如图 4.27 所示。

代码 4.15　钟控 T 触发器模块

```
moduleT_FF(T,CLK,Q,QN);
input T,CLK;
output  Q,QN;
reg Q;

assign QN=~Q;
```

```
always@(posedgeCLK)
    if(T)
        Q<=~Q;
endmodule
```

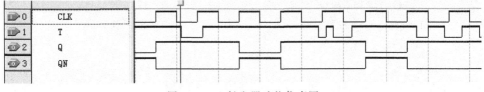

图 4.27　T 触发器功能仿真图

从图 4.27 可以看出，在 CP 的上升沿到来时若 T＝1，则 Q 状态反转 1；若 T＝0，则 Q 状态保持不变。

4.7　计数器

计数器是实现对输入脉冲个数进行计数的电路，也可用来作为分频、定时、产生节拍脉冲和进行数字运算等。计数器是数字电路中应用非常广泛的一种电路。本节介绍几种常见计数器的 Verilog 模块。

4.7.1　常用二进制计数器

二进制计数器是最常用的计数器，计数器的状态变化是按照二进制编码进行的，二进制计数器的种类很多，这里介绍几种常用的二进制计数器，分别是基本同步计数器、具有复位和置数功能的计数器、具有计数控制端的计数器。

1. 基本同步计数器

基本计数器是指只能实现计数功能的计数器，这里描述的是上升沿触发器的基本计数器，模块实现见代码 4.16，图 4.28 是其功能仿真波形。基本计数器端口信号说明如下：

CP：时钟输入信号；

Q：计数器输出信号，计数位数由参数 msb 设定，msb 缺省值为 3；

CO：进位输出端。

通过设置计数位数参数 msb 可以实现指定 2^n 计数器。若将 msb 设置 4，则可以实现 32 进制计数器。

代码 4.16　基本同步计数器模块

```
moduleCOUNTER_BASIC(CP,Q,C0);
parameter msb=3;
input CP;
output reg [msb:0] Q;
output reg C0;


always@(posedge CP)
```

```
begin
    if(&Q==1)
        C0<=1;
    else
        C0<=0;
    Q<=Q+1'b1;
end
endmodule
```

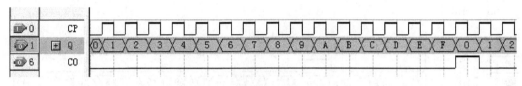

图 4.28　基本计数器功能能仿真波形

图 4.28 中 Q 的数据显示为十六进制,可以看出,该模块在调用时其参数 msb=3,因此可以实现十六进制计数。在每个时钟脉冲的上升沿,计数器进行加 1 计数,当计数值到 $(F)_{16}$ 时,在下一个时钟信号的上升沿进位输出信号 CO 为低平,并持续一个时钟周期。

2. 具有复位端口的同步计数器

这里是在代码 4.16 实现的基本计数器模块的基础上,分别实现了具有同步、异步复位功能的计数器。

(1)同步复位计数器

模块实现见代码 4.17,图 4.29 是其对应的仿真波形。其端口信号说明如下:

CP:时钟输入信号;

R:同步复位信号;

Q:计数器输出信号,计数位数有参数 msb 设定,msb 缺省值为 3;

CO:进位输出端。

代码 4.17　同步复位计数器模块

```
module counter_sync_r(CP,R,Q,C0);
parameter msb=3;
input CP,R;
output reg [msb:0] Q;
output reg C0;

always@(posedge CP)
    if(R==1)
    begin
        Q<=0;
        C0<=0;
    end
```

```
    else
      begin
        if(&Q==1)
          C0<=1;
        else
          C0<=0;
        Q<=Q+1'b1;
    end
endmodule
```

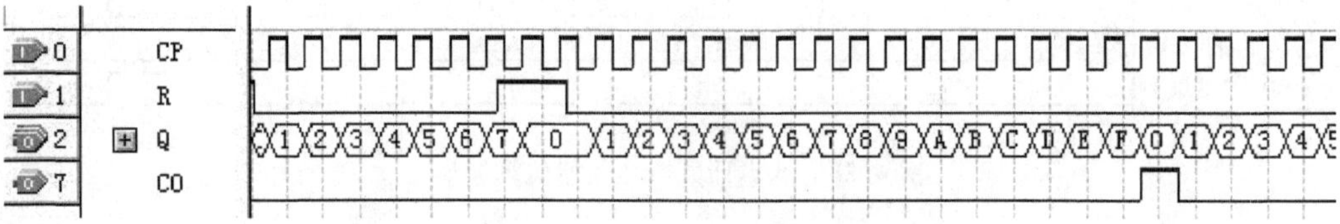

图 4.29　代码 4.17 同步复位计数器仿真波形

图 4.29 中计数值 Q 显示为 16 进制数,从图中可以看出,当 Q=7 时,R 为高电平后在 CP 的上升沿到来时,Q 才变为 0,因此 R 是同步复位信号。

(2)异步复位计数器

异步复位置位计数器模块的实现见代码 4.18,所不同的是 R 是异步复位信号。该模块端口信号与代码 4.17 相同。图 4.30 是代码 4.18 对应的仿真波形。

代码 4.18　异步复位计数器模块

```
module counter_async_r(CP,R,Q,C0);
parameter msb=3;
input CP,R;
output reg [msb:0] Q;
output reg   C0;

always@(posedge CP or posedge R )
  if(R==1)
  begin
    Q<=0;
    C0<=0;
  end
  else
    begin
      if(&Q==1)
        C0<=1;
      else
```

```
        C0<=0;
      Q<=Q+1'b1;
   end
endmodule
```

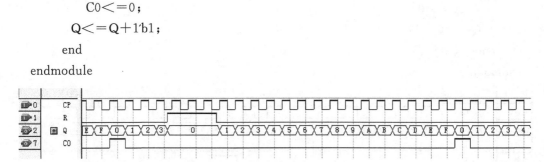

图 4.30　异步复位计数器仿真波形

图 4.30 中计数值 Q 显示为十六进制数。比较图 4.28 和图 4.30 可以看出，仿真波形均是参数 msb=3 的情况，所不同的是在图 4.29 中，当 R=1 时，必须在时钟 CP 的上升沿到来后才能使计数器清零；在图 4.30 中，R=1 时计数器立即清零。

3．具有同步置数端口的同步计数器

代码 4.19 是在代码 4.17 实现的具有同步复位功能计数器模块的基础上，增加了同步置数功能，图 4.31 是其对应的仿真波形。其端口信号说明如下：

CP：时钟输入信号；

R：同步复位信号；

S：同步置数信号；

Q：计数器输出信号，计数位数有参数 msb 设定，msb 缺省值为 3；

CO：进位输出端。

代码 4.19　具有同步置数功能的计数器模块

```
moduleCOUNTER_R_DATASET(CP,R,S,D,Q,C0);
parameter msb=3;
input CP,R,S;
input [msb:0] D;
output reg [msb:0] Q;
output reg C0;

always@(posedge CP)
  if(R==1)
    Q<=0;
  else if(S==1)
    Q<=D;
  else
    begin
      if(&Q==1)
        C0<=1;
      else
```

```
            C0<=0;
          Q<=Q+1'b1;
        end
      endmodule
```

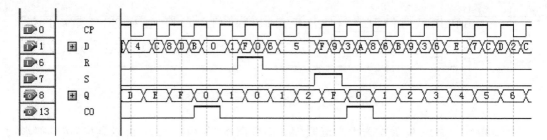

图 4.31 代码 4.19 带同步置数功能计数器仿真波形

从图 4.31 可以看出,该计数器可以在 R 高电平时,实现同步清零,在 S 高电平时,实现同步置数,置数的功能是使计数器的计数值与数据输入端 D 的数据相同,图中当 S=1 是,D 端的数据是"(F)$_{16}$",因此在下一个时钟信号的上升沿,计数器的计数值也是"(F)$_{16}$"。

4. 具有计数使能端口的同步计数器

代码 4.20 是在具有异步复位、置位功能计数器模块的基础上,增加了计数控制端,只有计数控制端有效时才对时钟信号加 1 计数,当计数控制端无效时停止计数。图 4.32 是代码 4.20 对应的仿真波形。该模块端口信号说明如下:

CP:时钟输入信号;

R:异步复位信号;

S:异步置数信号;

E:计数控制信号,用于控制计数器的计数状态,当 E=0 时,停止计数;当 E=1 时,正常计数;

Q:计数器输出信号,计数位数由参数 msb 设定,msb 缺省值为 3;

CO:进位输出端。

代码 4.20 具有计数控制功能的计数器模块

```
moduleCOUNTER_R_ENABLE(CP,R,S,E,D,Q,C0);
parameter msb=3;
input CP,R,S,E;
input [msb:0] D;
output reg [msb:0] Q;
output reg C0;

always@(posedge CP or posedge R or posedge S)
  if(R)
    Q<=0;
  else  if(S)
```

```
        Q<=D；
    else
            if(E)
              begin
                if(&Q==1)
                  C0=1；
                else
                C0=0；
                Q<=Q+1'b1；
              end
endmodule
```

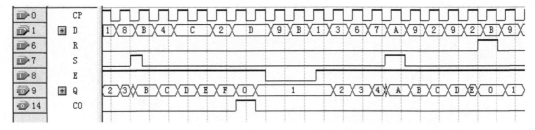

图 4.32　代码 4.20 带计数使能端计数器仿真波形

从图 4.32 可以看出,当计数控制端 E=1 时,计数器对时钟信号进行加 1 计数,当计数器计数值为"$(1)_{16}$"时,控制信号 E=0,因此计数器停止计数,一直保持计数值"$(1)_{16}$",当 E=1 时,计数器继续进行加 1 计数。

4.7.2　可预置加减计数器

可预置加减计数其的功能是,可以对计数器的计数值进行设置,同时该计数器可在控制信号的作用下实现加法计数或减法计数功能。

代码 4.21 实现了加减可控的计数器,同时具有异步复位、置位功能。图 4.33 是代码4.21 对应的仿真波形。模块的端口信号说明如下:

CP:时钟输入信号;

R:异步复位信号;

S:异步置 1 信号,将各触发器置全 1;

ADD:加/减计数控制端(当 ADD=0 时,减 1 计数,当 ADD=1 时,加 1 计数);

Q:计数器输出信号,计数位数由参数 msb 设定,msb 缺省值为 3;

CO:进位输出端。

代码 4.21　加减可控同步计数器模块

```
moduleCOUNTER_SUB_ADD(CP,R,S,ADD,Q,C0);
parameter msb=2;
input CP,R,S,ADD;
output reg [msb:0] Q;
output reg C0;
```

```
always@(posedge CP or posedge R or posedge S)
  if(R)
   begin
     C0<=0;
     Q<=0;
   end
  else   if(S)
   begin
     Q<=0-1'b1;
     C0<=0;
    end
  else
    begin
        if(ADD)
            Q<=Q+1'b1;
        else
            Q<=Q-1'b1;
        if(|Q==0)
          C0<=1;
        else
          C0<=0;
    end
  endmodule
```

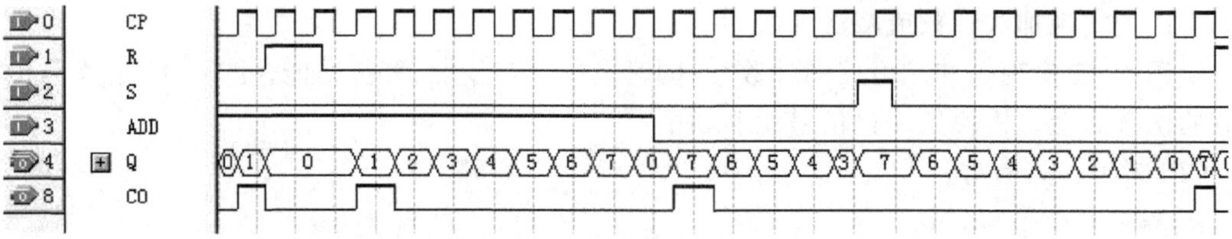

图 4.33　代码 4.21 加减可控的计数器仿真波形

从图 4.33 可以看出,在加减控制端 ADD=1 时,计数器实现加 1 计数,当 ADD=0 时,计数器实现减 1 计数。若上一计数状态 Q 为 0,则输出 CO 为 1,即加法计数时当前状态为 1,CO=1,减法计数时当前状态为 7,CO=1。

4.7.3　特殊功能计数器

1. 格雷码计数器

格雷码计数器的特点是相邻两个数之间仅有一个二进制位不同,所以计数过程中不易出现错误。

首先,说明从格雷码到二进制码的转换。

设长度为 n 的二进制码为 Bin,其对应的 n 位格雷码为 Gray。

其对应关系为:

Gray[n−1]＝Bin[n−1]

Gray[i]＝Bin[i]^Bin[i+1]　　(i=0～n−2)

例 4 位二进制码到格雷码的对应关系是:

Gray[3]＝Bin[3]

Gray[2]＝Bin[2]^Bin[3]

Gray[1]＝Bin[1]^Bin[2]

Gray[0]＝Bin[0]^Bin[1]

下面说明从二进制码到格雷码的转换。其对应关系为:

Gray[n−1]＝Bin[n−1]

Gray[i]＝Bin[i]^Bin[i+1]^…^Bin[n−1]　　(i=0～n−2)

4 位格雷码到二进制码的对应关系是:

Bin[3]＝Gray[3]

Bin[2]＝Gray[2]^Gray[3]

Bin[1]＝Gray[1]^Gray[2]^Gray[3]

Bin[0]＝Gray[0]^Gray[1]^Gray[2]^Gray[3]

代码 4.22 是格雷码计数器的实现代码,仿真波形如图 4.34 所示。格雷码计数器模块的端口信号说明如下:

clk:时钟输入信号;

Reset:异步复位信号;

Gray:格雷码计数输出信号。

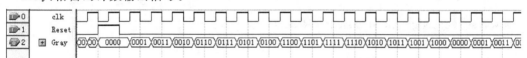

图 4.34　代码 4.22 格雷码计数器仿真波形

代码 4.22　格雷码计数器模块

```verilog
module Graycounter(clk,Reset,Gray);
parameter msb=4;
input clk,Reset;
output reg [msb−1:0] Gray;
reg [msb−1:0] Gtemp,Bin,counter,temp;
integer i;

always@(posedge clk or posedge Reset)
  if(Reset)
    Gray<=0;
```

```
else
    Gray<=temp;

always@(Gray)
  begin
    for(i=0;i<msb;i=i+1)
        Bin[i]=^(Gray>>i);
    counter=Bin+1'b1;
    temp=(counter>>1)^counter;
  end
endmodule
```

2. 扭环计数器

扭环计数器是由 n 位移位寄存器构成的计数器,其特点是将串行输出端取反后送入串行数据输入端。例如 3 位右移扭环计数器的状态变化为:000→001→011→111→110→100→000…

扭环计数器的实现见代码 4.23,仿真波形如图 4.35 所示。其端口中 Jcounter 是输出信号。

代码 4.23　扭环计数器模块

```
moduleJ_COUNTER(clk,Reset,Jcounter);
parameter msb=3;
input clk,Reset;
output reg [msb-1:0] Jcounter;

always@(posedge clk or posedge Reset)
  if(Reset)
    Jcounter<=0;
  else
    if(Jcounter[msb-1])
        Jcounter<={Jcounter[msb-2:0],1'b0};
    else
        Jcounter<={Jcounter[msb-2:0],1'b1};
endmodule
```

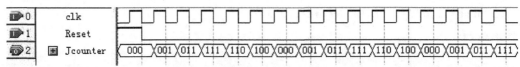

图 4.35　代码 4.23 扭环计数器仿真波形

4.8　寄存器

寄存器按功能可以分为两大类:基本寄存器和移位寄存器。

基本寄存器的数据只能并行的输入或输出;移位寄存器中的数据可以在移位脉冲作用下依次逐位右移或左移,数据既可以并行输入并行输出,也可以并行输入串行输出、串行输入串行输出、串行输入并行输出,数据输入输出方式非常灵活,因此用途非常广泛。

4.8.1　基本寄存器

1. 具有锁存控制功能的寄存器

代码 4.24 实现了一个 8 位锁存器模块,图 4.36 是代码 4.24 实现的具有锁存功能寄存器的功能仿真波形,其端口信号说明如下:

D:8 位数据输入端;

CP:时钟输入信号;

G:数据锁存控制信号;

Q:8 位计数器输出信号。

代码 4.24　具有锁存控制功能的寄存器模块

```
module latch8(D,CP,G,Q);              //8 位锁存器模块
    input [7:0] D;
    inputG,CP;
    output reg [7:0] Q;
    always@(posedge CP)
        if(G)
            Q<=D;
endmodule
```

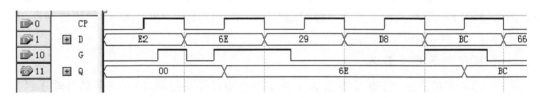

图 4.36　锁存控制寄存器功能仿真波形图

图 4.36 中显示的数据均为 8 位十六进制数,从图中可以看出,该寄存器只有在锁存控制信号 G=1 时,才在每个时钟信号 CP 上升沿对输入 D 端的数据进行锁存。

2. 具有输出缓冲功能的寄存器

代码 4.25 是一个 8 位寄存器模块,该模块描述的寄存器具有输出缓冲功能,图 4.37 是其功能仿真波形,其端口信号说明如下:

D:8 位数据输入端;

CP:时钟输入信号;

OE:输出使能控制信号；

Q:8 位计数器输出信号。

代码 4.25　具有输出缓冲功能的寄存器模块

```
moduleRegister8(D,OE,CP,Q);                 //具有输出缓冲功能的寄存器模块
    input [7:0] D;
    input OE,CP;
    output reg [7:0] Q;
    reg [7:0] Qtemp;

    always@(posedge CP)
            Qtemp<=D;

    always@(OE)
      if(! OE)
        Q=Qtemp;
    else
        Q=8'hzz;
endmodule
```

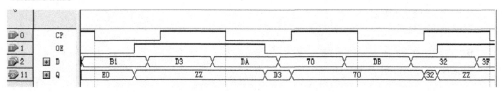

图 4.37　代码 4.25 实现的 8 位寄存器功能仿真波形图

从图 4.37 可以看出,该寄存器在每个时钟信号 CP 上升沿对输入 D 端的数据进行锁存,锁存的数据能否在 Q 端输出受到输出控制端 OE 控制,当 OE=0 时,输出 Q 的值与锁存的值相同,当 OE=1 时,输出为高阻。

3.字长可变通用寄存器

代码 4.26 实现了一个字长由参数 msb 决定的通用寄存器模块,该寄存器具有输入锁存、输出缓冲功能。图 4.38 是代码 4.26 对应的仿真波形结果,其端口信号说明如下:

D:8 位数据输入端；

CP:时钟输入信号；

LE:输入锁存信号；

OE:输出使能控制信号；

Q:8 位计数器输出信号。

代码 4.26　字长可变通用寄存器模块

```
moduleregister_16b(D,CP,LE,OE,Q);         //顶层模块
    input [15:0] D;
    input LE,OE,CP;
```

```
    output [15:0] Q;
    general_reg #(15) u1(.D(D),.LE(LE),.CP(CP),.OEn(OE),.Q(Q));
endmodule
module general_reg(D,LE,OEn,CP,Q);          //通用寄存器模块
    parameter msb=7;
    input [msb:0] D;
    input LE,OEn,CP;
    output reg [msb:0] Q;
    reg [msb:0] Qtemp;
    always@(posedge CP)
      if(LE)
          Qtemp<=D;
    always@(OEn)
      if(! OEn)
          Q=Qtemp;
      else
          Q='bz;
endmodule
```

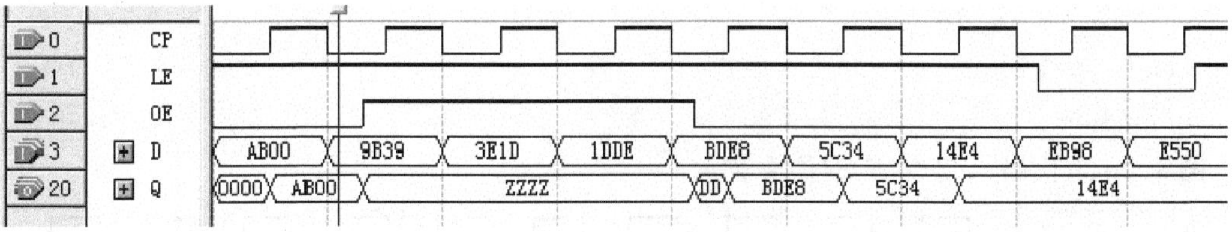

▷0	CP									
▷1	LE									
▷2	OE									
▷3	⊞ D	AB00	9B39	3E1D	1DDE	BDE8	5C34	14E4	EB98	E550
◷20	⊞ Q	0000 AB00		ZZZZ		DD BDE8	5C34		14E4	

图 4.38　16 位寄存器功能仿真波形

图 4.38 显示的是当参数 msb=15 时的 16 位寄存器的功能仿真图,从图中可以看出,在第一个 CP 上升沿时刻 D=$(AB00)_{16}$,寄存器将该数据锁存,此时输出控制信号 OE=0,因此寄存器输出其锁存的数据 Q=$(AB00)_{16}$;接着 OE 变成高电平,输出 Q 是高阻状态,从图中还可以看出,当锁存控制端 LE=0 时,不能对输入数据 D 进行锁存。

4.8.2　移位寄存器

移位寄存器不但可以寄存数码,而且能够在移位脉冲的作用下将数据向左或向右移动。移位寄存器按照移位的方式可以分为单向移位寄存器和双向移位寄存器。下面是几种常用移位寄存器电路的 Verilog HDL 模块的代码,对每个模块的端口信号进行了简要说明,并给出了其功能仿真的结果。

1. 单向串入串出移位寄存器

单向右移移位寄存器的电路结构特点是左边触发器的输出端接右邻触发器的输入端。对应的,单向左移寄存器电路则是右边触发器的输出端接左邻触发器的输入端。

代码 4.27 是一个实现数据位从低位到高位移位的串入串出移位寄存器模块,其端口信号

说明如下：

　　Din：串行数据输入信号；

　　CP：时钟信号；

　　Dout：串行数据输出信号。

代码 4.27　单向串入串出移位寄存器模块

```
module s_s_shiftreg4(Din,CP,Dout);
    input Din,CP;
    output    Dout;
    assign Dout=Q[3];
    reg [3:0] Q;
    initial
        Q=8'hB0;
    always@(posedge CP)
    begin
      Q[3]<=Q[2];
      Q[2]<=Q[1];
      Q[1]<=Q[0];
      Q[0]<=Din;

    end
endmodule
```

图 4.39 是代码 4.27 对应的仿真波形。

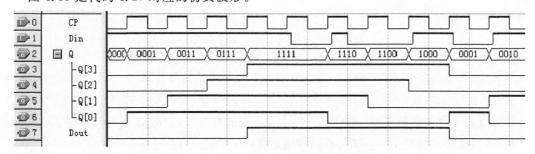

图 4.39　4 位串入串出寄存器仿真波形图

　　在图 4.39 中为了使读者看到数据在寄存器内部串行传送的关系，显示出了 4 个触发器的状态 Q。可以看出，在每个时钟信号 CP 的上升沿实现各触发器状态的移位，即 $Q_0=Din$，$Q_1=Q_0$、$Q_2=Q_1$、$Q_3=Q_2$，串行输出端 $Dout=Q_3$。需要注意的是，代码中实现寄存器移位功能的语句必须采用非阻塞赋值语句。

2. 双向串入并出移位寄存器

　　双向串入并出移位寄存器是指数据寄存器的数据可以在控制信号的作用下实现左右两个方向的移动，寄存器的数据可以作为一个整体输出。代码 4.28 实现了一个具有双向串行输入并行输出的移位寄存器模块，其端口信号说明如下：

Din:串行数据输入信号；

dir:移位方向控制信号；

CP:时钟信号；

Q[3:0]:并行数据输出信号。

代码 4.28　双向串入并出移位寄存器模块

```
module s_p_shiftreg4_lr(Din,dir,CP,Q);
  input Din,CP;
  input dir;
  output reg [3:0] Q;
  always@(posedge CP)
  if(dir)
    begin
    Q[3]<=Q[2];
    Q[2]<=Q[1];
    Q[1]<=Q[0];
    Q[0]<=Din;
  end
  else
  begin
    Q[2]<=Q[3];
    Q[1]<=Q[2];
    Q[0]<=Q[1];
    Q[3]<=Din;
  end
endmodule
```

图 4.40 是代码 4.28 对应的仿真波形。

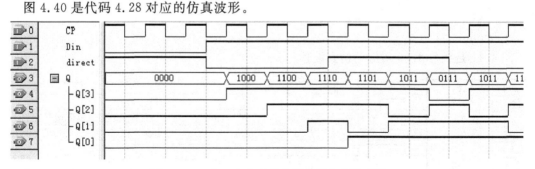

图 4.40　4 位双向串入并出寄存器仿真波形图

图 4.40 中可以看出，当 direct＝0 时，实现从 Din→Q_3→Q_2→Q_1→Q_0 的移位功能，当 direct＝0 时，实现从 Q_3←Q_2←Q_1←Q_0←Din 的移位功能。每一次移位是在 CP 的上升沿进行的。

3. 并入串出移位寄存器

并入串出寄存器是指寄存器的数据可以一次并行置入,而数据的输出只有一个端口,是一位一位顺序输出的。

代码 4.29 是一个 4 位并行输入串行输出的移位寄存器模块,其端口信号说明如下:

Din[3:0]:并行数据输入信号;

P:并行置数控制信号;

CP:时钟信号;

Dout:串行数据输出信号。

代码 4.29　并入串出移位寄存器模块

```verilog
module p_s_shiftreg4_r(Din,P,CP,Dout);
    input [3:0] Din;
    input CP,P;
    output Dout;
    reg [3:0] Q;
    assign Dout=Q[0];

    always@(posedge CP)
    if(P)
     Q<=Din;
    else
       begin
       Q[2]<=Q[3];
       Q[1]<=Q[2];
       Q[0]<=Q[1];
       Q[3]<=0;
       end
endmodule
```

图 4.41 是代码 4.29 对应的仿真波形。

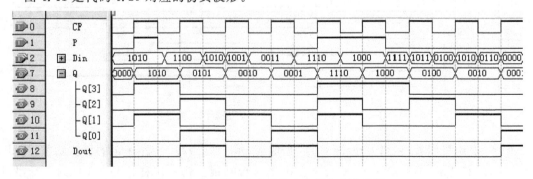

图 4.41　4 位并入串出移位寄存器仿真波形图

为了便于读者理解模块的工作原理,图 4.41 给出了移位寄存器内部 4 个触发器 Q 的状态。从图中可以看出,当 P=1 时,在时钟信号 CP 上升沿将输入数据锁存到触发器 Q 中;当 P=0 时,在时钟信号 CP 的上升沿实现 $0 \rightarrow Q_3 \rightarrow Q_2 \rightarrow Q_1 \rightarrow Q_0$ 的移位功能。串行输出信号 Dout $= Q_0$。

4.9　分　频　器

分频器在数字系统中应用非常广泛,它的功能是根据分频系数 N 将频率为 f 的输入信号进行 N 分频后输出,即使输出信号的频率为 f/N。

对一个数字系统而言,时钟信号、选通信号、中断信号是很常用的,这些信号往往是由电路中具有较高频率的基本频率源经过分频电路产生的。

4.9.1　偶数分频器

偶数分频器是指分频系数是偶数,即分频系数为 $N=2n(n=1,2,\cdots)$。根据分频系数的不同有可分为:2^K 分频器和非 2^K 分频器;根据输出信号的占空比还可分为占空比 50% 和非占空比 50% 电路。

1. 2^K 分频器

2^K 分频器可以采用非 2^K 分频器的实现方法。只是计数模值是 2^K,是计数器中的一种特例。利用这种特殊性其各个计数位也可被用来作为分频输出,且输出为方波。若计数器为 4 位,则计数器的最低位即可以实现二分频,最高位可以实现 16 分频。具体实现见代码 4.30,图 4.42 是其功能仿真图。

代码 4.30　多输出 2^K 分频器（输出 2、4、16 分频占空比为 50% 信号）

```verilog
module odd3_division(clk,rst,clk_div2,clk_div4,clk_div16);
    input      clk,rst;
    output     clk_div2,clk_div4,clk_div16;
    reg[15:0]     count;                            //K=16

    assign clk_div2=count[0];              //2¹分频信号
    assign clk_div4=count[1];              //2²分频信号
    assign clk_div16=count[3];             //2⁴分频信号

        always @ (posedge clk)
          if(! rst)
          begin
            count <= 1'b0;
          end
        else
        count <= count + 1'b1;
endmodule
```

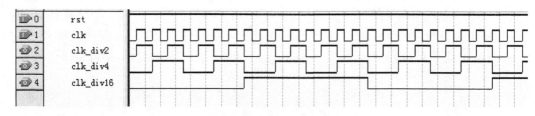

图 4.42　2^K 分频器功能仿真图

图 4.42 可以产生占空比是 50％的多个 2^K 分频信号。从代码中可看到,这主要是利用计数器的各二进制位作输出来实现的。

2. 非 2^K 分频器

1)占空比非 50％分频器

这类电路的设计方法是首先设计一个模 N 的计数器,计数器的计数范围是 0～N－1,当计数值为 N－1 时,输出为 1,否则输出为 0。具体代码如代码 4.31 所示,其对应的功能仿真图见图 4.43。

代码 4.31　偶数分频模块,输出占空比为 1:N－1 的分频器

```verilog
modulesamp5_4_2(clk,rst,clk_odd);          //odd1_division 的顶层调用模块
    input        clk;                      //输入时钟信号
    input        rst;                      //同步复位信号
    output       clk_odd;                  //输出信号

    odd1_division #(6)   u1(clk,rst, clk_odd);    //分频系数为 6
endmodule

//偶数分频,输出占空比 1:N－1 分频器的模块定义
module odd1_division(clk,rst,clk_out);
    input        clk,rst;
    output       clk_out;
    reg          clk_out;
    reg[3:0]     count;
    parameter    N = 6;

    always @ (posedge clk)
        if(! rst)
            begin
                count <= 1'b0;
                clk_out <= 1'b0;
            end
        else if(N%2==0)
            begin
```

```
        if（count ＜ N－1）               //模 N 计数器
            begin
                count ＜＝ count ＋ 1'b1；
                clk_out＝1'b0；
            end
        else
            begin
                count ＜＝ 1'b0；
                clk_out ＜＝ 1'b1；
            end
    end
endmodule
```

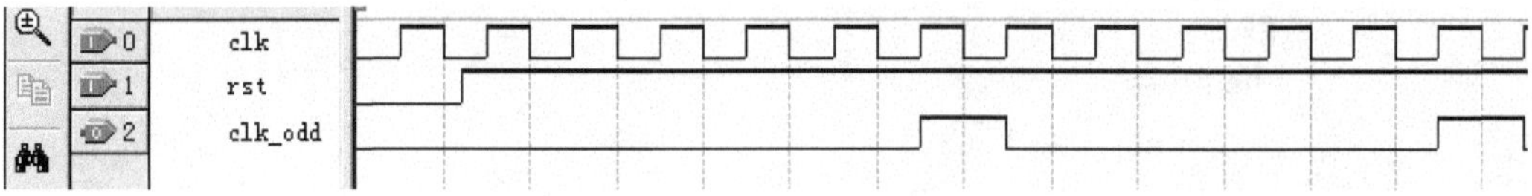

图 4.43　代码 4.31 非 2^K 分频器功能仿真图

图 4.43 是参数 N＝6 时的仿真情况，从图中可以看出，在复位信号为高电平时，输出信号 clk_odd 是输入时钟 clk 的 6 分频信号，且占空比为 1/6。

2）占空比 50％分频器

设计方法是设计一个模 N/2 的计数器，计数器的计数范围是 0～N/2－1，当计数值为 N/2－1 时，输出进行翻转。模块实现见代码 4.32，其功能仿真见图 4.44。

代码 4.32　输出占空比为 50％的偶数分频器

```
modulesamp_7_1_2(clk,rst,clk_odd)；         //odd2_division 的顶层调用模块
    input       clk；                        //输入时钟信号
    input       rst；                        //同步复位信号
    output      clk_odd；                    //输出信号

    odd2_division ＃(6)   u1(clk,rst, clk_odd)；
endmodule


//偶数分频，输出占空比 50％分频器的模块定义
module odd2_division(clk,rst,clk_out)；
                input           clk,rst；          //输入时钟信号
                output          clk_out；
                reg             clk_out；
                reg[3:0]        count；
                parameter       N ＝ 6；
```

```
always @ (posedge clk)
  if(! rst)
    begin
      count <= 1'b0;
      clk_out <= 1'b0;
    end
  else if(N%2==0)
    begin
      if ( count < N/2-1)                    //模 N/2 计数器
        begin
          count <= count + 1'b1;
        end
      else
        begin
          count <= 1'b0;
          clk_out <= ~clk_out;               //输出信号翻转
        end
    end
endmodule
```

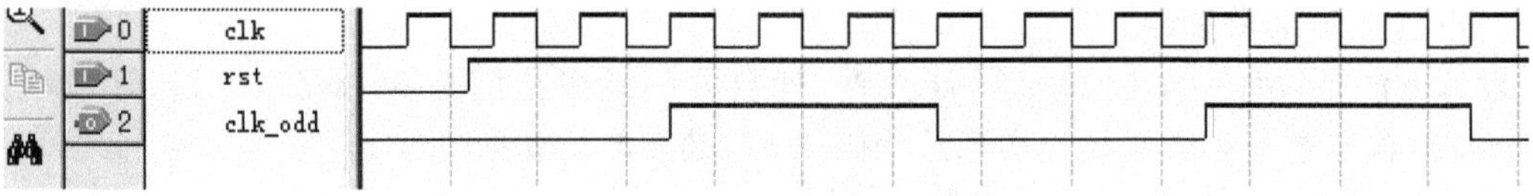

图 4.44　代码 4.32 非 2^K 分频器功能仿真图

图 4.44 也是在参数 N=6 时的仿真情况,从图中可以看出,在复位信号为高电平时,输出信号 clk_odd 是输入时钟 clk 的 6 分频信号,且占空比为 50%。

4.9.2　奇数分频器

奇数分频器是指分频系数是奇数,即分频系数 N=2n+1(n=1,2,…)。对于奇数分频的电路,根据输出信号的占空比不同可分为占空比 50% 和非占空比 50% 电路。

占空比非 50% 奇数分频的实现方法与占空比 50% 的偶数分频器相同,这里不再赘述。下面主要介绍占空比是 50% 奇数分频器的实现方法(注意占空比 50% 奇数分频器要求输入时钟信号占空比也必须是 50%)。在设计过程中需要同时利用输入时钟信号的上升沿和下降沿来进行触发,比偶数分频器要略微复杂。常用的实现方式是采用两个计数器,一个计数器采用输入时钟信号的上升沿触发计数,另一个则用输入时钟信号的下降沿触发计数。这两个计数器的模均为 N,且各自控制产生一个 N 分频的电平信号,输出的分频信号是对两个计数器产生的电平信号进行逻辑或运算,就可以得到占空比为 50% 的奇数分频器。

例如,一个 5 分频器的实现过程中,两个计数器的工作与输出信号的关系如图 4.45 所示。两个计数器分别是 count1 和 count2,clk_A、clk_B 分别是 count1、count2 控制的模 5 计数器输出,clk_even 是信号 clk_A 和 clk_B 的逻辑或输出。需要注意的该电路必须在一次复位信号有效后才能正常工作。

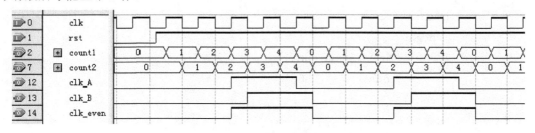

图 4.45　代码 4.33 奇数分频器功能仿真图

奇数分频器的具体实现如代码 4.33,其波形仿真如图 4.45 中的 clk、rst、clk_even 信号。

代码 4.33　输出占空比为 50％的奇数分频器

```
//奇数分频,输出占空比 50％分频器的模块定义
module even_division(clk,rst,clk_even);
    input        clk,rst;
    output       clk_even;

    reg[3:0]     count1,count2;
    reg          clkA,clkB;
    wire         clk_even;
    parameter    N = 5;

    assign clk_re   = ~clk;              //生成 clk_re 信号
    assign clk_even = clkA | clkB;       //奇数分频方波输出信号

    always @(posedge clk)                //clk 上升沿触发产生 clkA
      if(! rst)
        begin
          count1 <= 1'b0;
          clkA <= 1'b0;
        end
      else if(N%2==1)
        begin
          if(count1 < (N - 1))
            begin
              count1 <= count1 + 1'b1;
              if(count1 == (N - 1)/2)
                begin
                  clkA <= ~clkA;
```

```
                    end
                end
            else
                begin
                    clkA <= ~clkA;
                    count1 <= 1′b0;
                end
            end

    always @ (posedge clk_re)              //clk 下降沿触发产生 clkB
        if(! rst)
            begin
                count2 <= 1′b0;
                clkB <= 1′b0;
            end
        else if(N%2==1)
            begin
                if(count2 < (N - 1))
                    begin
                        count2 <= count2 + 1′b1;
                        if(count2 == (N - 1)/2)
                            begin
                                clkB <= ~clkB;
                            end
                    end
                else
                    begin
                        clkB <= ~clkB;
                        count2 <= 1′b0;
                    end
            end
        else
            clkB=1′b0;
endmodule
```

4.9.3　任意整数分频器

通过上述对奇、偶分频器的分析可以看出,利用前面的方法可以很方便地实现分频系数任意,输出占空比为 50% 的分频器。其模块实现见代码 4.34,其功能仿真见图 4.46。

代码 4.34　分频系数任意,输出占空比为 50% 分频器

```
module N_division(clk,rst,clk_out,N);
```

```verilog
input           clk,rst;
output          clk_out;
input [3:0]     N;
reg[3:0]        count1,count2;
reg             clkA,clkB;
wire            clk_out;

  assign clk_re   = ~clk;
  assign clk_out = clkA | clkB;

  always @(posedge clk)
    if(! rst)
      begin
        count1 <= 1'b0;
        clkA <= 1'b0;
      end
    else if(N%2==1)
      begin
        if(count1 < (N - 1))
          begin
            count1 <= count1 + 1'b1;
            if(count1 == (N - 1)/2)
              begin
                clkA <= ~clkA;
              end
          end
        else
          begin
            clkA <= ~clkA;
            count1 <= 1'b0;
          end
      end
    else
      begin
        if ( count1 < N/2-1)
          begin
            count1 <= count1 + 1'b1;
          end
        else
```

```
          begin
            clkA <= ~clkA;
            count1 <= 1'b0;
          end
      end

always @ (posedge clk_re)
    if(! rst)
      begin
        count2 <= 1'b0;
        clkB <= 1'b0;
      end
    else if(N%2==1)
      begin
        if(count2 < (N - 1))
          begin
            count2 <= count2 + 1'b1;
              if(count2 == (N - 1)/2)
                begin
                  clkB <= ~clkB;
                end
          end
        else
          begin
            clkB <= ~clkB;
            count2 <= 1'b0;
          end
      end
      else
        clkB=1'b0;
endmodule
```

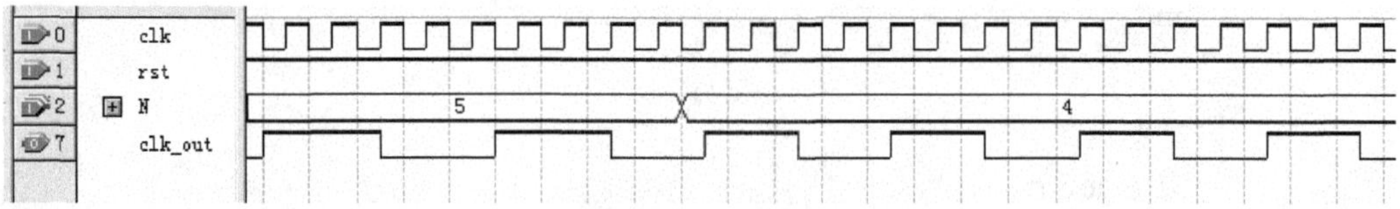

图 4.46　任意整数分频器功能仿真图

图 4.46 可以看出,当输入信号 N＝5 时,输出信号 clk_out 是输入时钟 clk 的 5 分频信号,当输入 N＝4 时,clk_out 是 clk 的 4 分频信号,因此可见 clk_out 受输入信号 N 控制,其输出

占空比是 50％的信号。

习　题

1.组合逻辑电路和时序逻辑电路的主要区别是什么？采用行为建模时若用 Verilog 实现这两种电路设计有什么特征？

2.设计一个用 CMOS 或非门实现的双输入异或门。

3.编写 Verilog 代码实现逻辑函数 $f = x_1 x_2 x_3 + \overline{x}_x x_2 x_3 + \overline{x}_1 x_2 x_4 + x_1 \overline{x}_3 \overline{x}_4$，选取不同的 FPGA 芯片对其进行时序仿真，分析从输入到输出所需的时延。

4.分别用结构建模和行为建模实现一个具有扩展功能的 2－4 译码器模块，并对其进行功能和时序仿真。

5.用题 4 实现的模块构成一个 6－64 译码器，并对其进行功能仿真。

6.设计一个 n 位的比较器模块（n 是位长参数），并分别对 n＝4 和 n＝16 时电路的功能进行仿真。

7.用 for 循环语句，编写一个 8 线－3 线优先编码器的 Verilog 代码。

8.用 casex 语句，编写一个 8 线－3 线优先编码器的 Verilog 代码。

9.用 Verilog 实现一个双向三态门，并对其进行功能仿真验证。

10.在实现触发器模块时，同步和异步控制信号在代码设计上有和异同？

11.请用行为描述方法实现一个带异步清零控制端的 T 触发器模块。

12.设计并实现一个移位寄存器，该寄存器可以从左向右移位，也可以从右向左一位，并且具有并行同步数据加载和异步清零的功能。

13.编写一个具有同步复位端和进（借）输出的 12 进制，加减可控计数器。

14.设计一个格雷码或二进制码可选的 n 进制计数器（n 为参数）。

15.设计一个"1011"不重叠序列检测器。

16.设输入时钟为占空比 50％的信号，设计一个任意分频的分配器，并使其分频输出信号为方波。

第 5 章　运算器设计

计算机的主要功能是进行数据运算,数据运算的功能是由运算器实现的。数据运算包括逻辑运算和算术运算,逻辑运算可以用基本的门电路来实现,这里不作介绍。本章主要介绍算术运算的原理和实现方法。

5.1　加法器

日常生活中我们运算时采用的是十进制数,而在计算机中十进制数是不能直接进行运算的,这是因为数字电路只能表示两个状态,因而只能进行二进制运算。为了运算器电路的简化,运算器最常采用的是二进制的补码运算。补码运算最大的特点是符号位在运算时可以和数值位一样直接进行运算。

补码和真值之间的关系是:$[X]_{\text{补}} = 2^n + X$

其中 n 是二进制补码的位数(含符号位),决定了补码的表示范围。$[x]_{\text{补}}$ 的表示范围为:$-2^{n-1} \sim 2^{n-1}-1$。当 $n=8$ 时,x 的表示范围是 $-128 \sim 127$;当 $n=16$ 时,x 的表示范围是 $-32768 \sim 32767$。如果 x 超出了 n 位二进制补码的表示范围则会产生溢出。因此在运算时对运算结果的溢出判断是非常重要的。

补码定点加法规则是:若有 $[X]_{\text{补}} = x_0 x_1 x_2 \cdots x_n$,$[Y]_{\text{补}} = y_0 y_1 y_2 \cdots y_n$,则:$[X]_{\text{补}} + [Y]_{\text{补}} = [X+Y]_{\text{补}}$,即两个数的补码之和,等于两数和的补码。

5.1.1　常用加法器

在使用 Verilog 实现加法器时,若对运算速度要求不高,则可以采用 Verilog 中的加法运算符直接实现加法运算模块。加法模块如代码 5.1 所示,该模块的端口信号说明见表 5.1,其对应的功能仿真和 RTL View 截图分别如图 5.1、图 5.2 所示。

表 5.1　加法器模块端口信号

端口	类型	说明
a	input	被加数(补码表示)
b	input	加数(补码表示)
s	output	和(补码表示)
co	output	进位信号
fo	output	溢出信号

代码 5.1　加法运算模块

```
module  adder(a,b,cin,s,co,fo);
parameter msb=4;
```

```
input [msb-1:0] a,b;
input cin;
output co;
output [msb-1:0] s;
output reg fo;

assign {co,s}=a+b+cin;

always@(a,b,s)
    if(a[msb-1]^b[msb-1])
        fo=0;
    else
        fo=a[msb-1]^s[msb-1];
endmodule
```

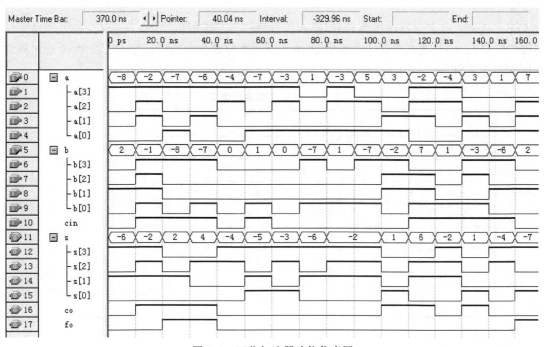

图 5.1 四位加法器功能仿真图

图 5.1 是一个 4 位的补码加法器,因此运算结果的范围是 $-8 \sim 7$。从图中还可以看出当 $a=-7$,$b=-8$ 时,溢出信号 fo=1,表示运算结果溢出,此时运算结果 s=2 是错误的。

5.1.2 串行加法器

1.串行加法器原理

在加法器实现过程中为了降低硬件成本,可以采用将多个一位加法器进行串行连接,连接时将低位加法器的进位输出与高位加法器的进位输入端连接,这种加法器称为串行加法器。

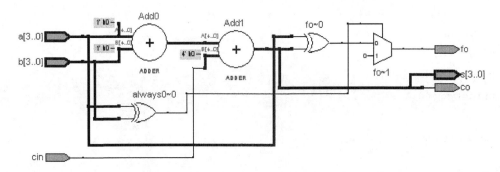

图 5.2　四位加法器 RTL View 图

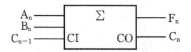

图 5.3　全加器的逻辑符号

　　图 5.3 是一位全加器的逻辑符号,输入信号分别是二进制数据 A_n、B_n,以及一个来自低位的进位信号 C_{n-1};输出信号是本位的数据和 F 以及本位数据向高位的进位 C_n。1 位全加器的真值如表 5.2 所示。

表 5.2　1 位全加器真值表

A_n	B_n	C_{n-1}	F_n	C_n
0	0	0	0	0
0	0	1	1	0
0	1	0	1	0
0	1	1	0	1
1	0	0	1	0
1	0	1	0	1
1	1	0	0	1
1	1	1	1	1

由真值表可得:
$$F_n = A_n \oplus B_n \oplus C_{n-1} \qquad\qquad (式 5.1)$$
$$C_n = (A_n + B_n)C_{n-1} + A_nB_n = (A_n \oplus B_n)C_{n-1} + A_nB_n = \overline{\overline{(A_n \oplus B_n)C_{n-1}} \cdot \overline{A_nB_n}}$$
因此,可以采用异或门和与非门实现一位全加器,其逻辑电路如图 5.4 所示。

图 5.5 所示是用四个一位全加器构成的 4 位串行加法器。

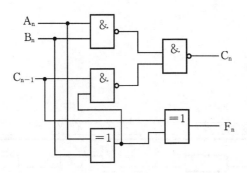

图 5.4　1 位全加器电路图

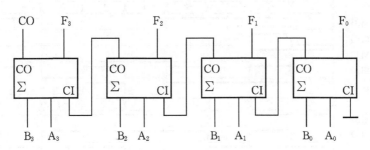

图 5.5　4 位串行进位加法器

2. 串行加法器模块

根据串行加法器的原理实现的加法器模块见代码 5.2,其功能仿真结果见图 5.6。

代码 5.2　4 位串行加法器模块

```
module ripple_carry_adder(a,b,cin,s,co,fo);
parameter msb=4;
input [msb−1:0] a,b;
input cin;
output reg co;
output reg [msb−1:0] s;
output reg fo;

reg [msb:0] c;
always@(a,b,cin)
begin
    integer i;
    c[0]=cin;
    for(i=0;i<=msb−1;i=i+1)
    begin
        c[i+1]=(a[i]&b[i])|(b[i]&c[i])|(c[i]&a[i]);
        s[i]=a[i]^b[i]^c[i];
```

```
        end
        co＝c[msb];
        fo＝c[msb]^c[msb－1];
    end
    endmodule
```

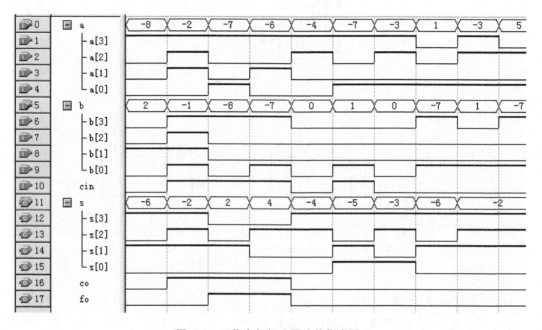

图 5.6　四位串行加法器功能仿真图

在图 5.6 中,a、b 是两个输入的操作数,cin 是最低位的进位输入信号,s、co 和 fo 是输出,s 是运算的和,fo 是溢出标志,co 是运算时符号位的进位(用于判断溢出)。当 a＝ －8,b＝2, cin＝0 时,fo＝0 表示结果没有溢出,得出 s＝－6;当 a＝－7,b＝－8,cin＝1 时,fo＝1 表示结果有溢出,因此 s＝2 是错误的结果;图中的其他情况请读者自行分析。代码 5.2 的 RTL View 截图见图 5.7。

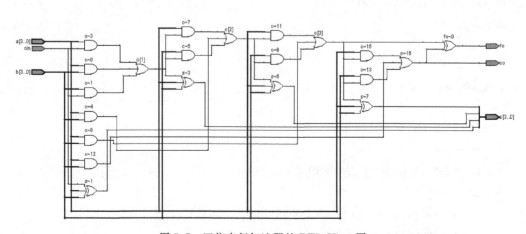

图 5.7　四位串行加法器的 RTL View 图

3. 用 4 位加法器构成 16 位串行加法器

可以用前面的 4 位加法器模块连接成 16 位的串行加法器,其实现见代码 5.3,其功能仿真图、时序仿真图和 RTL View 截图见图 5.8 至图 5.10 所示。

代码 5.3　16 位串行加法器

```
module carry_chain_adder16 (a, b, cin, s, cout,of);
input[15:0]    a;
input[15:0]    b;
input    cin;
output[15:0] s;
output cout,of;

wire [3:0] pt,gt;

carry_skip_adder4 u0(a[3:0], b[3:0], cin, s[3:0], co1,of1,pt[0], gt[0]);
carry_skip_adder4 u1(a[7:4], b[7:4], co1, s[7:4], co2,of2,pt[1], gt[1]);
carry_skip_adder4 u2(a[11:8], b[11:8], co2, s[11:8], co3,of3,pt[2], gt[2]);
carry_skip_adder4 u3(a[15:12], b[15:12], co3, s[15:12], co4,of4,pt[3], gt[3]);
assign cout=co4;
assign of= (a[15]&b[15])&(~s[15])|((~(a[15]|b[15]))&s[15]);
endmodule
```

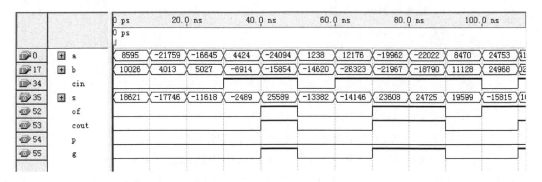

图 5.8　16 位串行加法器功能仿真图

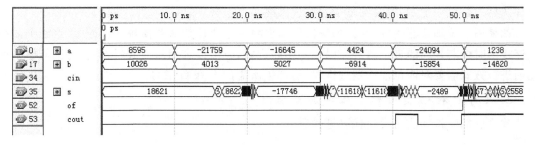

图 5.9　16 位串行加法器时序仿真图

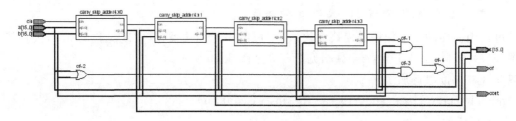

图 5.10　16 位串行加法器 RTL 图

比较图 5.8 和图 5.9 可以看出，电路在具体实现时，从输入数据到输出正确的结果是有一定时延的，图 5.9 中当输入为－21759 和 4013 时，得到正确的求和结果－17746 大约需要 12ns 的时间，而这个时间的长短取决于大规模集成电路的器件型号以及电路的结构。

5.1.3　超前进位加法器

为了提高运算速度，就必须消除由于串行进位信号的传递所需的时间，这就需要对各位进位信号的产生过程进行分析。

1. 超前进位原理

以四位加法器为例，现定义从低位到高位 4 个 1 位全加器的进位输入信号依次是 C_{-1}、C_0、C_1 及 C_2，对应的进位输出依次是 C_0、C_1、C_2 和 C_3，由式 5.1 可以得到各进位信号的逻辑表达式：

$$C_0 = (A_0 + B_0)C_{-1} + A_0 B_0$$
$$C_1 = (A_1 + B_1)C_0 + A_1 B_1$$
$$C_2 = (A_2 + B_2)C_1 + A_2 B_2 \qquad\qquad (式5.2)$$
$$C_3 = (A_2 + B_3)C_2 + A_3 B_3$$

设 $P_i = A_i + B_i$，$G_i = A_1 B_i$ 则有：

$$C_{-1} = 0$$
$$C_0 = P_0 C_{-1} + G_0$$
$$C_1 = P_1 C_0 + G_1 = P_1 P_0 C_{-1} + P_1 G_0 + G_1 \qquad\qquad (式5.3)$$
$$C_2 = P_2 C_1 + G_2 = P_2 P_1 P_0 C_{-1} + P_2 P_1 G_0 + P_2 G_1 + G_2$$
$$C_3 = P_3 C_2 + G_3 = P_3 P_2 P_1 P_0 C_{-1} + P_3 P_2 P_1 G_0 + P_3 P_2 G_1 + P_3 G_2 + G_3$$

由式 5.3 可以看出，每一位的进位信号 C_i 可以表示为输入加数、被加数和最低位进位信号 C_{-1} 的逻辑函数，因此每个进位信号 $C_0 \sim C_3$ 就可以根据式 5.3 采用与或门并行产生，而不必采用串行进位方式，这样就提高了运算速度，但这是以增加电路的复杂程度为代价换取的，当加法器的位数增加时，电路的复杂程度也随之急剧上升。

如果用 4 位加法器构成 16 位加法器就需要将 4 个 4 位加法器模块进行连接，这四个模块在连接的时候芯片间的进位信号可以采用串联方式，也可以采用超前进位方式，为了能够采用超前进位方式需要对四位加法器进行改进，产生所需的 P 和 G 信号。

2. 具有 P 和 G 信号的 4 位加法器模块

改进后的 4 位加法器模块代码见代码 5.4 。

代码 5.4 **超前进位加法器模块**

```
module carry_skip_adder4 (a, b, cin, s, co,of,p, g);
input[3:0]      a;
input[3:0]      b;
input     cin;
output[3:0]   s;
output co,of;
output          p;
output          g;

wire[3:0]       pt;
wire[3:0]       gt;
wire[2:0]       ct;

assign pt[0] = a[0] ^ b[0];
assign pt[1] = a[1] ^ b[1];
assign pt[2] = a[2] ^ b[2];
assign pt[3] = a[3] ^ b[3];
assign gt[0] = a[0] & b[0];
assign gt[1] = a[1] & b[1];
assign gt[2] = a[2] & b[2];
assign gt[3] = a[3] & b[3];
assign ct[0] = (pt[0] & cin) | gt[0];
assign ct[1] = (pt[1] & ct[0]) | gt[1];
assign ct[2] = (pt[2] & ct[1]) | gt[2];

assign p = pt[3] & pt[2] & pt[1] & pt[0];
assign g   = gt[3] | (pt[3] & (gt[2] | pt[2] & (gt[1] | pt[1] & gt[0])));
assign s[0] = pt[0] ^ cin;
assign s[1] = pt[1] ^ ct[0];
assign s[2] = pt[2] ^ ct[1];
assign s[3] = pt[3] ^ ct[2];

assign co = (pt[3] & ct[2]) | gt[3];
assign of = co^ct[2];
endmodule
```

代码 5.4 中的输出信号中 p 表示进位传输信号，g 表示进位产生信号。这两个信号用来产生模块间的超前进位信号。该模块的时序仿真和 RTLView 截图如图 5.11 和图 5.12 所示。

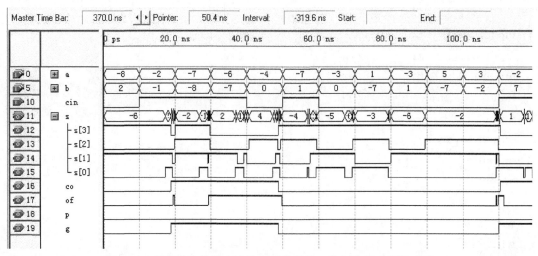

图 5.11　具有进位传输和进位产生信号的 4 位加法器时序仿真图

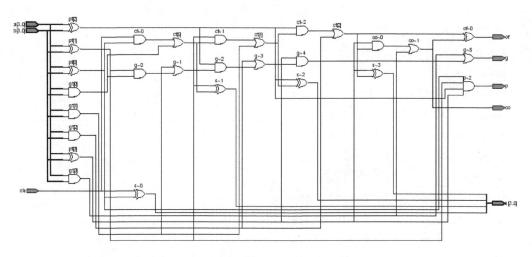

图 5.12　具有进位传输和进位产生信号的 4 位加法器 RTL View 截图

3. 用 4 位加法器构成 16 位超前进位加法器

代码 5.5　用 4 位加法器构成 16 位超前进位加法器

```verilog
module carry_skip_adder16 (a, b, cin, s, cout,of,p, g);
input[15:0]      a;
input[15:0]      b;
input       cin;
output[15:0]  s;
output cout,of;
output          p;
output          g;


wire [3:0] pt,gt;
```

```
wire [2:0] cn;
carry_skip_adder4 u0(a[3:0], b[3:0], cin, s[3:0], co1,of1,pt[0], gt[0]);
carry_skip_adder4 u1(a[7:4], b[7:4], cn[0], s[7:4], co2,of2,pt[1], gt[1]);
carry_skip_adder4 u2(a[11:8], b[11:8], cn[1], s[11:8], co3,of3,pt[2], gt[2]);
carry_skip_adder4 u3(a[15:12], b[15:12], cn[2], s[15:12], co4,of4,pt[3], gt[3]);
assign cout=co4;
assign of=(a[15]&b[15])&(~s[15])|((~(a[15]|b[15]))&s[15]);
carry_gen u4(pt,gt,cin,cn,p,g);
endmodule


//4 位超前进位信号产生模块
module carry_gen(p,g,C0,Cn,pp,gg);
input [3:0] p, g;
input C0;
output [2:0] Cn;
output pp,gg;
assign Cn[0]=g[0]|p[0]&C0;
assign Cn[1]=g[1]|p[1]&Cn[0];
assign Cn[2]=g[2]|p[2]&Cn[1];
assign pp=p[3]&p[2]&p[1]&p[0];
assign gg=g[3]|(p[3]&(g[2]|p[2]&(g[1]|p[1]&g[0])));
endmodule
```

模块 carry_gen 的功能是由各加法器模块产生的 P 和 G 信号产生各个加法器模块所需的进位输入信号 Cn。构成 16 位超前进位加法器的时序仿真和 RTL 图如图 5.13 和 5.14 所示。读者可以通过对比图 5.14 和图 5.10 的比较两种加法器结构上的差异。运算速度上可以看出图 5.13 和图 5.9 的差异并不大,但如果构成 64 位加法器的就可以看出两者的差异还是很明显的。

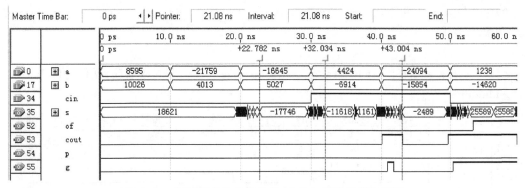

图 5.13　采用超前进位信号的 16 位加法器时序仿真图

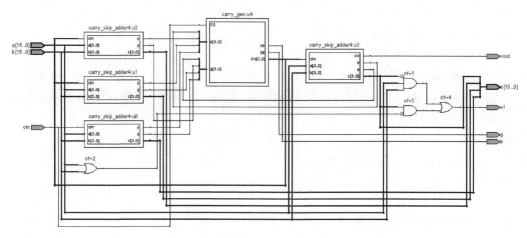

图 5.14　采用超前进位信号的 16 位加法器的 RTL 图

5.2　减法器

由补码定点加法规则可知,若要计算两个数之差的补码$[X-Y]_补$,可得用公式$(X-Y)=[X+(-Y)]$,有$[X-Y]_补=[X+(-Y)]_补=[X]_补+[-Y]_补$

在计算机内部存放的是$[X]_补$和$[Y]_补$,如果能从$[Y]_补$求出$[-Y]_补$,则补码减法就可以变为加法进行。$[-Y]_补$与$[Y]_补$的关系是:$[-Y]_补=\overline{[Y]_补}+1$

即将$[Y]_补$按位求反后再加单位"1"即可。

根据补码减法原理,利用之前设计的加法器可以很方便实现减法器,代码 5.6 是一个实现 16 位减法器的模块,其功能仿真见图 5.15。

代码 5.6　减法器模块

```
module subtracter(a,b,s,co,fo);
parameter msb=16;
input [msb-1:0] a,b;
output [msb-1:0] s;
output co,fo;

ripple_carry_adder #(16) u1(a,~b,1,s,co,fo);      //减数取反,低位进位为 1
endmodule
```

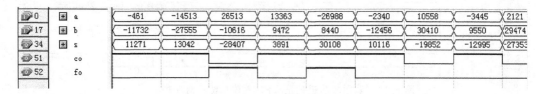

图 5.15　16 位减法器功能仿真图

为了分析方便,图 5.15 中的 a、b 和 s 信号都采用有符号数十进制数表示。可以看出,当 a = -461,b = -11732 时,结果 s = 11271,fo = 1 表示结果正确无溢出,co = 1 表示无借位输出产生。当 a = 26513,b = -10616 时,结果 s = -28407,fo = 1 表示溢出,结果不正确。

5.3 乘法器

计算机中乘法器的实现有原码、补码和阵列乘法器。原码乘法器和补码乘法器是采用加(减)法器和移位寄存器实现乘法运算的,电路构成简单,但运算速度慢;阵列乘法器是靠硬件资源的重复设置来获得运算的高速度,得益于大规模集成电路技术的发展使得硬件成本降低。

5.3.1 原码乘法器

将真值的符号位数值化(即正数用 0 表示,负数符号用 1 表示)数值位取绝对值就可以得到对应的原码。因此原码和真值的表示关系最为直接,常用的是原码乘法器采用一位乘法。原码除符号外的数值位部分就是真值的绝对值,原码乘除运算就是用两个操作数的绝对值相乘/除,运算结果中原码的符号位由两操作数的符号位经异或门产生,两个 n 位定点小数(不包括符号位)相乘的乘积为 $2n$ 位字长,另加一位符号位即得到乘积的原码。

设被乘数 $[X]_原 = x_s \cdot x_1 x_2 \cdots x_n$,乘数为 $[Y]_原 = y_s \cdot y_1 y_2 \cdots y_n$,则 $[X \times Y]_原 = z_s \cdot z_1 z_2 \cdots z_{2n}$,其中 x_s,y_s 和 z_s 为符号位,$z_s = x_s \oplus y_s$,$0.z_1 z_2 \cdots z_{2n} = (0.x_1 x_2 \cdots x_n) \times (0.y_1 y_2 \cdots y_n)$。

原码一位乘法的实现过程是:

(1) 乘积符号位单独处理,$z_s = x_s \oplus y_s$,即同号数相乘,乘积为正,异号数相乘,乘积为负。

(2) 令部分积的初值为 $P_0 = 0$,从乘数的最低位 y_n 开始,逐位与被乘数 X 相乘,若当次的乘数位 $y_{n-i+1} = 1$,则部分积为 $P_{i-1} + X$;若 $y_{n-i+1} = 0$,则部分积为 $P_{i-1} + 0$,相加后右移一位得到新的部分积 P_i,如此循环 n 次后,可得到 $X \times Y$ 的绝对值 P_n。

(3) 给 P_n 置上乘积符号位 z_s,即可得到 $[X \times Y]_原$。

实现 16 位整数乘法的原码一位乘法器模块的实现见代码 5.7。其输入端口信号 a、b 分别是用原码表示的被乘数和乘数,t 是原码乘积输出。其功能仿真如图 5.16 所示。

代码 5.7 原码乘法器模块

```
module multip(a,b,t);
input[15:0] a,b;
output reg [31:0] t;
integer i;

  reg [14:0] temp,t1;
always @(a or b)
begin
  t1=15'b0;
  temp=15'b0;
  for(i=0;i<15;i=i+1)
  begin
```

```
    if(b[i]) t1=t1+a[14:0];
   {t1,temp}={t1,temp}>>1;
  end
  t={t1[14:0],temp};
  t[31]=a[15]^b[15];
end
endmodule
```

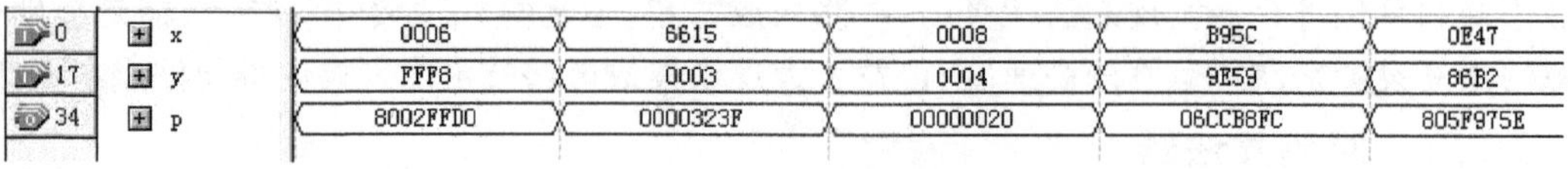

▶0	⊞ x	0006	6615	0008	B95C	0E47
▶17	⊞ y	FFF8	0003	0004	9E59	86B2
⊚34	⊞ p	8002FFD0	0000323F	00000020	06CCB8FC	805F975E

图 5.16　原码 16 位乘法器功能仿真图

图 5.16 中的数字均为十六进制表示,当 a = $(0006)_{16}$,b = $(FFF8)_{16}$,乘积 p = $(8002FFD0)$。由于 a、b 和 s 都使用原码表示的,因此其对应的十进制真值分别为 a = 6,b = -32760,p = -196560。其余结果其读者自行分析。

5.3.2　补码乘法器

原码和真值的转换形式虽然比较简单,但是在运算时需要把符号位和数值位分别进行处理,实现时比较麻烦,所以计算机内部实现乘法运算时常用补码进行。

最典型的补码乘法称为 Booth 算法,也称为比较法。Booth 算法的基本思想是:

$$[X \times Y]_{\dagger} = [X]_{\dagger} * (-y)$$
$$= 2^{n-1} \times ((y_{n-2} - y_{n-1}) \times [X]_{\dagger} + 2^{-1} \times ((y_{n-3} - y_{n-2}) \times [X]_{\dagger} + \cdots + 2^{-1}$$
$$\times ((y_1 - y_0) \times [X]_{\dagger} + 2^{-1} \times (0 + (y_{-1} - y_0) \times [X]_{\dagger}) \cdots) \quad (式 5.4)$$

式 5.4 中,y_{-1} 是在乘数的最低位后人为添加的附加位,其值为 0。观察式 5.4 可以发现每次都是根据 y_{i+1} 和 y_i 的比较结果进行求和和左移操作,y_{i+1} 和 y_i 的判别处理见表 5.3。

表 5.3　判别位的情况及其对应操作

y_i(低位)	0_{i+1}(高位)	操作
0	0	部分积右移一位
0	1	积分积加$[-X]_{\dagger}$后再右移一位
1	0	积分积加$[+X]_{\dagger}$后再右移一位
1	1	部分积右移一位

补码一位乘法比较法的运算规则:

(1)初始化,将部分积$[P0]_{\dagger}$初始化为 0,在乘数的尾部添加附加位 y_{-1},并将其初始化为 0;

(2)根据表 5.3 对 y_i 和 y_{i+1} 进行比较,然后进行求和;

(3)将(2)中得到的累加值右移一位,回到(2)。

按上述算法进行 $n+1$ 步,但第 $n+1$ 步只求和不移位。

这种算法的优点是被乘数和乘数都是补码,符号位和数值位一样直接参与运算。计算机中的数值数据都是以补码形式存放的,所以可以直接进行运算。

Booth 算法的补码乘法器模块实现见代码 5.8。

代码 5.8　Booth 算法实现 16 位乘法模块

```
module multip_com(x,y,p);
input[15:0] x,y;
output reg [31:0] p;
integer i;

reg [15:0] temp;
reg [16:0] p1,x1,y1;

always @(x or y)
begin
    p1=17'b0;
    temp=16'b0;
    y1={y,1'b0};
    x1={x[15],x};

    for(i=0;i<=15;i=i+1)
    begin
      case(y1[1:0])
        2'b01:p1=p1+x1;
        2'b10:p1=p1+~x1+1'b1;
        default：  ;
      endcase
      {p1,temp}={p1,temp}>>1;
      p1[16]=p1[15];
      y1=y1>>1;
      end
      p={p1,temp};
end
endmodule
```

运算过程中在移位时要考虑到运算结果的符号,因此在此代码中采用了双符号位,x1 和 y1 是 x 和 y 的双符号位表示,部分积在右移时最高位总是与原符号位相同。代码对应的功能仿真图如图 5.17 所示。

图 5.17 中的数字均为十进制有符号数表示,例如当 a＝−2,b＝−5,乘积 p＝10。

	0	⊞ x		-2	6645	-8706	-26441	28517	13225	-811	2625	32056
	17	⊞ y		-5	-16379	20688	-6674	25028	-30506	-169	18	-5221
	34	⊞ p		10	-108838455	-179935608	176467234	713723478	-403441850	137059	47250	-167364376

图 5.17　16 位 Booth 乘法器功能仿真图

5.3.3　阵列乘法器

为了提高乘法运算速度,还可以采用高速阵列乘法器执行乘法运算。

设有两个不带符号的二进制整数:

$$A = \sum_{i=1}^{m-1} a_i \times 2^i \qquad B = \sum_{j=0}^{n-1} b_j \times 2^j$$

两数的乘积 P 为:

$$P = A \times B = \sum_{i=0}^{m-1} \sum_{j=0}^{n-1} a_i b_j \times 2^{i+j} = \sum_{k=0}^{m+n-1} p_k \times 2^k$$

假设,当 $m=n=4$ 时,考虑乘法运算的手工计算过程:

			a_3	a_2	a_1	a_0
	$\times$		b_3	b_2	b_1	b_0
			$a_3\,b_0$	$a_2\,b_0$	$a_0\,b_0$	$a_0\,b_0$
		$a_3\,b_1$	$a_2\,b_1$	$a_1\,b_1$	$a_0\,b_1$	
	$a_3\,b_2$	$a_2\,b_2$	$a_1\,b_2$	$a_0\,b_2$		
$+$	$a_3\,b_3$	$a_2\,b_3$	$a_1\,b_3$	$a_0\,b_3$		
P_7	P_6	P_5	P_4	P_3	P_2	P_1	P_0

$a_i b_i$ 是逻辑与运算,可用与门实现,错位相加可用多个全加器完成。图 5.18 是实现 4×4 位无符号阵列乘法器的原理示意图。

实现如图 5.18 所示的无符号阵列乘法器的模块见代码 5.9。其功能仿真见图 5.19。

代码 5.9　4×4 位无符号阵列乘法器模块

```
//顶层模块
module multip_arraytop(x,y,p);
input [3:0] x;
input [5:0] y;
output [9:0] p;

unsigned_multip_array #(4,6) u1  (.x_in(x),.y_in(y),.p(p));
endmodule


//N×M 阵列乘法器模块
```

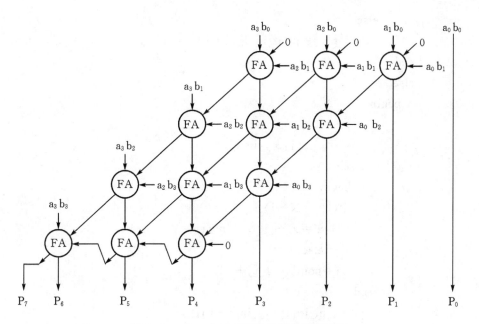

图 5.18　4×4 位无符号阵列乘法器原理图

```
module unsigned_multip_array(x_in, y_in, p);
    parameter    N = 4,
                 M = 4;
    input   [N-1:0] x_in;
    input   [M-1:0] y_in;
    output reg [N+M-1:0] p;
    reg xi,yi;

    reg [N:0] cin[M:0], pin[M:0], cout[M:0], pout[M:0];
    integer i, j;
    always @(x_in or y_in)
    begin
        for(i=0; i<=N-1; i=i+1)
            cin[0][i] = 1'b0;
        for(i=0; i<M-1; i=i+1)
        begin
            for(j=0; j<=N-1; j=j+1)
            begin
                if(j==0)
                    begin
                        if(i==0)
                            p[i]=x_in[0]&y_in[0];
```

```
                    else
                         p[i]＝pout[i−1][j+1];
              end
              else
                begin
                    if(i==0)
                        xi＝x_in[j]&y_in[i];
                    else
                      begin
                       if(j==N−1)
                            xi＝x_in[j]&y_in[i];
                           else
                        xi＝pout[i−1][j+1];
                    end
                    yi＝x_in[j−1]&y_in[i+1];
              FA_cell(xi, yi, cin[i][j], cout[i][j], pout[i][j]);
                cin[i+1][j] = cout[i][j];
                end
          end
     end
  p[i]＝pout[i−1][1];
  //最后一行串行进位处理
   for(j=1; j<=N−1; j=j+1)
   begin
    if(j==N−1)
       xi＝x_in[N−1]&y_in[M−1];
    else
       xi＝pout[i−1][j+1];
    if(j==1)
          yi＝0;
       else
         yi＝cout[i][j−1];
     FA_cell(xi, yi, cin[i][j], cout[i][j], pout[i][j]);
    p[j+M−1] = pout[i][j];
   end
   p[i+N] = cout[i][j−1];
end
//全加器单元
task FA_cell(input xi, yj, cin , output cout, pout);
```

```
        regint_p;
        begin
            cout = (xi&yj)|(cin & xi)|(cin&yj);
            pout = cin ^ xi ^ yj;
        end
    endtask


endmodule
```

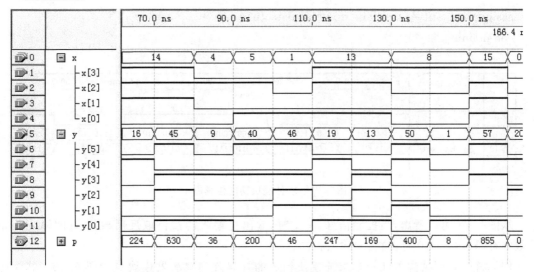

图 5.19　4×6 位无符号阵列乘法器原理图

图 5.19 中,为了方便阅读图数字采用无符号十进制数显示。

在计算机中所有的数值数据都是用补码表示的,为了实现有符号补码的乘法运算,可以在无符号阵列乘法器的基础上外增加三个求补器,两个为算前求补器,将两个操作数先变成正整数,一个为算后求补器,在相乘两数符号不一致时,把运算结果变成补码,其过程示意见图 5.20。

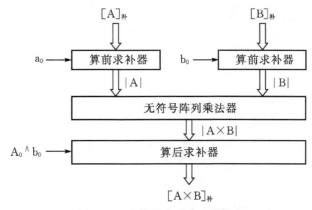

图 5.20　有符号阵列乘法器构成

求补器的功能是根据控制信号 S 使输出数据是输入数据 data_in 的相反数或保持不变。

求补模块的代码如下所示,其功能仿真如图 5.21 所示。当 s＝1 时,输出是输入的相反数的补码,当 s＝0 时,输出与输入相同。

```
module neg(s,data_in,data_out);
parameter M＝8;
input s;
input [M－1:0] data_in;
output [M－1:0] data_out;

assign data_out＝s? ～data_in＋1'b1:data_in;
endmodule
```

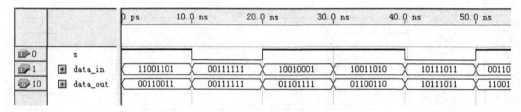

图 5.21 求补模块功能仿真图

从图 5.21 可以看出,当控制信号 s＝1 时,输出是输入的按位取反后再加 1(即输入的相反数的补码),当 s＝0 时,输出与输入相同。

用无符号阵列乘法器和三个求补模块构成的补码阵列乘法器模块见代码 5.10。其对应的功能波形仿真如图 5.22 所示。

代码 5.10 补码阵列乘法器模块

```
module signed_mul_array(x,y,p);
input [3:0] x;
input [5:0] y;
output [9:0] p;
wire [3:0] abs_x;
wire [5:0] abs_y;
wire  [9:0] p1;

neg #(4) xabs(x[3],x,abs_x);
neg #(6) yabs(y[5],y,abs_y);
unsigned_multip_array #(4,6) u1(.x_in(abs_x),.y_in(abs_y),.p(p1));
neg #(10) pcom(x[3]^y[5],p1,p);
endmodule
```

图 5.22 的结果请读者自行分析。

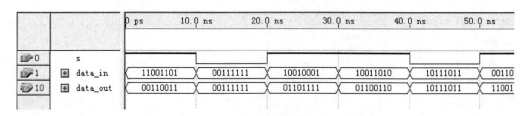

图 5.22　4×6 位补码阵列乘法器功能仿真图

5.4　除法器

5.4.1　原码除法器

定点原码整数的除法，要求被除数的绝对值 $[X]_绝$ 大于除数的绝对值 $[Y]_绝$，在原码除法运算的过程中实际上是总是根据被除数（或部分余数）与除数绝对值的大小的比较结果进行上商的。所以首先需要实现无符号数的除法。

定点无符号整数除法的算法思想为：

(1)部分余数 R=0，商 Q=0；

(2)将被除数 X 左移一位，将 X 最高位移入 R 最低位，若 R<Y 则继续重复步骤(2)，否则执行步骤(3)；

(3)若部分余数 R=Y，则用 R 减去除数(作+$[-y]_补$运算)，即$[R]_补=[x]_补+[-y]_补$，则上商为"1"；若 R<Y 则上商为"0"；

(4)将{R,X}左移一位，并将商移入 Q；

(5)重复步骤(3)和(4)，直至移位次数等于被除数位数。

需要注意的是在减法运算采用+$[-y]_补$来实现，由于是无符号数，在减法运算时采用双符号位进行。定点无符号整数除法模块见代码 5.11，其功能仿真结果如图 5.23 所示。

代码 5.11　无符号整数除法器模块

```
module div_unsigned_int(x,y,q,r,err);
parameter M=8,N=4;
input [M-1:0] x;
input [N-1:0] y;
output reg err;
output reg [M-1:0]q;
output [N-1:0] r;
reg [N:0] rt;
reg [N:0]  y_com;
reg qt;
integer  j;
reg [M:0]   xx;

assign r=rt[N-1:0];
```

```verilog
always@(x,y)
begin
  err=0;
  if(y==0)
    err=1;
  else if(x==0)
    begin
      q=1'b0;
      rt=0;
    end
  else if(x<y)
    begin
      q=1'b0;
      rt=x;
    end
  else
    begin
      rt=0;
      xx={1'b0,x};
      qt=1'b0;
      q=0;
      y_com=~{1'b0,y}+1'b1;
      for(j=M;j>=0;j=j-1)
        begin
            {rt,xx}={rt,xx}<<1;
            if(rt>=y)
                begin
                  rt=rt+y_com;
                  qt=1'b1;
                end
            else
                qt=1'b0;
            q=(q<<1)+qt;
        end
    end
  end
endmodule
```

从图 5.23 是在 Modelsim 下的仿真结果,从图中可以看出当 dataa＝59,datab＝10 时,商 dataq＝5,余数 datar＝9;dataa＝59,datab＝10 时,商 dataq＝5,余数 datar＝9;dataa＝73,

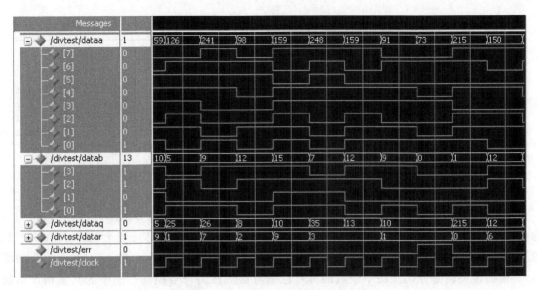

图 5.23　无符号整数除法器功能仿真图

datab＝0 时,err＝1 表示结果错误。

在无符号除法器的基础上实现原码除法时只需要对符号位单独处理就可以了,处理方法是:

(1)分别取被除数原码和除数原码的符号 x_f 和 y_f,设被除数和除数的绝对值分别为 x_a,y_a;

(2)计算 x_a/y_a 的商,作为原码除法的数值位;

(3)将 x_f 异或 y_f 的结果作为商的符号位。

原码除法模块见代码 5.12,其功能仿真结果见图 5.24。

代码 5.12　**原码除法器模块**

```
module div_signed_magnitude_int(x,y,q,r,err);
parameter M=8,N=4;
input [M-1:0] x;
input [N-1:0] y;
output err;
output [M-1:0]q;
output [N-1:0] r;

wire [N-2:0] r1;
wire [M-2:0] q1;

div_unsigned_int #(M-1,N-1) unint_u1(x[M-2:0],y[N-2:0],q1,r1,err);

assign q={x[M-1]^y[N-1],q1};
assign r={x[M-1],r1};
```

endmodule

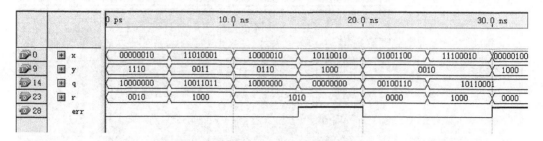

图 5.24　无符号整数除法器功能仿真图

图 5.24 中的 x、y、q、r 均为原码表示的数据,当 x＝00000010(＋2 的原码),y＝1110(－6 的原码),则商 q＝10000000(－0 的原码),余数 r＝0010(＋2 的原码);当 x＝11010001(－81 的原码),y＝0011(＋3 的原码),则商 q＝10011011(－27 的原码),余数 r＝1000(－0 的原码)。需要说明的是原码除法中余数的符号总是与被除数的符号相同。图中的其他情况请读者自行分析。

5.4.2　补码除法器

在定点补码整数除法运算中,要求被除数和除数均为补码,补码除法的优势在于符号位不用单独处理,运算结果直接可以得到补码商和余数。

在补码整数除法中,由于被除数和除数在比较时,只能得到大于和小于两种比较结果,因此在运算前需要确定除数数值位的有效位,即数值位中与符号位相异的最高有效位位置。例如,除数补码为 0011 时,符号位为 0(表明该数为正数),数值位为 011,数值位中的第二位为 1 与符号位相异,所以其有效位为 2 位 11;若除数补码为 11101100 时,其有效为数位 5 位,符号位为 1(表明该数为负数),数值位为 1101100,数值位中的第 5 位为 0 与符号位相异,所以其有效位为 5 位 011000。在除数的有效位前再加上符号位,就是运算时的实际除数。补码除法的基本算法是:

(1)部分余数 rt 初始化为被除数 x,商 q 初始化为 0(被除数与除数同号)或－1(被除数与除数异号),将除数转换为实际除数 yt,运算次数计数器 j 初始化为被除数的位数减去除数的有效位数。

(2)若 rt 与 yt 符号相同,则做 rt＝rt－yt 运算,商 qt 为 1;若 rt 与 yt 符号不同,则做加 rt＝rt＋yt 运算,商 qt 为 0。

(3)rt 左移一位,qt 左移一位后加 qt,j＝j－1。

(4)若 j＞0 则转 2,否则转 5。

(5)进行商的校正:若 q＜0,则 q＝q＋1。

(6)若 rt 与 x 符号不同则对余数进行校正:若 q＞0 且 rt 与 yt 异号,则 rt＝rt＋yt;若 q＜0 且 rt 与 yt 同号,则 rt＝rt－yt。

定点补码整数除法模块的实现见代码 5.13,其功能仿真见图 5.25。

代码 5.13　补码除法器模块代码

```
module div_com_int(x,y,q,r,err);
parameter M＝8,N＝4;
```

```
input [M-1:0] x;
input [N-1:0] y;
output reg err;
output reg [M-1:0]q;
output reg [N-1:0] r;

reg [M:0] rt;
reg [N-1:0]  yy;
reg [N:0]   yt,y_com;
reg qt;

integer  j ,k,kn;
reg [M-1:0]  xx;

always@(x,y)
begin
 err=0;
 if(y==0)
    err=1;
 else if(x==0)
    begin
      q=1'b0;
      rt=0;
    end
else
   begin
     k=y_range(y);
     rt=0;
     yt=0;
     rt[0]=x[M-1];
     yt[0]=y[N-1];
     yy=y;
     xx=x;
     kn=N-k;
     yy[N-2:0]=yy[N-2:0]<<k;
     {yt,yy}={yt,yy}<<kn;
     {rt,xx}={rt,xx}<<kn;
     y_com=~yt+1'b1;
     if(rt[kn]! =yt[kn])
```

```
            q=-1;
        else
            q=0;
        for(j=M;j>=kn;j=j-1)
        begin
            if(rt[kn]! =yt[kn])
                rt=rt+yt;
            else
                rt=rt+y_com;
            if(rt[kn]! =yt[kn])
                qt=0;
            else
                qt=1;
            {rt,xx}={rt,xx}<<1;
            q=(q<<1)+qt;
        end
        rt=rt>>1;
        if(rt[kn]! =x[M-1])        //verify r
        begin
            if(~q[M-1]&&(rt[kn]^yt[kn]==1))
                rt=rt+yt;
            else if((q[M-1])&&(rt[kn]^yt[kn]==0))
                rt=rt+y_com;
        end
        if(x[M-1])
            r=-1;
        else
            r=0;

        for(j=0;j<N;j=j+1)
            if(j<kn-1)
                r[j]=rt[j];

        if (q[M-1]==1)
            q=q+1;
        if(r==y)
        begin
            q=q+1;
            r=0;
```

```
        end
        if(r==y_com[N-1:0])
        begin
            q=q-1;
            r=0;
         end
     end
 end

 function [N-1:0] y_range;   //返回补码有效数据位之前的位数(除符号位外)
 input [N-1:0] y;
reg [8:0] i;
 reg flag;
 begin
     flag=1;
     y_range=0;
     for(i=N-2;i>0&&flag==1;i=i-1)
     begin
         if(y[N-1]! =y[i])
             flag=0;
         else
             y_range=y_range+1'b1;
     end
 end
 endfunction
endmodule
```

图 5.25 中的显示的数字都是十进制,图中被除数 dataa 是 8 位的,被除数 datab 是 6 位的,所有数据都是以补码形式存放的,为了方便读者分析,图中给出了每个数据的各位的取值。图中当 dataa=-82(对应补码为 10101110),当 datab=-31(对应补码为 100001)时,商 dataq=2,余数 datar=-20。当除数为 0 时,err=1,表示结果出错。

5.4.3　阵列除法器

阵列除法器可以提高除法运算的速度,其结构规整。这里介绍的是一个无符号的阵列除法器。构成阵列除法器的基本单元是一个加减法可控单元 CAS,该单元可以在控制信号 P 的控制下实现一位加法器或一位减法器功能,代码 5.14 是 CAS 模块,输入有三个,分别是 a、b 和 ci,其中 a 是被减数或(加数),b 是减数或另一个加数,ci 是低位的进位或借位。输出有两个分别是 co 和 s,co 是进位或借位信号,而 s 是本位的结果和或差。

代码 5.14　CAS **模块**

```
    task cas(input a,b,ci,p,output co,s);
    begin
```

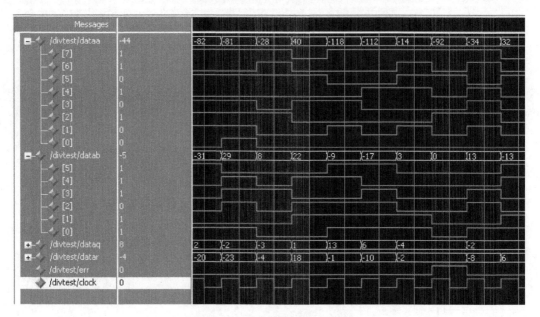

图 5.25　定点整数补码器的功能

$\{co,s\} = a + (b\hat{\ }p) + ci;$

end

endtask

用 cas 构成的无符号阵列除法器的结构原理图如图 5.26 所示。

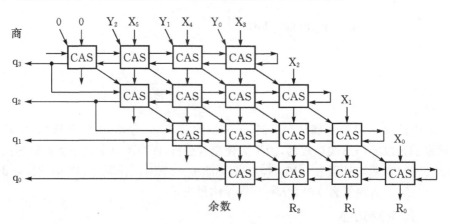

图 5.26　阵列除法器的结构

为了便于作图,图中 CAS 单元的各信号的标识如图 5.27 所示,各信号的功能与 task cas (input a,b,ci,p,output co,s)相同。

需要说明的是数据在输入阵列除法器之前要将被除数 x 和除数 y 转换为无符号数的有效数再进行运算。为了便于运算过程的控制,在阵列除法器中实际上还是采用了 1 位符号位, cas 控制信号 P 的产生原理与原码运算过程中的相同,即当部分余数<0 时,应当上商 0;当部分余数>0 时,应当上商 1。而在无符号数除法运算过程中,可以看作始终是两个符号相反的

数在作加法运算,所以当最高位 cas 有进位时,说明部分
余数的符号位是 0,即部分余数>0;当最高位 cas 无进
位时,说明部分余数的符号位是 1,即部分余数<0。因
此可以根据最高位 cas 的进位信号进行加减控制,当最
高位 cas 的进位信号位 1 时,商 1,下一次做减法运算;
最高位 cas 的进位信号位 0 时,商 0,下一次做加运算,
因此刚好可以用最高位 cas 的进位信号作为下一次的运
算控制信号 P。阵列触发器模块的实现和测试见代码
5.15,功能仿真见图 5.28。

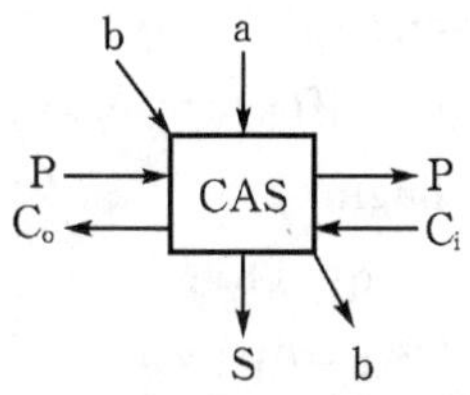

图 5.27　CAS 端口信号示意图

代码 5.15　**阵列除法器模块**

```
module div_array(x,y,q,r,err);
parameter M=8,N=4;
input [M-1:0] x;
input [N-1:0] y;
output reg err;
output reg [M-1:0]q;
output reg [N-1:0] r;

integer   i,j,yMsb,xMsb,m,n,m1;
reg [M+1:0] q_pos;
//运算的数据可以是无符号数,但在运算的过程中需要一位符号位,因此需要 x1 和 y1
reg [M+1:0] x1;
reg [N+1:0] y1;
//用于在 cas 运算的过程中传输部分余数和进位信号
reg   qt[M+1:0][N+1:0],c[M+1:0][N+1:0];

reg   pt;

always@(x,y)
begin
    x1=x;
    y1=y;
    err=0;
    if(y1==0)                    //除数为零,报错处理
        err=1;
    else if(x1==0)               //被除数为零判断
    begin
        q=1'b0;
        r=0;
```

```
end
else if(x1==y1)                        //相等判断
begin
   q=1'b1;
   r=0;
end
else if(x1<y1)                         //被除数小于除数处理
begin
   q=1'b0;
   r=y1;
end
else                                   //被除数大于除数的处理
begin
   q=0;
   r=0;
   for(i=N-1;i>0&(~y1[i]);i=i-1)        //判断被除数的有效数据最高位
     yMsb=i;
   yMsb=i+1;
   for(j=M-1;j>0&(~x1[j]);j=j-1)        //判断除数的有效数据最高位
     xMsb=j;
   xMsb=j+1;
   pt=1;
   for(i=0;i<=xMsb-yMsb;i=i+1)
   begin
       m1=xMsb-yMsb-i;
       for(j=0;j<=yMsb;j=j+1)
       begin
         m=m1+j;
         n=j;
         if(i==0)                       //第一行做被除数和除数的减操作
             begin
             if(j==0)
                 cas(x1[m],y1[n],pt,pt,c[i][j+1],qt[i+1][j]);
                                        //本次运算最低数据位处理
             else
                cas(x1[m],y1[n],c[i][j],pt,c[i][j+1],qt[i+1][j]);
                                        //本次其他数据位处理
             end
         else     //非第一行做部分积和除数的加减运算,由 pt 控制加减运算
```

```
        begin
          if(j==0)
              cas(x1[m],y1[n],pt,pt,c[i][j+1],qt[i+1][j]);
                                                    //最低数据位处理
              else
                  cas(qt[i][j-1],y1[n],c[i][j],pt,c[i][j+1],qt[i+1][j]);
          end
          if(i==xMsb-yMsb)              //最后一行运算时保留余数
                  r[j]=qt[i+1][j];
        end
          pt=c[i][j];                   //根据本行进位信号判断,设置 pt
          q_pos=xMsb-yMsb-i;
          q[q_pos]=pt;                  //上商处理

      end
          if(~pt)                       //余数校正处理
          begin
              r=r+y1;
              r[yMsb+1]=0;
          end
    end
end
```

//测试模块
```
`include"div_samp. v"
`timescale 100ns/1ns
`define period 10
module divtest;
parameter S=8,T=4;
reg [S-1:0] dataa;
reg [T-1:0] datab;
wire [S-1:0] dataq;
wire [T-1:0] datar;
wire err;
reg clock;
initial
    begin
        dataa=36;
        datab=1;
```

```
            clock＝0;
            ♯(100 * `period) $ stop;
    end

always ♯10 clock＝～clock;
always @(posedge clock)
    begin
        dataa＝ $ random ;
        datab＝ $ random ;
    end
div_array ♯(S,T) u1(. x(dataa),. y(datab),. q(dataq),. r(datar),. err(err));


endmodule
```

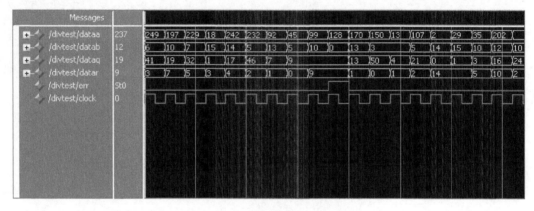

图 5.28　阵列除法器功能仿真图

图 5.28 中的 dataa、datab 分别是输入的被除数和除数，dataq 和 datar 分别是商和余数，所有显示的数据都是无符号十进制数，请读者自己分析结果。

若要实现补码阵列除法运算，也需要对运算数据进行算前和算后补码处理，与阵列乘法器原理相同，这里不再赘述。

习　　题

1. 试从结构和速度上比较串行加法器和并行加法器的特点。

2. 查阅资料说明整数原码和补码的区别，并编写一个模块实现原码和补码的相互转换。

3. 实现一个四位（含符号位）二进制原码的加法器，在原码加法器中如何实现符号位和溢出的判别？

4. 设计一个六位无符号数加法器模块。

5. 设计一个可以实现加减运算的十六位补码运算器。

6. 设计一个求补码绝对值的模块。

7. 编写实现一位十进制加减法单元的 Verilog 代码。

8. 用题 7 的十进制加减法单元实现 4 位十进制加减运算器。

9. 试问实现小数乘除法模块时需要考虑哪些问题?

10. 设计一个有符号的阵列除法模块。

11. 试设计一个运算器,能够实现定点整数的加减乘除、移位和逻辑运算功能。

第 6 章　存储器设计

存储器是计算机中用于存放数据和程序的部件,是计算机的信息存储部件。按照存储器的工作类型不同,存储器可以分为内部存储器和外部存储器;内部存储器按照信息读写和访问的原理可以分为 ROM、RAM、双端口存储器、堆栈和队列等,本章分别介绍片上系统中常用的几种存储器模块的实现方法,并给出外部存储器的驱动方法。

6.1　ROM

6.1.1　ROM 存储器原理

ROM 表示只读存储器(Read Only Memory),对其存储的内容只能读出而不能写入。这种存储器一旦存入了原始信息后,只能将内部信息读出,而不能对存放的信息进行修改。ROM 常常用来存放系统启动程序和参数表,也用来存放常驻内存的监控程序或者操作系统的常驻内存部分,甚至还可以用来存放字库或者某些语言的编译程序及解释程序。在制造ROM 的时候,信息(数据或程序)就被存入并永久保存,即使机器掉电,这些数据也不会丢失。

6.1.2　ROM 存储器设计与实现

这里设计一个存储容量可以根据参数进行设置的 ROM 。存储器存储容量是由存储器单元的数量 L 和每个单元的字长 W 决定的。存储器单元的数量与由存储器地址线宽度有关,若地址线宽度为 n 位,则存储器存储单元的数量为 2^n;存储器字长 W 是指每一个存储单元的位数,与其数据线的位数相关。若 ROM 的地址线有 16 根,数据线 8 根,则 ROM 的总容量为$2^{16} \times 8 = 64$KB。实现 ROM 模块的代码见代码 6.1。

代码 6.1　ROM 存储器模块

```
module ROM(ADDR,DATA,CS,OE);
input [n-1:0] ADDR;
output [m-1:0] DATA;
input CS,OE;
reg [m-1:0] mem[w-1:0];
parameter n=4,m=4,w=256;
initial
    begin
    integer i;
        for (i=8'd0;i<=8'd255;i=i+8'd1)
            mem[i]=i;
end
assign DATA=~CS&&OE? mem[ADDR]:8'hz;
```

endmodule

Quartus II 8.1 中由 ROM 存储器模块生成的模块符号如图 6.1 所示。其中 ADDR[n−1..0] 为 ROM 的地址信号,CS 为片选信号,OE 为输出允许信号,DATA[m−1..0]为数据线的输出端口。n 表示的是地址线的位数,m 表示的是输出数据线的位数,w 表示存储器单元的个数,它与地址线的位数有关。

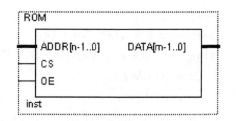

图 6.1　ROM 存储器外部接口图

图 6.2 是 ROM 的参数设置选择 n=8,m=8, w=256 时的仿真结果,其中 ADDR 和 DATA 显示的均为无符号十进制数。分析 ROM 的模块代码中可以知道 ROM 存储单元预存的数据与单元地址一致,即 0 单元存放的数据是 0,表示为[0]=0,[0]表示地址为 0 的单元存放的内容,0 表示数据 0。从图 6.2 中可以看出当 ADDR=0 时,CS=0、OE=1 此时 DATA=0;当 ADDR=2 时,虽然 CS=0,但此时 OE=0 表示数据禁止输出,因此 DATA=Z(高阻);当 ADDR=6 时,由于 CS=1,DATA=Z(高阻)。

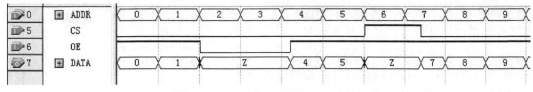

图 6.2　ROM 存储器的功能仿真图

6.2　RAM

6.2.1　RAM 存储器原理

RAM(Random Access Memory)随机存储器是指可以随机地对指定存储单元进行访问、访问所需时间与存储单元地址无关的可读可写的存储器。它在计算机中常用于实现计算机的内存,用来存储数据,它在任何时候都可以在控制信号的作用下进行存储单元的读写操作。这种存储器在断电时将丢失其存储内容,故主要用于存储程序运行过程中与 CPU 打交道的代码和数据。

6.2.2　RAM 存储器设计与实现

这里实现的是一个容量可配置的 RAM 存储器。RAM 容量也是受地址线和数据线位数限制的,代码 6.2 是 RAM 模块的代码。

代码 6.2　RAM 存储器模块

```
module RAM(ADDR,WE,DATAIN,DATAOUT,CS);
input CS,WE;
input [n−1:0] ADDR;
input [m−1:0] DATAIN;
output [m−1:0] DATAOUT;
```

```
reg [m−1:0] mem [w−1:0];
reg [m−1:0]DATAOUT;
parameter n=4,m=4,w=16;
always@(ADDR,DATAIN,CS,WE)
    case({CS,WE})
      2'b01:begin
                mem[ADDR]=DATAIN;
                DATAOUT=4'bzzzz;
            end
      2'b00:DATAOUT=mem[ADDR];
    default     DATAOUT=4'bzzzz;
    endcase
endmodule
```

在 Quartus II8.1 中生成 RAM 存储器的外部接口
模块图如下图 6.3 所示。图中 ADDR[n−1..0]为
RAM 存储器的地址信号,CS 为片选信号,WE 读写控
制信号,CLK 是时钟信号 DATAIN[m−1..0]、
DATAOUT[m−1..0]为数据线,分别是数据的输入、
输出端口。n 表示的是地址线的位数,m 表示的是数据
线的位数,w 表示存储器单元的个数,它与地址线的位
数有关。图 6.4 是当参数 n=4,m=4,w=16 时 RAM
的仿真结果。其中 ADDR、DATAIN 和 DATAOUT

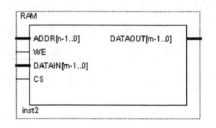

图 6.3　RAM 存储器外部接口图

显示的均为无符号十进制数。图中首先是在 CS=0、WE=1 时,分别将 DATAIN 输入的数据
13、6、11、8 写入 ADDR 指示的 0、1、2、3 号存储单元中,在写操作期间 DATAOUT 输出高阻;
随后在 CS=1,WE=0 的控制下,又从读出 1、2、3 单元的数据,DATAOUT 输出的分别为 6、
11、8 与写入数据相符。其他操作请读者分析。

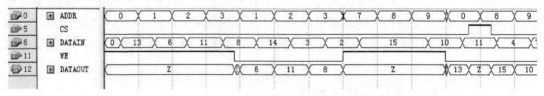

图 6.4　RAM 存储器的功能仿真图

代码 6.2 实现的 RAM 模块其数据输入端口是 DATAIN,输出端口是 DATAOUT,即输
入和输出端口是独立的。但常用的 RAM 器件输入和输出数据往往采用一个端口,代码 6.3
是实现双向数据端口的 RAM 模块,其功能仿真见图 6.5。

代码 6.3　双向数据端口 RAM 模块

```
module ram2(data,addr,read,write);
    inout [3:0] data;
    input [3:0] addr;
```

```
        input read, write；
        reg [3:0] memory [0:15]；//4 bits, 16 words
        assign data＝read? memory[addr]:4'bz；
        always @ (posedge write)
            memory[addr]＝data；
    endmodule
```

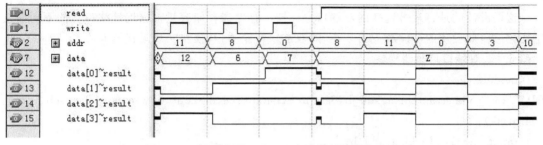

图 6.5 双向数据端口 RAM 存储器的功能仿真图

图 6.5 中的 addr 和 data 信号显示的均为无符号十进制数。图中最后 4 个信号 data[0]～
result 到 data[3]～result 是 Quartus II 对 inout 类型变量 data 仿真时自动加入的,表示实际
端口的数据。可以看出在地址 addr 和数据 data 信号稳定后,给出 write 信号,在 write 信号的
上升沿将输入数据 data 写入 addr 指示的单元。当第一个 write 信号上升沿到来时,addr＝
11,data＝12,因此将数据 12 写入 11 单元,即[11]＝12,后续又实现了[8]＝6,[0]＝7 的写入
操作；随后 read＝1,又分别读出了 8、11、0 和 3 号单元的内容,从 data[0]～result 到 data[3]
～result 可以看出 8、11、0 号单元的数据分别是 6、12 和 7,与写入数据相符,3 号单元输出为 0
是该单元初值为 0。

6.3 双端口存储器

6.3.1 双端口存储器原理

双端口存储器是指同一个存储器具有两套相互独立的读写控制线路,可以进行并行的独
立操作,因此是一种高速的存储器。

当两个端口的输入地址不相同时,两个端口上可以独立进行各自的读或写操作,不会发生
冲突。当任一端口被选中驱动时,就可对整个存储器进行存取,每一个端口都有自己的片选控
制和输出驱动控制。

当两个端口的地址相同时,在两个端口上同时进行读写操作,会发生操作冲突。这时需要
仲裁策略使某一端口操作完成后,再让另一端口进行操作。为了解决此问题,特设置了
WAIT 标志。在这种情况下,片上的仲裁电路决定对哪个端口优先进行读写操作,而对另一
个被延迟端口的 WAIT 标志置为位,即暂时关掉此端口,换句话说,读写操作对 WAIT 变为
高电平的端口是不起作用的。一旦优先端口完成读写操作,才将被延迟端口的 WAIT 标志复
位,开放此端口,允许延迟端口进行存取。

决定哪个端口进行存取的判断方式有以下两种：

（1）如果地址匹配且在 CE 之前有效，则可以根据片上的控制逻辑在 CEA（左端口片选）和 CEB（右端口片选）信号有效沿先后来选择端口。

（2）如果 CE 在地址匹配之前变低，则可以根据左、右地址变化的先后来选择端口。

无论采用哪种判断方式，延迟端口的 wait 信号都将置位而关闭此端口，而当允许存取的端口完成操作时，延迟端口 wait 标志才进行复位而打开此端口。

6.3.2　双端口存储器的设计与实现

这里设计的是容量可选择的双端口存储器。存储器存储容量根据地址线位数的不同而发生变化。因此设计的存储容量为 8×3 的双端口存储器，其模块实现见代码 6.4。

代码 6.4　双端口存储器模块

```
module
DP_RAM2(add_a,datain_a,add_b,datain_b,dataout_a,dataout_b,wra,wrb,cea,ceb,waita,
waitb,clk);
    input [n-1:0] add_a,add_b;
    input[ m-1:0]datain_a,datain_b;
    input wra,wrb,cea,ceb,clk;
    output waita,waitb;
    output [m-1:0] dataout_a,dataout_b;
    reg [m-1:0]mem[w-1:0];
    reg [n-1:0] dataout_a,dataout_b;
    parameter n=4,m=4,w=16;
    reg waita,waitb;
    integer i;
    initial
        for(i=0;i<w;i=i+1)
            mem[i]=i;


    always@(posedge clk )
    casex({cea,ceb,wra,wrb})
        4'b10x1：begin//port b write
                        mem[add_b]<=datain_b;
                        dataout_a<=32'bz;
                        dataout_b<=32'bz;
                    end
        4'b10x0：begin//port b read
                        dataout_a<=32'bz;
                        dataout_b<=mem[add_b];
                    end
        4'b011x：begin//port a write
                        mem[add_a]<=datain_a;
```

```
                    dataout_a<=32'bz;
                    dataout_b<=32'bz;
                    end
4'b010x: begin//port a read
                    dataout_a<=mem[add_a];
                    dataout_b<=32'bz;
                    end


4'b0000:     //port a & port b read
             if(waita==0&&waitb==0)
             begin
                    dataout_a<=mem[add_a];
                    dataout_b<=mem[add_b];
             end
             else if(waitb==1)
             begin
                    dataout_a<=mem[add_a];
                    dataout_b<=32'bz;
             end
             else if(waita==1)
             begin
                    dataout_a<=32'bz;
                    dataout_b<=mem[add_b];
             end
4'b0001:   if(waita==0&&waitb==0)      //port a read & port b write
                    begin
                    dataout_a<=mem[add_a];
                    dataout_b<=32'bz;
                    mem[add_b]<=datain_b;
                    end
             else if(waitb==1)
               begin
                    dataout_a<=mem[add_a];
                    dataout_b<=32'bz;
               end
             else if(waita==1)
               begin
                    mem[add_b]<=datain_b;
                    dataout_a<=32'bz;
```

```verilog
                    dataout_b<=32'bz;
                end
    4'b0010: if(waita==0&&waitb==0)              //port a write & port b read
                begin
                    dataout_a<=32'bz;
                    dataout_b<=mem[add_b];
                    mem[add_a]<=datain_a;
                end
             else if(waitb==1)
                begin
                    mem[add_a]<=datain_a;
                    dataout_a<=32'bz;
                    dataout_b<=32'bz;
                end
             else if(waita==1)
                begin
                    dataout_a<=32'bz;
                    dataout_b<=mem[add_b];
                end
    4'b0011: if(waita==0&&waitb==0)              //port a & port b write
                begin
                    dataout_a<=32'bz;
                    dataout_b<=32'bz;
                    mem[add_a]<=datain_a;
                    mem[add_b]<=datain_b;
                end
             else if(waitb==1)
                begin
                    mem[add_a]<=datain_a;
                    dataout_a<=32'bz;
                    dataout_b<=32'bz;
                end
             else if(waita==1)
                begin
                    mem[add_b]<=datain_b;
                    dataout_a<=32'bz;
                    dataout_b<=32'bz;
                end
    default:
```

```
                            begin
                                dataout_a<=32'bz;
                                dataout_b<=32'bz;
                            end
        endcase

        always@(cea)
            if(! cea)
            begin
                if(add_a==add_b&&ceb)
                    begin
                    if(waita==0&&waitb==0)
                            waitb=1;
                    end
                end
            else
                begin
                    waitb=0;
                end


        always@(ceb)
            if(! ceb)
            begin
                if(add_a==add_b&&cea)
                    begin
                    if(waita==0&&waitb==0)
                            waita=1;
                    end
                end
            else
                begin
                    waita=0;
                end
    endmodule
```

在 QuartusII 8.1 中生成双端口存储器的外部接口模块如图 6.6 所示。图中 addr_a[n-1..0]、addr_b[n-1..0]分别为左右两个端口的地址信号,cea、ceb 为两个端口的片选信号(低电平有效),wra、wrb 是读写控制信号(低电平读、高电平写),clk 是时钟信号。datain_a[m-1..0]、datain_b[m-1..0]是数据输入信号,dataout_a[m-1..0]、dataout_a[m-1..0]是数据输出端口,waitb 和 waita 信号是地址冲突等待信号,当两个端口的地址相同时,根据两个端口的片选信号有效的先后顺序决定操作端口和等待端口,当 cea 的低电平变化时刻早于 ceb 的低电平变化时刻时,a 端口操作,设置 waitb=1,使得 b 端口进入等待状态。n 表示的是地址线的位数,m 表示的是数据线的位数。

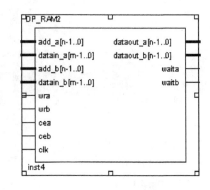

图 6.7 是双端口模块在参数 n=4,m=4,w=16 的情况下,双端口地址不同时的仿真图,图中的数据均为无符号十进制显示。从图中可以看出端口 a 访问的地址是 2,端口 b 访问的地址是 6。初始化时[2]=2,[6]=6。为了便于说明,图中对 clk 信号的上升沿时刻进行了编号。

图 6.6　双端口存储器的外部接口模块图

由于 a、b 两个端口访问地址不同,因此图中 waita 和 waitb 信号始终为低电平。

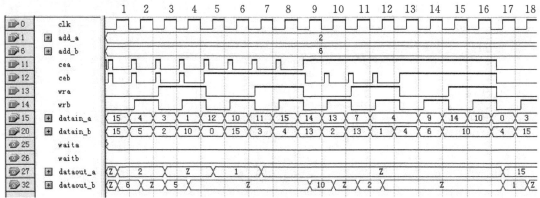

图 6.7　地址不冲突时的功能仿真图

在每个 clk 信号时刻两个端口的执行的操作见表 6.1。

表 6.1　双端口存储器无冲突访问仿真结果分析

序号	A 端口操作	b 端口操作	a 端口输出数据	b 端口输出数据
1	读	读	2	6
2	读	写 [6]=5	2	高阻
3	写 [2]=3	读	高阻	5
4	写[2]=1	写 [5]=10	高阻	高阻
5~6	读	无操作	1	高阻
7	写 [2]=11	无操作	高阻	高阻
8	写 [2]=15	无操作	高阻	高阻
9	无操作	读	高阻	10
10	无操作	写 [6]=2	高阻	高阻
11	无操作	读	高阻	2

序号	A 端口操作	b 端口操作	a 端口输出数据	b 端口输出数据
12	无操作	写[6]=1	高阻	高阻
13~16	无操作	无操作	高阻	高阻
17	读	读	15	1
18	写	读[6]=15	15	高阻

图 6.8 是参数设置 n＝4、m＝4、w＝16 的情况下,双端口地址相同时的仿真结果。由于此时两个端口地址都是 2,因此在访问过程中会根据 cea 和 ceb 下降沿到来的先后决定操作的端口,而另一个端口则等待。在对图 6.8 中每个时刻两个端口的的操作分析见表 6.2。

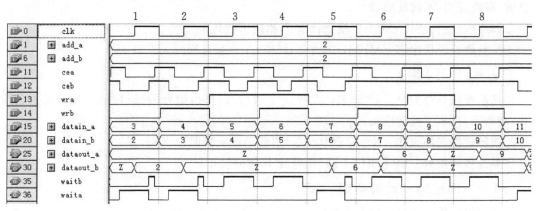

图 6.8　地址发生冲突时的功能仿真图

表 6.2　双端口存储器访问冲突是的仿真结果分析

序号	a 端口操作	b 端口操作	a 端口输出数据	B 端口输出数据	waita 状态	waitb 状态
1	等待	读出	高阻	2	1	0
2	等待	写入[2]=3	高阻	高阻	1	0
3	写入[2]=5	等待	高阻	高阻	0	1
4	写入[2]=6	等待	高阻	高阻	0	1
5	等待	读出	高阻	6	1	0
6	读出	无操作	6	高阻	0	1
7	写入[2]=9	无操作	高阻	高阻	0	1
8	读出	无操作	9	高阻	0	1

6.4　堆栈

6.4.1　堆栈工作原理

堆栈就是一种类似桶堆积物品的数据结构,进行数据删除和插入的一端称栈顶,另一端称栈底。插入数据时称为进栈(PUSH),删除数据时称为出栈(POP)。堆栈也称为后进先出表(FIFO 表)。设栈顶指针为 SP,堆栈长度为 N,存取的数据为 X,S 表示要访问的存储单元,则进栈和出栈分别可以用下面的算法实现。

1. 进栈(PUSH)算法

①判断堆栈是否已满。若 SP≥N 时,则给出溢出信息,作出错处理(进栈前首先检查栈是否已满,满则溢出;不满转向(2))。

②修改栈顶指。SP＝SP+1(栈指针加 1,指向进栈地址)。

③执行数据进栈操作。MEM(SP)＝X,结束(X 为新进栈的元素)。

2. 出栈(POP)算法

①判断堆栈是否为空。若 SP≤0,则给出下溢信息,作出错处理(退栈前先检查是否已为空栈,空则下溢;不空则转向(2))。

②执行数据出栈操作。X＝MEM(SP)(退栈后的元素赋给 X)。

③修改栈顶指针。SP＝SP-1(栈指针减 1,指向栈顶)。

6.4.2　堆栈的设计与实现

堆栈模块的设计流程如图 6.9 所示。

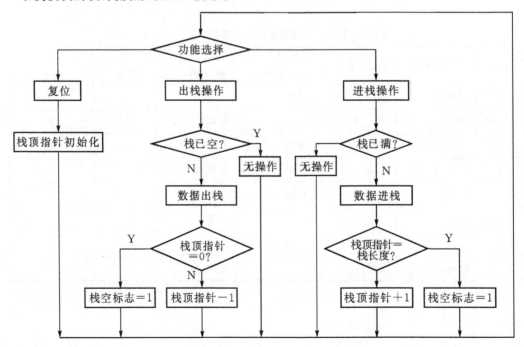

图 6.9　堆栈程序流程图

代码 8.5 设计的堆栈模块是参数也可以设置的,其中 w 表示堆栈的长度,m 表示数据单元的宽度,n+1 为栈顶指针的位数。

代码 6.5　堆栈模块

```
module STACK(reset,rw,clk,datain,dataout,full,empty);
parameter w=8,m=4,n=3;
input reset,rw,clk;
output reg full,empty;
input [m-1:0] datain;
output reg[m-1:0] dataout;
reg [m-1:0] ram [w-1:0];
reg [n:0] sp;


always @(posedge clk or posedge reset)
begin
if(reset)
begin
    sp=-1;
    empty<=1;
    full<=0;
end
else
    begin
        if(rw)        //pop
        begin
            if(empty==0)
            begin
                if(sp==0)
                            begin
                                full<=0;
                                empty<=1;
                    end
                else
                        begin
                                empty<=0;
                                full<=0;
                    end
                if(sp! =-1)
                begin
                        dataout<=ram[sp];
```

```
                                    sp<=sp-1'b1；
                    end
                    else
                            dataout<=32'dz；
            end
            else
                dataout<=32'dz；
        end

        else          //push
        begin
            if(full==0)
            begin
                if(sp==w-2)
                begin
                    full<=1；
                    empty<=0；
                end
                else
                begin
                    full<=0；
                    empty<=0；
                end
                if(sp! =w-1)
                begin
                  sp=sp+1；
                  ram[sp]<=datain；
                end
                dataout=32'dz；
            end
        end


    end
end
endmodule
```

在 Quartus II 8.1 中生成的堆栈外部接口模块图如图
6.10 所示。其中 reset 是复位输入信号，rw 数据访问输入控
制信号，当 rw＝1 时表示进栈操作，当 rw＝0 时表示出栈操
作，clk 是时钟控制输入信号，datain[m-1：0]是进栈输入数

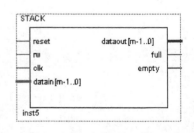

图 6.10　堆栈的外部接口模块图

据、dataout[m－1∶0] 是出栈数据,full 是堆栈满状态输出信号,empyt 是堆栈空状态输出信号。

　　图 6.11 是在参数设置分别为 w＝8,m＝4,n＝3 的情况下,堆栈操作的仿真结果,图中数据均为无符号十进制数。从图中可以看出 reset 信号上升沿之后对堆栈进行了初始化操作,此时堆栈为空,输出 empty＝1。初始化结束后 rw＝0,执行数据进栈操作,在每个输入 clk 的上升沿依次将 datain 输入的数据 8,1,10,13,2,12,0,5 压进堆栈,由于堆栈深度 w＝8,在数据 5 进栈后堆栈,full＝1,此时表示堆栈已满。随后的 datain 输入的数据 2 和 10 不能进栈,进栈操作时 dataout 始终为高阻状态。此后 rw＝1,执行数据出栈操作,将堆栈中的数据按照后进先出的原则进行出栈,出栈数据 dataout 依次输出 5,0,12,2,13,10,1,8,数据 8 输出时,由于堆栈中的所有数据均已输出,因此 empty＝1,表示此时堆栈已空,不能再执行出栈操作了。随后又在 rw 的控制下数据 9、15 进栈,15 出栈 2、6、5 进栈,5、6 出栈的操作等。

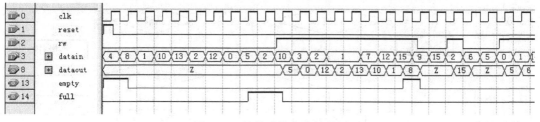

图 6.11　堆栈功能仿真结果图

6.5　队列

6.5.1　队列工作原理

　　队列是按照指先进先出原则访问的存储器,又可以称为 FIFO(First In First Out)。图 6.12 以长度为 8 的 FIFO 为例说明其工作原理。图中两边的箭头表示数据移动的方向。A,B,C,D 表示被处理的数据。1,2,3,4,…,8 分别表示 FIFO 的 8 个存储单元。图 6.12 中的 FIFO 中共有 8 个寄存器单元,每个寄存器单元可以存储一个数据。所以寄存器的单元越多,FIFO 的存储能力就越强。每个寄存器单元的位宽与 FIFO 的输入和输出端的位宽是一致的。如果要处理的数据 A,B,C,D 是 8 位的数据,那么输入输出端及每个寄存器单元的位宽就都是 8 位。这个 FIFO 可以命名为 8×8 FIFO。它在每一个时钟上升沿到来时,数据向右移动一个存储单元。这样在时钟的控制下,数据从左到右通过存储单元,实现数据的先进先出。

　　与堆栈不同的是,队列数据入和数据出有不同的指针。为了使得数据在队列中的存放位置不随数据出入发生变化,FIFO 存储器需要两个数据指针,分别用于记录数据进出的位置,在数据存入时根据写数据指针(PIN)将数据存入指定单元,当数据读出时根据读出指针(POUT)的位置读出数据,另外在数据访问前还需要根据写指针和读指针判断队列中的数据是满还是空。

6.5.2　队列的设计与实现

　　通过上面的工作原理分析,FIFO 的操作控制流程如图 6.13 所示。

　　代码 6.6 是队列模块的实现过程。其中的参数 size 表示堆栈的长度,width 表示数据单

图 6.12　长度为 8 的 FIFO 存储器

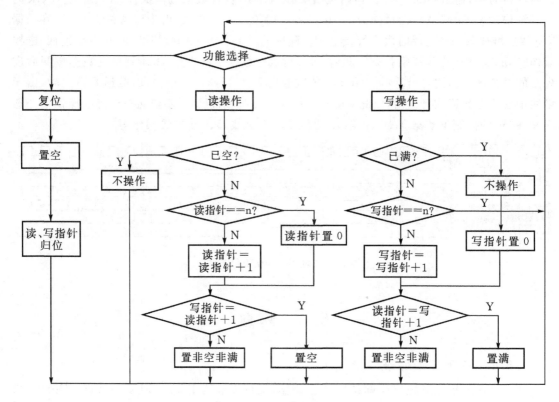

图 6.13　队列操作流程图

元的宽度,n 为读写指针的宽度。

代码 6.6　队列存储器模块

```
module FIFO_MEM(reset,rw,clk,datain,dataout,p_in,p_out,full,empty);
parameter n=3,width=8,size=8;
input reset,rw,clk;
output reg [n-1:0] p_in,p_out;
output reg full,empty;
input [width-1:0] datain;
output reg[width-1:0] dataout;
reg [width-1:0] ram [size-1:0];

always @(posedge clk or posedge reset)
begin
if(reset)
```

```verilog
begin
    p_in<=0;
    p_out<=0;
    empty<=1;
    full<=0;
end
    else
begin
        if(rw)              //dataout
        begin
            if(empty==0)
            begin
                if(p_out+1'b1==p_in)
                begin
                    empty<=1;
                    full<=0;
                end
                else
                begin
                    empty<=0;
                    full<=0;
                end
                dataout<=ram[p_out];
                p_out<=p_out+1;
            end
            else
                dataout<=32'bz;
        end
        else        //datain
        begin
        if(full==0)
            begin
                if(p_in+1'b1==p_out)
                begin
                    empty<=0;
                    full<=1;
                end
                else
                begin
```

```
                full<＝0；
                empty<＝0；
            end
            ram[p_in]<＝datain；
            p_in<＝p_in＋1；
            dataout<＝32'bz；
        end
        else
            dataout<＝32'bz；
    end


end
end
endmodule
```

FIFO_MEM 模块生成外部接口模块图 6.14 所示，当参数 n＝3，width＝8，size＝8 时的功能仿真见图6.15，图中显示数据均为十六进制。reset 是复位信号，clk 是时钟信号，rw 是读写信号，datain[width－1..0] 是数据的输入端，dataout[width－1..0]是队列的数据输出端，empty、half 是队列空、满状态标志，p_in、p_out 分别是队列的写入和读出指针。

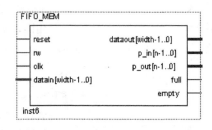

图 6.14　FIFO 存储器的外部接口模块图

从图 6.15 可以看出最初在 reset 上升沿脉冲后，写指针 p_in 和读指针 p_out 均被设置为 0，并且 full 置为 0，empty 置为 1；接着 rw＝0，表示队列执行数据写入操作，在每个 clk 脉冲的上升沿将 datain 给出的输入数据 f9、A8、7C、D3、90、D5、85 和 4E 存入队列中后，队列满状态信号 full＝1，因此 datain 输入的数据 A3 无法存入队列，在数据存入时，堆栈的输出数据为高阻状态；随后 rw＝1，表示队列执行数据读出操作，在每个 clk 脉冲的上升沿将队列中存储的数据按照先进先出的原则进行输出，可以看到输出数据端 dataout 依次输出的数据分别是 f9、A8、7C、D3、90、D5、85 和 4E，与写入数据相同，在 4E 输出后队列中的数据为空，因此队列空状态信号 emptyl＝1，随后的 dataout 为高阻；之后的 rw 信号随机变化，读者可以自行分析其功能。

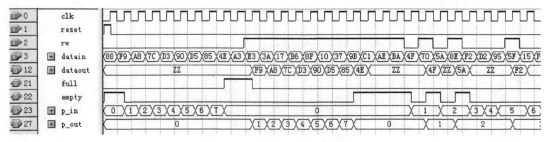

图 6.15　队列功能仿真图

6.6　存储器驱动器

前面的存储器模块都是利用可编程器件的内部资源生成的存储器,这些存储器虽然都能够根据设计需要进行定制,但是由于受可编程器件内部资源的限制,其容量通常是很小的。因此在使用时常常要用到外部集成的存储器芯片。每个集成存储器芯片有不同控制信号和读写时序,所以常常需要根据芯片的具体情况编写相应的驱动模块对其进行操作。本节以 IS61LPS51236A 芯片的驱动为例说明存储芯片的驱动方法。

IS61LPS51236A 是一个 512K×36 的 SSRAM 存储芯片,其提供 19 根地址引脚,32 位数据输入输出引脚,4 根数据位控制引脚。IS61LPS51236A 的内部结构如图 6.16 所示。

从图 6.16 可以看出 IS61LPS51236A 的内部是由计数器、地址寄存器、数据及位数寄存器、使能寄存器、使能延迟寄存器、输入寄存器、输出寄存器以及存储阵列之间的关系。

SSRAM 中可以用 GW_n,BWE_n,BWa_n, BWb_n, BWc_n, BWd_n, BWe_n 信号来控制和选择存取数据的字长,选择数据字长控制真值表见表 6.3。

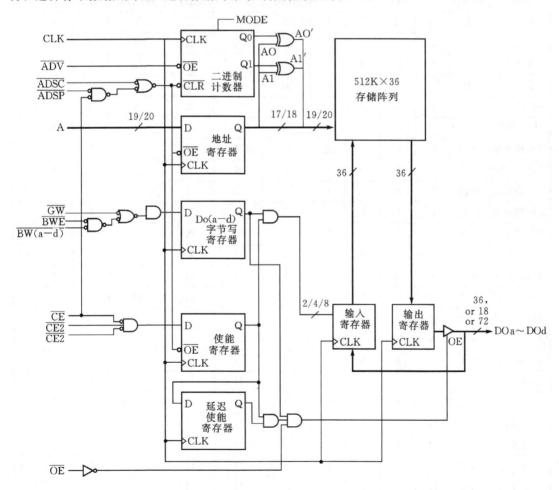

图 6.16　SSRAM 内部结构

表 6.3　存储器字长控制真值表

功能	$\overline{GW}$	$\overline{BWE}$	$\overline{BWa}$	$\overline{BWb}$	$\overline{BWc}$	$\overline{BWd}$	$\overline{BWe}$	$\overline{BWf}$	$\overline{BWg}$	$\overline{BWh}$
读	H	H	X	X	X	X	X	X	X	X
读	H	L	H	H	H	H	H	H	H	H
写字节 1	H	L	L	H	H	H	H	H	H	H
写所有字节	H	L	L	L	L	L	L	L	L	L
写所有字节	L	X	X	X	X	X	X	X	X	X

　　SSRAM 读写时序如图 6.17 所示,从图中我们可以看到在读写数据时需要 3 个时钟周期才能完成读写数据,所以在应用该存储体时需要有时钟匹配的相关控制。

　　SSRAM 的操作模式真值表如表 6.4 所示,其驱动模块的实现见代码 6.7。

表 6.4　操作模式与控制信号关系表

操作	Address	$\overline{CE}$	$\overline{CE2}$	CE2	ZZ	$\overline{ADSP}$	$\overline{ADSC}$	$\overline{ADV}$	$\overline{WRITE}$	$\overline{OE}$	CLK	DQ
未选中	无	H	X	X	L	X	L	X	X	X	↑	Z
未选中	无	L	X	L	L	L	X	X	X	X	↑	Z
未选中	无	L	H	X	L	L	X	X	X	X	↑	Z
未选中	无	L	X	L	L	H	L	X	X	X	↑	Z
未选中	无	L	H	X	L	H	L	X	X	X	↑	Z
休眠模式	无	X	X	X	H	X	X	X	X	X	X	Z
开始猝发读	外部	L	L	H	L	L	X	X	X	L	↑	Q
开始猝发读	外部	L	L	H	L	L	X	X	X	H	↑	Z
开始猝发写	外部	L	L	H	L	H	L	X	L	X	↑	D
开始猝发读	外部	L	L	H	L	H	L	X	H	L	↑	Q
开始猝发读	外部	L	L	H	L	H	L	X	H	H	↑	Z
继续猝发读	后续	X	X	X	L	H	H	L	H	L	↑	Q
继续猝发读	后续	X	X	X	L	H	H	L	H	H	↑	Z
继续猝发读	后续	H	X	X	L	X	H	L	H	L	↑	Q
继续猝发读	后续	H	X	X	L	X	H	L	H	H	↑	Z
继续猝发写	后续	X	X	X	L	H	H	L	L	X	↑	D
继续猝发写	后续	H	X	X	L	X	H	L	L	X	↑	D
非猝发读	当前	X	X	X	L	H	H	H	H	L	↑	Q
非猝发读	当前	X	X	X	L	H	H	H	X	H	↑	Z
非猝发读	当前	H	X	X	L	X	H	H	X	L	↑	Q
非猝发读	当前	H	X	X	L	X	H	H	X	H	↑	Z
非猝发写	当前	X	X	X	L	H	H	H	L	X	↑	D
非猝发写	当前	H	X	X	L	X	H	H	L	X	↑	D

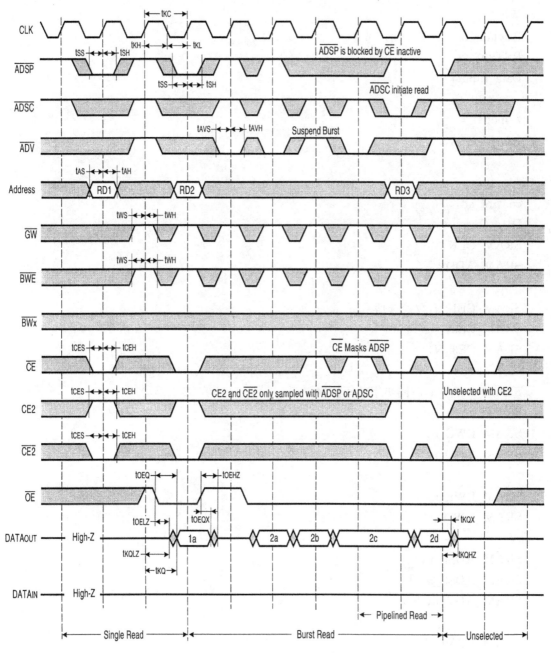

图 6.17　SSRAM 读写时序图

代码 6.7　SSRAM 驱动模块

```
module SRAM_CONTROLOR(
//input
Clk,
clk_wait,
CS_n,
```

```
WE,
Addr,
RST_n,
Data_Input,

//inout
SRAM_DQ,

//output
control_ad,
Data_Output,
SRAM_CLK,
SRAM_ADDR,

SRAM_CE1_N,//片选信号
SRAM_CE2,
SRAM_CE3_N,

SRAM_BWA_n,//同步字节写控制
SRAM_BWB_n,
SRAM_BWC_n,
SRAM_BWD_n,

SRAM_BWE_n,
SRAM_GW_n,
//
SRAM_ADSP_n,
SRAM_ADSC_n,
SRAM_ADV_n,
//
SRAM_DPA0,
SRAM_DPA1,
SRAM_DPA2,
SRAM_DPA3,
//
SRAM_OE_n//读控制信号
);
parameter N=3,M=6,T=8;
```

```
input Clk,CS_n,WE,RST_n,clk_wait;
input [N−1:0]Addr;
input [M−1:0]Data_Input;
inout [M−1:0]SRAM_DQ;
output control_ad;
output [N−1:0]SRAM_ADDR;
output [M−1:0]Data_Output;
output SRAM_CLK,SRAM_CE1_N,SRAM_CE2,SRAM_CE3_N,SRAM_BWA_n,
       SRAM_BWB_n, SRAM_BWC_n,SRAM_BWD_n,SRAM_BWE_n,
       SRAM_GW_n,SRAM_ADSP_n,SRAM_ADSC_n, SRAM_ADV_n,
       SRAM_OE_n,SRAM_DPA0,SRAM_DPA1,SRAM_DPA2,SRAM_DPA3;
reg   [N−1:0]SRAM_ADDR;
reg   control_ad;
reg   SRAM_CE1_N,SRAM_CE2,SRAM_CE3_N,SRAM_BWA_n,SRAM_BWB_n,
      SRAM_BWC_n,SRAM_BWD_n,SRAM_BWE_n,SRAM_GW_n,
      SRAM_ADSP_n, SRAM_ADSC_n,SRAM_ADV_n,SRAM_OE_n,
      SRAM_DPA0,SRAM_DPA1,SRAM_DPA2,SRAM_DPA3;
wire   SRAM_CLK;
wire   [M−1:0]Data_Output;

assign   SRAM_CLK=Clk;
   assign   SRAM_DQ[M−1:0]=((WE==1)&&(CS_n==0))? Data_Input : 'bz;
   assign   Data_Output=((WE==0)&&(CS_n==0))? SRAM_DQ[M−1:0] : 'bz;


always @(posedge Clk)
begin
if(clk_wait==1)
       begin
          control_ad=1;
       end

if(clk_wait==0)//存储体进行读写操作
      begin
          control_ad=0;
//write process
          if (WE==1 && CS_n==0)
            begin
              SRAM_OE_n<=1;
              SRAM_ADDR <=Addr;
```

```
        SRAM_CE1_N<=0;
        SRAM_CE2<=1;
        SRAM_CE3_N<=0;

        SRAM_BWA_n<=0;//同步字节写控制
        SRAM_BWB_n<=1;
        SRAM_BWC_n<=1;
        SRAM_BWD_n<=1;
        SRAM_BWE_n<=0;
        SRAM_GW_n<=1;
            //
        SRAM_ADSP_n<=1;
        SRAM_ADSC_n<=0;
        SRAM_ADV_n<=0;
            //
        SRAM_DPA0<=1;
        SRAM_DPA1<=1;
        SRAM_DPA2<=1;
        SRAM_DPA3<=1;

        end
//read process
        if (WE==0 && CS_n==0)
        begin
          SRAM_ADDR <= Addr;

          SRAM_OE_n<=0;

          SRAM_CE1_N<=0;
          SRAM_CE2<=1;
          SRAM_CE3_N<=0;

          SRAM_BWA_n<=1;//同步字节写控制
          SRAM_BWB_n<=1;
          SRAM_BWC_n<=1;
          SRAM_BWD_n<=1;
          SRAM_BWE_n<=0;
          SRAM_GW_n<=1;
            //
```

SRAM_DPA0<=1;
SRAM_DPA1<=1;
SRAM_DPA2<=1;
SRAM_DPA3<=1;
            //
SRAM_ADSP_n<=1;
SRAM_ADSC_n<=0;
SRAM_ADV_n<=0;
                end
            end
        end
endmodule

SSRAM_CONTROLOR 模块经硬件测试可以正确的实现对 SSRAM 芯片 IS61LPS51236A 读写操作。

习　题

1. 设计一个双端口的 ROM 模块。

2. 设计一个数据输入输出受不同时钟控制的 FIFO 模块，且数据宽度和深度均由参数确定。

3. 按照内容访问的存储器称为相联存储器(CAM)，查阅相联存储器的相关资料设计一个相联存储器。

4. 设计一个栈顶固定且容量可变的硬件堆栈模块。

第7章 模型机设计

前面介绍了许多用 Verilog HDL 实现常用数字系统方法和过程。本章介绍一个较复杂的数字系统——计算机系统的实现过程。主要介绍计算机中的关键部件运算器、存储器、CPU 的设计原理和设计方法,最后实现了一个基于 RISC CPU 的模型机。

7.1 模型机概述

CPU 是计算机系统中最为重要的组成部分。它在计算机系统中负责信息处理和控制,因而被人们称作计算机的大脑。CPU 和外围设备构成计算机,模型机是一个简单的计算机硬件系统,可以实现计算机的基本功能。

计算机的体系结构可分为两种类型:冯.诺依曼结构和哈佛结构。大多数 CPU 采用冯.诺依曼结构。

冯.诺依曼结构的处理器使用同一个存储器,经由同一个总线传输,具有以下特点:

①结构上由运算器、控制器、存储器和输入/输出设备组成。

②存储器提供可按地址访问的一级地址空间,每个地址是唯一定义的。

③指令和数据都是以二进制形式存储的。

④指令顺序执行,即一般按照指令在存储器存放的顺序执行,程序分支由转移指令实现。

⑤以运算器为中心,在输入输出设备与存储器之间的数据传送都途径运算器。运算器、存储器、输入输出设备的操作以及它们之间的联系都由控制器集中控制。

哈佛结构使用两个独立的存储器模块,分别存储指令和数据,每个存储模块都不允许指令和数据并存,以便实现并行处理。具有一条独立的地址总线和一条独立的数据总线,利用公用地址总线访问两个存储模块(程序存储模块和数据存储模块),公用数据总线则被用来完成程序存储模块或数据存储模块与 CPU 之间的数据传输。两条总线由程序存储器和数据存储器分时共用。数字信号处理一般需要较大的运算量和较高的运算速度,为了提高数据吞吐量,在数字信号处理器中大多采用哈佛结构。本章的模型机在设计时采用哈佛结构。

7.2 RISC CPU 简介

7.2.1 基本特征和构成

RISC 即精简指令系统计算机(Reduced Instruction Set Computer),与 RISC CPU 对应的是 CISC CPU,即复杂指令系统计算机中央处理器(Complex Instruction Set Computer CPU)。

RISC CPU 主要具有以下特点。

①选取一些使用频度较高的简单指令,并用这些较简单指令的有效组合来实现较复杂指令的功能。

②指令长度固定,指令格式、寻址方式类型相比 CISC CPU 要少。

③一般只有取数、存数(LOAD/STORE)指令访问存储器,其余指令的操作都是在寄存器之间完成。

④CPU 中设计有多个通用寄存器,指令执行过程中所需要的数据一般暂时存放于寄存器中,这样有利于提高指令的执行速度。

⑤RISC CPU 常采用流水线技术,这样大部分指令在一个时钟周期内完成。若采用超标量和超流水线技术,可使每条指令的平均执行时间小于一个时钟周期。

⑥控制器采用组合逻辑控制方式,不用微程序控制方式。

⑦一般采用优化的译码程序。

CPU 即中央处理单元(Central Processing Unit),它是计算机的核心部件。计算机进行信息处理可分为两个步骤:

第一步,将数据和程序(即指令序列)输入到计算机的存储器中。

第二步,从第一条指令的地址起开始执行该程序,得到所需结果,结束运行。CPU 的作用是协调并控制计算机的各个部件执行程序的指令序列,使其有条不紊地进行。因此它必须具有以下基本功能:

取指令:当程序已在存储器中时,首先根据程序入口地址取出一条程序,为此要发出指令地址及控制信号。

分析指令:即指令译码。是对当前取得的指令进行分析,指出它要求什么操作,并产生相应的操作控制命令。

执行指令:根据分析指令时产生的"操作命令"形成相应的操作控制信号序列,通过运算器、存储器及输入/输出设备的执行,实现每条指令的功能,其中包括对运算结果的处理以及下条指令地址的形成。

将 CPU 的功能进一步细化可概括为,能对指令进行译码并执行规定的动作;可以进行算术和逻辑运算;能与存储器,外设交换数据;提供整个系统所需要的控制。

7.2.2　RISC CPU 基本构成

RISC CPU 主要包括三部分功能:数据存储、数据运算、时序控制。与此对应的的硬件也由三大部分:各种寄存器、运算器及控制器。其基本结构如图 7.1 所示。

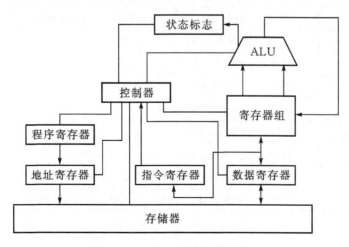

图 7.1　RISC CPU 系统结构图

　　寄存器用于存放指令和数据,在此 CPU 中设计了较多的寄存器,这也符合 RISC CPU 特点。因为 RISC CPU 追求高处理速度所采取的方式之一就是把指令执行过程中所需的各种数据存入到相应的寄存器中,而不是放在存储器中。寄存器的访问速度一般远高于存储器,这样就达到了提高了 CPU 的处理速度的目的。

7.3　RISC CPU 指令系统设计

　　这里设计的是指令字长固定为 16 位的 RISC CPU。指令系统由 32 条指令组成,如表 7.1 所示。此指令系统精心选取了 32 条包括了各种类型的简单指令。CPU 的数据存储字长也为十六位。指令格式固定,操作数寻址方式仅为三种,即大部分指令采用寄存器寻址,仅有访存指令(LOAD/STORE)是采用存储器寻址,另有三条指令涉及到立即数寻址。指令格式类型如图 7.2 所示。其中 OP 表示操作码,DR 表示目的寄存器地址,SR 表示源寄存器地址,IMM 表示立即数,OFFSET 表示偏移地址。

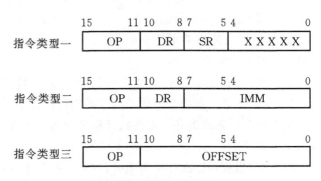

图 7.2　指令格式示意图

表 7.1　十六位 RISC CPU 的指令系统

汇编指令格式	操作码	功能描述	指令类型
ADC　DR,SR	00000	CF+DR+SR →DR	
SBB　DR,SR	00001	DR−SR−CF →DR	
MUL　DR,SR	00010	DR * SR →(DR:SR)　无符号	
DIV　DR,SR	00011	DR/SR →DR　　　无符号	
ADDI DR,IMM	00100	DR+IMM →DR　立即数和寄存器相加	
CMP　DR,SR	00101	DR−SR　比较 置位若 ZF=1 则 DR=SR	
AND　DR,SR	00110	DR && SR →DR　　逻辑与	算术逻辑指令
OR　　DR,SR	00111	DR ‖ SR →DR　　逻辑或	
NOT　DR	01000	/DR →DR　　　逻辑非	
XOR　DR,SR	01001	DR xor SR →DR　异或	
TEST　DR,SR	01010	DR and SR,　　　测试置 ZF	
SHL　DR	01011	逻辑左移,最低位补 0,最高位移入 C	
SHR　DR	01100	逻辑右移,最高位补 0,最低位移入 C	
SAR　DR	01101	算术右移,最高位右移同时再用自身的值填入	

续表 7.1

汇编指令格式	操作码	功能描述	指令类型
IN　DR　PORT	10001	[PORT]→DR,I/O 指令	I/O 指令
OUT SR　PORT	10010	I/O 指令;SR→PORT	
MOV　DR,SR	01110	SR→DR	数据传送指令
MOVIL DR,IMM	01111	IMM→DR(0—7)	
MOVIH DR,IMM	10000	IMM→DR(8—15)	
LOAD　DR,SR	10011	[SR]→DR	访存指令
STORE DR,SR	10100	SR→[DR]	
PUSH　SR	10101	SR 入栈,堆栈基址固定(0x0200) SP 为堆栈指针寄存器	堆栈操作指令
POP　DR	10110	出栈 [SP]→DR	
JR　ADR	10111	无条件跳转到地址 ADR 即 ADR＝原 PC 值＋OFFSET	控制转移指令
JRC　ADR	11000	当 CF＝1 时,跳转到地址 ADR 即 ADR＝原 PC 值＋OFFSET	
JRNC ADR	11001	当 CF＝0 时,跳转到地址 ADR 即 ADR＝原 PC 值＋OFFSET	
JRZ　ADR	11010	当 ZF＝1 时,跳转到地址 ADR 即 ADR＝原 PC 值＋OFFSET	
JRNZ ADR	11011	当 ZF＝0 时,跳转到地址 ADR 即 ADR＝原 PC 值＋OFFSET	
CLC	11100	进位位清 0　0→CF	标志位处理 指令
STC	11101	进位位置 1　1→CF	
NOP	11110	空操作	处理器控制 指令
HALT	11111	停机	

下面对这 32 条指令按类型进行详细说明。

1. 算术、逻辑运算类指令。

此类指令主要进行算术运算逻辑运算和移位指令。

带进位加法指令(ADC DR,SR),它的功能是将取自数据寄存器组的两个数据[DR]和[SR]相加后再加上进位标志位,将计算结果写回目的寄存器 DR 中。此外还将根据计算结果设置标志位 CF、ZF、OF 和 SF。

带进位减法指令(SBB DR,SR),此指令与带进位的加法指令类似,它是将目的寄存器 DR 的值减去源寄存器 SR 的值,然后再减去进位标志位,将结果写回目的寄存器 DR 中。也会根据计算结果设置标志位。

无符号定点乘法指令(MUL DR,SR),此指令是将目的寄存器 DR 的值乘以源寄存器 SR 的值,将结果的高 16 位写回目的寄存器 DR 中,低 16 位写回源寄存器 SR 中。也会根据计算结果设置标志位。

无符号定点除法指令(DIV DR,SR),此指令是将目的寄存器 DR 的值除以源寄存器 SR 的值,将结果写回目的寄存器 DR 中。也会根据计算结果设置标志位。

立即数加法指令(ADDI DR,IMM),此指令是将目的寄存器 DR 的值加上指令字中的 8 位的立即数 IMM,再加上进位标志位,将计算结果写回目的寄存器 DR 中。此外还将根据计算结果设置标志位 CF、ZF、OF 和 SF。

比较指令(CMP DR,SR),此指令是将目的寄存器 DR 的值与源寄存器 SR 的值进行比较,然后根据比较结果设置标志位。即若两数相等,则置零标志位为 1;若目的寄存器 DR 的值比源寄存器 SR 的值大则置符号位 SF 为 1;若目的寄存器 DR 的值比源寄存器 SR 的值小则置符号位 SF 为 0。

逻辑与指令(AND DR,SR),此指令是将目的寄存器 DR 的值跟源寄存器 SR 的值进行与运算,将结果写回目的寄存器 DR 中。不影响标志位。

逻辑或指令(OR DR,SR),此指令是将目的寄存器 DR 的值跟源寄存器 SR 的值进行或运算,将结果写回目的寄存器 DR 中。不影响标志位。

逻辑异或指令(XOR DR,SR),此指令是将目的寄存器 DR 的值跟源寄存器 SR 的值进行异或运算,将结果写回目的寄存器 DR 中。不影响标志位。

逻辑非指令(NOT DR),此指令是将目的寄存器 DR 的值进行逻辑非运算,将结果写回目的寄存器 DR 中。不影响标志位。

位测试指令(TEST DR,SR),此指令是将目的寄存器 DR 的值跟源寄存器 SR 的值进行与运算,结果不写回目的寄存器 DR,只根据运算结果设置标志位。若与运算的结果为 0XFFFF 则设置零标志位 ZF 为 0,否则置为 1。

逻辑左移位指令(SHL DR),此指令是将目的寄存器 DR 的值进行左移 1 位运算,将结果写回目的寄存器 DR 中。将移出的位写入进位标志位中。

逻辑右移位指令(SHR DR),此指令是将目的寄存器 DR 的值进行右移 1 位运算,将结果写回目的寄存器 DR 中。将移出的位写入进位标志位中。

算术右移位指令(SAR DR),此指令是将目的寄存器 DR 的值进行算术右移 1 位运算。

2. I/O 类指令

读 I/O 端口指令(IN　DR ,PORT),此指令是从 I/O 端口读取数据,并将数据写入寄存器 DR 中。

写 I/O 端口指令(OUT　SR ,PORT),此指令是将源寄存器 SR 中的数据写入 I/O 端口 PORT。

3. 数据传送类指令

寄存器间数据传送指令(MOV DR,SR),此指令是将源寄存器 SR 的值传送至目的寄存器 DR 中。

寄存器低位加载指令(MOVIL DR,IMM),此指令是将指令字中的立即数 IMM(8 位)传入目的寄存器 DR 的低字节中。

寄存器高位加载指令(MOVIH DR,IMM),此指令是将指令字中的立即数 IMM(8 位)传入目的寄存器 DR 的高字节中。

4. 访存指令

取数指令(LOAD DR,SR),该指令的功能是将源寄存器 SR 的值作为地址所指的存储器中的数据读出并存入目的寄存器 DR 中。

存数指令(STORE DR,SR),该指令的功能是将源寄存器 SR 中的数据存入到以目的寄存器 DR 的值为地址所指的存储器单元中。

5. 堆栈操作指令

入栈指令(PUSH　DR),该指令的功能是将堆栈栈顶指针 SP 所指的数据读出并存入目的寄存器 DR 中。

6. 转移类指令

无条件转移指令(JR　ADR),此指令无条件跳转至当前 PC 值＋ADR 处。

条件跳转指令(JRC ADR),此指令在进位标志位为 1 的情况下跳转至当前 PC 值＋ADR 处,否则不跳转。

条件跳转指令(JRNC ADR),此指令在进位标志位为 0 的情况下跳转至当前 PC 值＋ADR 处,否则不跳转。

条件跳转指令(JRZ ADR),此指令在零标志位为 1 的情况下跳转至当前 PC 值＋ADR 处,否则不跳转。

条件跳转指令(JRNZ ADR),此指令在零标志位为 0 的情况下跳转至当前 PC 值＋ADR 处,否则不跳转。

7. 标志位处理指令

进位位清零指令(CLC),该指令的功能是将进位标志位清零。

进位位置一指令(STC),该指令的功能是将进位标志位置 1。

出栈指令(POP　SR),该指令的功能是将源寄存器 SR 中的数据读出并存入堆栈栈顶指针 SP 所指的存储单元中。

8. 处理器控制类指令

空操作指令(NOP),此指令执行时,不完成任何具体功能,也不影响标志位,只占用一个指令周期的时间。

停机指令(HLT),该指令使 CPU 进入停机状态。除非有复位信号出现,CPU 才会解除此状态。

7.4　RISC CPU 的数据通路图

RISC CPU 的数据通路如图 7.3 所示。此 CPU 中设计有 8 个 16 位的可按字双端口读写的通用数据寄存器(REG_ARRAY),此外还涉及指令寄存器(IR)、地址寄存器(MAR)、数据寄存器(MDR)、堆栈指针寄存器(SP)以及状态寄存器(FLAG)。指令执行单元包括算术逻辑运算器(ALU)、程序计数器等。算术逻辑运算器的主要功能是对操作数进行运算得到处理结果,并产生程序计数器的值作为将要执行的下一条指令的地址。时序发生和控制部分主要由时钟发生器(CLOCK)、控制器(CU)组成。按功能将整个 CPU 划分为以下 11 个功能模块。

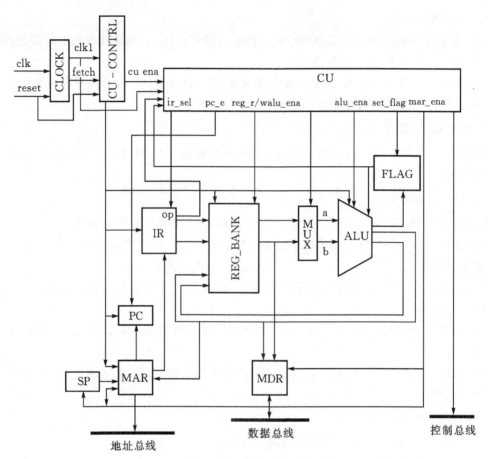

图 7.3　RISC CPU 数据通路图

　　①时钟发生器(CLOCK)。它的功能是使用外来时钟信号生成一系列时钟信号送往 CPU 的其他部件。

　　②控制器(CU)。该器件是 CPU 中的核心部件,CPU 通过它来产生控制时序和控制信号来控制 CPU 中各个功能部件按一定的时序关系工作。此次设计的控制器由两部分组成,即状态机(cu)和状态机控制器(cu_contrl)。

　　③指令寄存器(IR)。指令寄存器用于寄存当前执行的指令。

　　④通用寄存器组(REGISTER ARRAY)。数据寄存器组由 8 个 16 位的通用寄存器组成。它是一个双端口读出、双端口写入的部件。此数据寄存器组用于存储指令执行过程中需要的数据以及指令执行结果。通用寄存器组只允许按字访问,即一次性读取 16 位数据。

　　⑤程序计数器(PC)。程序计数器用于存储程序的下一条指令在存储器中的地址,CPU 根据它来取指令。

　　⑥算术、逻辑运算器(ALU)。此运算器是一个 16 位的定点运算器,共支持 14 种逻辑、算

术运算。

⑦运算器输入控制部件。用于控制运算器的输入数据。送往运算器的数据有以下两类：来自寄存器组的十六位数据和来自指令字中的立即数。

⑧标志寄存器（FLAG）。标志寄存器是一个 8 位的寄存器，它用于寄存程序执行产生的标志位。其高 4 位没有使用，低 4 位从低到高位依次表示符号标志位、溢出标志位、零标志位和进位标志位。

⑨地址寄存器（MAR）。地址寄存器是用于存储向地址总线输出访存地址的器件。

⑩数据寄存器（MDR）。数据寄存器是用于存储要向数据总线输出的数据，或者存放从数据总线上读取到的数据。它是双向输入输出的。

⑪堆栈指针寄存器（SP）。堆栈指针寄存器是用于存储堆栈段当前的栈顶的地址（16 位）。每次出栈或进栈后都要自动更新它的值。

图 7.3 中 CLOCK 是时钟发生器；CU 为控制器；IR 为指令寄存器；PC 为程序计数器；REG_BANK 是寄存器组；MUX 为多路选择器；ALU 为逻辑运算单元；FLAG 为标志位寄存器；SP 为堆栈指针寄存器；MAR 为地址寄存器；MDR 为数据寄存器；ADDR_BUS 是地址总线；DATA_BUS 是数据总线；CONTRL_SIGNAL 访存读、写控制总线。

下面对图 7.3 中的信号信号说明：clk 是来自 CPU 外部的输入时钟信号；clk1 是时钟发生器的输出时钟信号；cu_ena 是控制器使能信号；reset 是复位信号；ir_sel 是指令寄存器控制信号；pc_ena 是程序计数器控制信号；reg_r/w 是寄存器组读写控制信号；alu_ena 是逻辑运算单元控制信号；set_flag 是标志位寄存器更新信号。

7.5　指令流程设计

要实现各指令必须清楚每条指令的执行过程，以及在此过程中涉及的各个部件及其动作控制信号的先后关系，因此要分析指令系统中所有指令的指令流程。

算术、逻辑运算类指令，这类指令都是先把数据从寄存器中取出，然后经运算器处理后再将结果写回寄存器或者置标志位。以带进位加法指令 ADC 为例，此指令执行的流程如图 7.4 所示。与 ADC 执行流程基本一样的还有 SBB、DIV、MUL、AND、NOT、OR、XOR、SHL、SHR、SAR、CMP、TEST 和 ADDI 等指令。

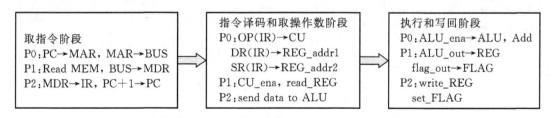

图 7.4　加法指令 ADC 的执行流程

数据传送类指令，这类指令包括寄存器间数据传送指令（MOV DR,SR），寄存器低位加载指令（MOVIL DR,IMM），寄存器高位加载指令（MOVIH DR,IMM）。以寄存器间数据传送指令为例，该类指令的执行流程如图 7.5 所示。

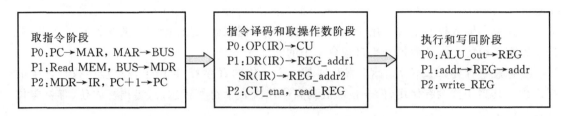

图 7.5　寄存器间数据传送指令 MOV 的执行流程

I/O 类指令包含写 I/O 端口指令(OUT SR ,PORT)和读 I/O 端口指令(IN DR ,PORT)。写 I/O 端口指令(OUT SR ,PORT)的执行流程如图 7.6 所示。

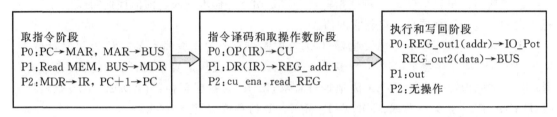

图 7.6　写 I/O 端口指令(OUT SR ,PORT)的执行流程

转移类指令可以分为无条件转移指令和条件跳转指令两大类。现以条件转移类指令 JRC 为例,其具体执行流程如图 7.7 所示。

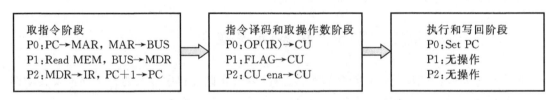

图 7.7　条件转移类指令 JRC 执行流程

堆栈操作指令,现以出栈指令 POP 为例说明其具体执行流程,如图 7.8 所示。

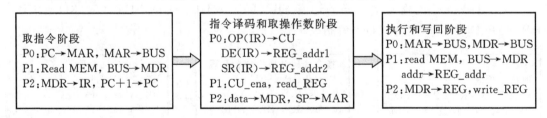

图 7.8　出栈指令 POP 的执行流程

访存类指令包括取数指令 LOAD 和存数指令 STORE。取数指令 LOAD,该指令的功能是将源寄存器 SR 的值作为地址所指的存储器中的数据读出并存入目的寄存器 DR 中,其执行流程如图 7.9 所示。

存数指令 STORE,该指令的功能是将源寄存器 SR 中的数据存入到以目的寄存器 DR 的值为地址所指的存储器单元中,其执行流程如图 7.10 所示。

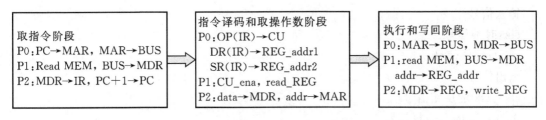

图 7.9　取数指令 LOAD 的执行流程

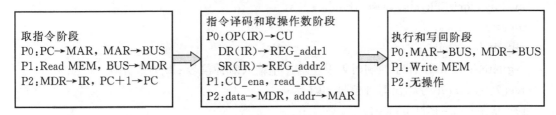

图 7.10　存数指令 STORE 的执行流程

空操作指令（NOP）的执行流程如图 7.11 所示。

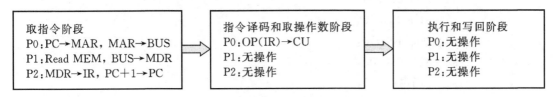

图 7.11　空操作指令（NOP）的执行流程

停机指令（HLT）的执行流程如图 7.12 所示。

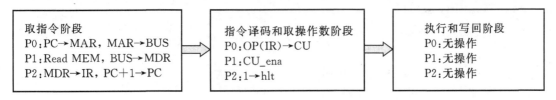

图 7.12　停机指令（HLT）的执行流程

7.6　CPU 内部各功能模块的设计与实现

7.6.1　时钟发生器(clock)

时钟发生器（clock）利用外来时钟信号 clk 来生成一系列时钟信号 clk1、fetch 送往 CPU 的其他部件,其实现见代码 7.1 输出 fetch 是输入时钟信号 clk 的八分频信号。利用 fetch 的上升沿来触发 CPU 控制器开始执行一条指令。

clock 模块输入输出信号说明如下。

输入信号

clk：时钟信号

reset：复位信号

输出信号

clk1：clk 的反相信号

fetch：clk 的八分频信号

代码 7.1　时钟发生器的代码

```
module clock(clk,clk1,reset,fetch);
input clk,reset;
output fetch,clk1;
reg fetch; //state 用于控制时钟发生器产生输入时钟信号 clk 的八分频
reg[7:0] state; //输出时钟信号 clk1
parameter s1＝8'b00000001,
          s2＝8'b00000010,
          s3＝8'b00000100,
          s4＝8'b00001000,
          s5＝8'b00010000,
          s6＝8'b00100000,
          s7＝8'b01000000,
          s8＝8'b10000000,
          idle＝8'b00000000;
          assign clk1＝～clk;
          always @(negedge clk)
          if(reset)
              begin
                  fetch<＝0;
                  state<＝idle;
              end
          else
              begin
                  case(state)
                    s1：state<＝s2;
                    s2：state<＝s3;
                    s3：
                        begin
                          fetch<＝1;
                          state<＝s4;
                        end
                    s4：state<＝s5;
```

```
                    s5:state<=s6;
                    s6:state<=s7;
                    s7:
                        begin
                            fetch<=0;
                            state<=s8;
                        end
                    s8:state<=s1;
                    idle:state<=s1;
                    default:state<=idle;
                endcase
        end endmodule
```

图 7.13 是时钟发生器的模块符号，
图 7.14 是 clock 模块的功能仿真图，其中
reset 为复位信号，clk 为输入时钟信号，
clk1 为输入时钟信号的反相输出时钟信
号；fetch 为输出信号，是输入时钟信号 clk
的八分频信号。在构成模型机时，clk 采用
50MHz 的时钟信号。

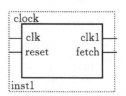

图 7.13　时钟发生器模块符号

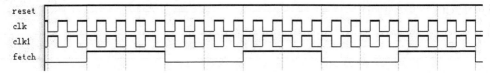

图 7.14　时钟发生器的仿真结果

7.6.2　程序计数器(PC)

程序计数器用于提供执行指令的地址。指令是按地址顺序存放在存储器中的，在控制器
的控制下按顺序读取指令并执行指令。CPU 中有两种途径形成指令地址：其一是顺序执行的
情况，这时 PC 的值根据当前指令的长度自动进行加法运算；其二是当遇到需要改变执行顺序
的指令时要根据具体情况改变 PC 的值，例如执行跳转指令后，需要形成新的指令地址。下面
详细介绍 PC 地址如何确定。

PC 模块输入输出信号说明如下：

输入信号

clk：时钟信号

rst：复位信号

offset：转移时的偏移量

pc_inc：自＋1 控制信号(低电平＋1)

pc_ena：PC 更新使能控制信号

输出信号

pc_value：PC 当前值

复位后，PC＝0x0000，即每次 CPU 重新启动时将从 ROM 的零地址开始读取指令并执行。在指令的执行过程中，在指令译码之后对程序计数器进行更新。这样根据当前执行指令的操作码及状态位来决定 PC 的更新值。如果正在执行的指令是跳转指令，则根据程序状态寄存器（FLAG）中的相关状态位来判断是否发生跳转，具体如表 7.2 所示。如果应发生跳转，状态控制器（CU）将会输出 pc_ena 和 pc_inc 信号置为高电位。PC 的值更新为原 PC 值加上指令字中的 OFFSET 的值。如果不发生跳转，状态控制器（CU）将会输出 pc_ena 信号为高电位，pc_inc 信号为低电位，此时 PC 值自加 1。程序计数器（PC）的实现见代码 7.2。

表 7.2　指令操作码与指令寄存器更新逻辑关系

指令	操作码	零标志位 ZF	进位标志位 CF	是否跳转	应更新的 PC 值
JR	10111	X	X	是	PC＋OFFSET
JRC OFFSET	11000	X	1	是	PC＋OFFSET
		X	0	否	PC＋1
JRNC OFFSET	11001	X	0	是	PC＋OFFSET
		X	1	否	PC＋1
JRZ OFFSET	11010	1	X	是	PC＋OFFSET
		0	X	否	PC＋1
JRNZ OFFSET	11011	0	X	是	PC＋OFFSET
		1	X	否	PC＋1
其他		X	X	否	PC＋1

代码 7.2　程序计数器（PC）代码

```
module pc(clk,rst,pc_value,offset,pc_inc, pc_ena);
    output[15:0] pc_value;
    input[10:0]　offset;
    input pc_inc,clk,rst,pc_ena;
    reg[15:0] pc_value;
    always @(posedge clk or posedge rst)
        begin
        if(rst)//复位后程序寄存器的值设置为 0
            pc_value<=16'b0000_0000_0000_0000;
        else
            if(pc_ena&&pc_inc&&offset[10])
                pc_value<=pc_value-offset[9:0];
        else
            if(pc_ena&&pc_inc&&(! offset[10]))
                pc_value<=pc_value+offset[9:0];
```

```
        else if(pc_ena)
            pc_value<=pc_value+1'b1;
    end
endmodule
```

程序计数器模块符号如图 7.15 所示,其功能仿真结果如图 7.16 所示。

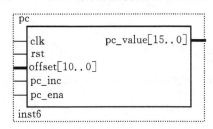

图 7.15　PC 模块符号图

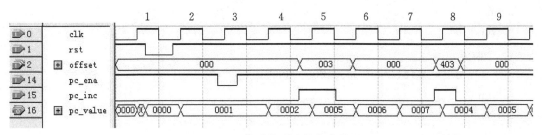

图 7.16　程序计数器功能仿真结果

图 7.16 中 offset 信号和 pc_value 显示的均为十六进制数。从图 7.16 中可以看出,在 rst=0 时,pc_value 实现清零功能,在 pc_ena=1 时实现 pc_value 的更新功能,更新的方式有两种:①若 pc_inc=0,则 pc_value 实现+1 功能,对应图中的第 2、4、6、7 和 9 个 clk 信号上升沿。②若 pc_inc=1,则 pc_value 对当前值进行加减运算,若 offset 最高位为 0 则加 offset 低九位,这种情况对应图中第 5 个时钟信号,此时 offset=$(003)_{16}$(最高位为 0,低 9 位为 3),pc_value=2,因此 pc_value 运算后的值为 5;若 offset 最高位为 1 则 pc_value 做减 offset 低九位运算,这种情况对应图中第 8 个时钟信号,此时 offset=$(403)_{16}$(最高位为 1,低 9 位为 3),pc_value=7,因此 pc_value 减法运算后的值为 4。

7.6.3　指令寄存器(IR)

指令寄存器用于暂存当前正在执行的指令。指令寄存器的时钟信号是 clk,在 clk 的上升将数据总线送来的指令存入 16 位的寄存器中。但并不是每次数据总线上的数据都需要寄存,因为数据总线上有时传输指令,有时传输数据。由 CPU 状态控制器的 ir_ena 信号控制数据是否需要寄存。ir_ena 信号通过 ENA 口输入到指令寄存器。复位时,指令寄存器被清为零。

由于每条指令为 2 个字节,即 16 位。高 5 位是操作码,低 11 位是偏移地址或者是目的寄存器和源寄存器(CPU 的地址总线为 16 位,寻址空间为 64K 字)。设计中采用的数据总线为 16 位,每取出一条指令便要访存一次。指令寄存器的实现见代码 7.3。

PC 模块输入输出信号说明如下。

输入信号

clk：时钟信号

rst：复位信号

data：数据总线输入

ir_ena：IR 更新使能控制

输出信号

ir_out：IR 当前值

代码 7.3 指令寄存器(IR)代码

```
module instuction_register(ir_out,data,ir_ena,clk,rst);
output[15:0] ir_out;
input[15:0] data;
input ir_ena,clk,rst;
reg[15:0] ir_out;
always @(posedge clk)
begin
  if(rst)
    begin
      ir_out<=16'b0000_0000_0000_0000;
    end
    else
    if(ir_ena)
        begin
        ir_out<=data;
        end
  end
endmodule
```

指令寄存器 IR 的模块符号如图 7.17 所示。

指令寄存器的功能仿真测试结果如图 7.18 所示。从图中可以看出，在 rst 无效情况下，在时钟信号 clk 的上升沿若 ir_ena=1 则 IR 的数据 ir_out 会锁存 data 此时的数据。

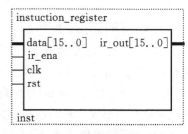

图 7.17　指令寄存器模块符号

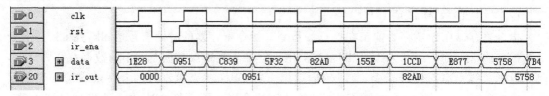

图 7.18　指令寄存器的功能仿真测试结果

7.6.4　地址寄存器(MAR)

地址寄存器是 CPU 与存储器的一个接口，用于存放待访问的存储器单元的地址。其输入输出关系如表 7.3 所示。地址寄存器实现见代码 7.4。

表 7.3 地址寄存器输入输出逻辑关系

输入				输出
clk	rst	mar_ena	mar_sel[1:0]	mar_addr
1	1	X	XX	0x0000
1	0	1	00	pc_addr
1	0	1	01	ir_addr1
1	0	1	10	ir_addr2
1	0	1	11	sp
0	X	X	XX	0xXXXX

mar 模块输入输出信号说明如下。

输入信号

clk：时钟信号

rst：复位信号

mar_ena：锁存使能信号

mar_sel[1:0]：mar 输入选择信号，用来选择地址输入

ir_addr1，ir_addr2：来自寄存器的地址

pc_addr：pc 数据

sp_addr：sp 数据

输出信号

mar_addr：向地址总线的输出

代码 7.4 地址寄存器代码

```
module mar(clk,rst,mar_ena,mar_sel,ir_addr1,ir_addr2,pc_addr,sp_addr,mar_addr);
output [15:0] mar_addr;
input clk,rst,mar_ena;
input [1:0]mar_sel;
input[15:0] ir_addr1,ir_addr2,pc_addr,sp_addr;
reg [15:0] mar_addr;
always @(posedge clk)
begin
    if(rst)
        mar_addr<=16'b0000_0000_0000_0000;
    else if(mar_ena)
      begin
        case(mar_sel)
          3'b00:mar_addr<=pc_addr;   //addr come from pc
```

　　　　3′b01:mar_addr<=ir_addr1;//addr come from　reg_out1[DR]

　　　　3′b10:mar_addr<=ir_addr2;//addr come from　reg_out2[SR]

　　　　3′b11:mar_addr<=sp_addr;//addr come from　sp

　　　endcase

　　　end

　end

endmodule

地址寄存器 MAR 的模块符号如图 7.19 所示。

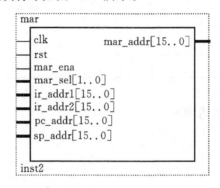

图 7.19　地址寄存器结构图

　　地址寄存器的功能仿真结果如图 7.20 所示，图中的数据均为十六进制数据显示。从图中可以看出 MAR 实际上是一个四路选择器，在 rst＝1、mar_ena＝1 时，根据 mar_sel 信号的状态从四个输入数据 pc_addr、ir_addr1、ir_addr2 和 sp_addr 中选择一路并在 clk 上升沿是对其锁存。

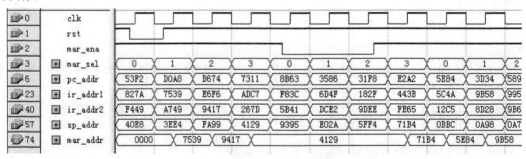

图 7.20　地址寄存器的功能仿真结果图

7.6.5　数据寄存器(MDR)

　　数据寄存器(MDR)是用于寄存将要被输出到数据总线的数据或送往运算器的数据，数据寄存器实现见代码 7.5。

　　MDR 模块输入输出信号说明如下。

　　输入信号

　　clk:时钟信号

　　rst:复位信号

mdr_ena:mdr 输入使能信号

mdr_sel[1:0]:数据寄存器输入选择信号,用来选择输入的数据

reg_in1,reg_in2:来自寄存器的输入信号

mem_in:来自存储器的输入信号

输出信号

mem_out:向数据总线的数据输出

reg_out:向指令寄存器(IR)的输出

MDR 输出与输入之间的控制逻辑如表 7.4 所示。

表 7.4 数据寄存器工作逻辑

clk	rst	mdr_ena	mdr_sel[1:0]	reg_out	mem_out
1	1	X	XX	0xXXXX	0xXXXX
1	0	1	00	0xXXXX	0xXXXX
1	0	1	01	Reg_in1	0xXXXX
1	0	1	10	Reg_in2	0xXXXX
1	0	1	11	0xXXXX	mem_in
0	X	X	XX	0xXXXX	0xXXXX

代码 7.5 数据寄存器的实现代码

```
module mdr(clk,rst,mdr_ena,mdr_sel,reg_in1,reg_in2,reg_out,mem_in,mem_out);
input clk,rst,mdr_ena;
input[1:0] mdr_sel;//mdr_sel=01/10:indicate output data to memery ;
input [15:0] reg_in1,reg_in2,mem_in;
output  [15:0] reg_out,mem_out;
reg [15:0] reg_out,mem_out;

always @(posedge clk or negedge rst)
begin
  if(! rst)
  begin
    reg_out<=16'b0000_0000_0000_0000;
    mem_out<=16'b0000_0000_0000_0000;
  end
  else if(mdr_ena)
  begin
      case(mdr_sel)
       2'b01:
          begin
          reg_out<=reg_in1;//data[DR]
```

```
        mem_out<=16'bz;
        end
2'b10：
        begin
        reg_out<=reg_in2;//data[SR]
        mem_out<=16'bz;
        end
2'b11：
        begin
        reg_out<=16'bz;//data[SR]
        mem_out<=mem_in;
        end
default：
        begin
        reg_out<=16'bz;
        mem_out<=16'bz;
        end
    endcase
  end
end
endmodule
```

MDR 的模块符号如图 7.21 所示。

数据寄存器的功能仿真测试结果如图 7.22所示,图中数据均为十六进制显示。数据选择器可以看作是一个具有两个输出的三路数据选择器。由 mdr_ena 和 clk 控制锁存操作的时间,由 mdr_sel 控制输出端口 reg_out 和 mem_out 的输出结果。在第三个 clk 信号的上升沿 mdr_ena=1,mdr_sel=2,完成将 reg_in2 的数据锁存到 reg_out 端口、mem_out 为高阻状态的功能,其他情况请读者自己

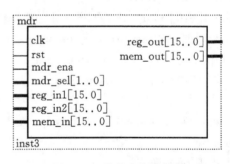

图 7.21　数据寄存器结构

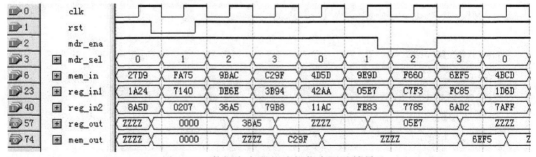

图 7.22　数据寄存器的功能仿真测试结果

分析。

7.6.6 寄存器组(Register Array)

寄存器组用于存储指令执行过程中需要的数据以及指令执行结果。这里设计的寄存器组由 8 个 16 位的通用寄存器组成。它是一个双端口读出、双端口写入的部件,只能按字访问,即一次性读取 16 位数据。

寄存器组模块的输入输出信号说明如下。

输入信号

clk:时钟信号

rst:复位信号

reg_read1:读端口 1 读控制信号(高有效)

reg_read2:读端口 2 读控制信号(高有效)

addr1:端口 1 地址信号

addr2:端口 2 地址信号

reg_write1,reg_write2:写端口控制标志

data_in1:输入数据 1

data_in2:输入数据 2

data_in3:输入数据 3

输出信号

reg_out1:读端口 1 输出数据

reg_out2:读端口 2 输出数据

寄存器组的三路 16 位输入数据分别为 data_in1、data_in2 和 data_in3。两路 16 位的读出数据分别为 reg_out1 和 reg_out2。两个端口的读控制信号分别为 reg_read1 和 reg_read2,写控制信号分别为 reg_write1 和 reg_write2。从寄存器组读出的数据可以送到 ALU 的 A、B 输入端的多路选择器,也可以用做访存指令的地址。数据寄存器组从原理上只允许按字读写,但是由于所设计的指令系统中有对数据寄存器组的半字(8 位)操作指令的指令(如:MOVIL DR,IMM 和 MOVIH DR,IMM,MOVIL 指令实现将 8 位的数据 IMM 存入数据寄存器组的 DR 的低 8 位中 MOVIH 指令实现将 8 位的数据 IMM 存入数据寄存器组的 DR 的高 8 位中)。因此,在设计中采用了一种灵活的方式来支持半字(8 位)的读写,当进行半字数据的写操作时,首先在读数据寄存器阶段将目的寄存器(DR)的数据读出,然后在指令运算阶段将指令字中的 8 位要写入寄存器的数据(IMM)拼接到目的寄存器(DR)的相应半字位置上,最后再将拼接后的结果写回到目的寄存器中,这样设计的目的是为了简化寄存器组的读写控制逻辑和结构。寄存器组的实现见代码 7.6。

代码 7.6 寄存器组的实现

```
module register_array(clk,rst,reg_read1,reg_read2,addr1,addr2,
reg_write1,reg_write2,data_in1,data_in2,data_in3,reg_out1,reg_out2);
output[15:0] reg_out1,reg_out2;
input clk,rst,reg_read1,reg_read2,reg_write1,reg_write2;
input[2:0] addr1,addr2;
input[15:0] data_in1,data_in2,data_in3;
```

```verilog
reg[15:0] reg_out1,reg_out2;
reg[15:0] register[7:0];
integer i;
always @(posedge clk)
begin
    if(rst)   //reset set all register value as 0
      begin
          for(i=0;i<8;i=i+1)
          register[i]<=16'b0000_0000_0000_0000;
      end
    else
        if(reg_read1&&reg_read2)    //read register by addr1 and addr2 at the same time
          begin
            reg_out1<=register[addr1];
            reg_out2<=register[addr2];
          end
      else
        if(reg_read1)   //read register only by addr1
          begin
            reg_out1<=register[addr1];
            reg_out2<=16'bz;
          end
      else
        if(reg_read2)   //read register only by addr2
          begin
            reg_out2<=register[addr2];
            reg_out1<=16'bz;
          end
      else
        begin
          case({reg_write1,reg_write2})
          2'b11:
            begin
              register[addr1]<=data_in1;
              register[addr2]<=data_in2;
            end
          2'b01:register[addr1]<=data_in3; //data from MDR
          2'b10:register[addr1]<=data_in1; //data from ALU_OUT
        endcase
```

```
        end
    end
endmodule
```

寄存器组的模块符号如图 7.23 所示。

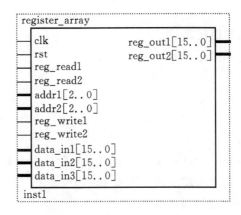

图 7.23　寄存器组结构图

存器组的功能仿真结果如图 7.24 所示,图中说明了,在控制 reg_write1 和 reg_write2 先将数据分别写入 1、2、3、4 寄存器,在 reg_read1 和 reg_read2 的控制下读出数据的过程。

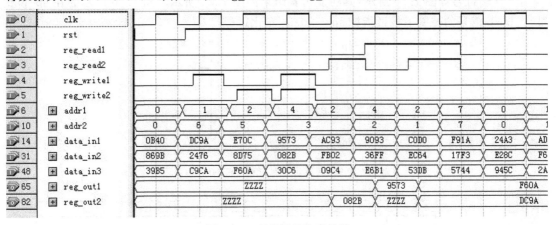

图 7.24　寄存器组仿真结果

7.6.7　堆栈指针寄存器(SP)

堆栈指针寄存器是用于存储堆栈栈顶地址的。入栈(PUSH)和出栈(POP)指令访问的存储单元地址是由 SP 指出的。这里设计的 CPU 采用默认的堆栈起始地址(0x0200)。初始化时 SP 的值为堆栈段的起始地址(0x0200)。当执行入栈(PUSH)指令时,控制信号 sp_push 有效,则 SP 的值加 1;执行出栈(POP)指令时,控制信号 sp_pop 有效,则 SP 的值减去 1。堆栈寄存器代码见代码 7.7。

SP 模块的输入输出信号说明如下。

输入信号

clk:时钟信号

rst：复位信号

sp_pop：出栈控制信号

sp_push：进栈控制信号

输出信号

sp_value：栈顶指针

代码 7.7　堆栈指针寄存器实现代码

```
module sp(clk,rst,sp_pop,sp_push,sp_value);
output [15:0] sp_value;
input clk,rst,sp_pop,sp_push;
reg[15:0] sp_value;
always @(posedge clk)
begin  //sp original value : pointer to the bottom of the stack
    if(rst) sp_value<=16'b0000_0010_0000_0000;
      sp_value<=sp_value+1'b1;
    else if(sp_pop)
      sp_value<=sp_value-1'b1;
end    endmodule
```

SP 模块符号如图 7.25 所示，其功能仿真结果如图 7.26 所示。图 7.26 所示为在 sp_pop 和 sp_push 信号的控制下栈顶指针 sp_value 的变化过程。

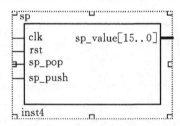

图 7.25　堆栈指针寄存器(SP)结构图

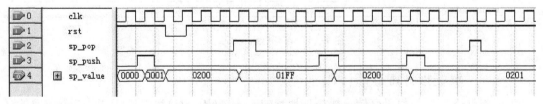

图 7.26　堆栈指针寄存器功能仿真测试结果

7.6.8　控制器(CU)

控制器是 CPU 的核心部件，CPU 通过它来产生控制时序和控制信号，并以此来控制 CPU 中各个功能部件按一定的时序关系相互配合完成指令规定的动作。这里设计的控制器由两部分组成，即状态机(cu)和状态机控制器(cu_contrl)。

（1）状态机控制器（cu_contrl）

状态机控制器（cu_contrl）用于控制状态机（cu）的启停，复位信号有效后如果在 clk 上升沿检测到 fetch 信号为高电平则设置 cu_ena 为有效（高电平），标志一条新指令又从取指开始了。状态机控制器（cu_contrl）实现见代码 7.8。

状态机控制器（cu_contrl）模块输入输出信号说明如下。

输入信号

clk：来自时钟发生器时钟信号

rst：复位信号

fetch：来自时钟发生器的工作控制信号

输出：

cu_ena：用于控制状态机工作的信号。

代码 7.8　状态机控制器（cu_contrl）的 Verilog HDL 代码

```
output cu_ena;
input clk,fetch, rst;
reg cu_ena;
always @(posedge clk or negedge rst)
    begin
      if(! rst)
      cu_ena<=0;
      else if(fetch)
      cu_ena<=1;
    end
endmodule
```

（2）状态机（cu）

状态机是控制器的核心部件，它通过解析指令的操作码（OP 来自指令寄存器 IR）和状态位（来自状态位寄存器 FLAG）来产生一系列按一定时序关系排列的控制信号，通过这些控制信号来控制整个 CPU 中各功能部件的运行。状态机的具体工作过程是：在 cu_ena 信号高电平有效的情况下状态机开始工作。每一个指令周期由 9 个时钟周期组成。前四个时钟周期对所有的指令执行的操作都一样，即取指令，并将指令的操作码送往控制器，指令字中的寄存器地址或立即数送往寄存器组或运算器数据输入端。后五个时钟周期则根据指令的不同而产生不同的操作时序控制信号。状态机（cu）的实现见代码 7.9。

各状态的具体操作功能分析如下：

第一个状态，指令寄存器 PC 与地址寄存器之间的通路打开，将 PC 中的数据送入地址寄存器。

第二个状态，给出读存储器信号，用于读取存储器中的指令。

第三个状态，将存储器中读出的数据（此时为指令）送往数据寄存器中。

第四个状态，将数据寄存器中数据（即指令）送到指令寄存器中。

第五个状态，将指令的操作码从指令寄存器送至控制器中进行指令译码，依次产生当前指令在执行时所必需的所有控制信号。指令字中的源寄存器地址，目标寄存器地址送至寄存器组。立即输送至算术逻辑运算器的输入控制端。

第六个状态,不管当前是哪种指令都会根据控制器产生的控制信号更新程序计数器 PC 的值,这主要看当前指令是否要发生跳转。除此以外,若当前指令是逻辑算术类指令,则根据指令类型选择相应的数据传给算术逻辑运算器。若当前指令是非逻辑算术类指令,会根据指令类型分为访存类、堆栈操作类、转移类、程序控制类等几个指令类型作出相应的动作。若为访存类或者堆栈操作类指令,则将访存地址、数据分别送至地址寄存器和数据寄存器。若为转移类或者程序控制类指令则保持原来的状态。

第七个状态,若当前指令是逻辑算术类指令,则执行相应的逻辑或者算术运算。若当前指令是访存类指令,则执行访存操作。

第八个状态,若当前指令需要将上一状态执行的结果写回寄存器组,则在此时完成这一操作。若当前指令是取数指令(LOAD)或者出栈指令(POP),则将从存取器的数据区或者堆栈区取出的数据送入数据寄存器中。

第九个状态,若当前指令是取数指令(LOAD)或者出栈指令(POP),则将数据写入通用数据寄存器组中。其他指令则在此状态下无动作。

状态机(cu)模块的输入输出信号说明如下。

输入信号

clk:输入时钟信号

cu_ena:控制器工作使能信号

flag_in:标志寄存器 8 位输入信号

op:指令的操作码(5 位)

输出信号:

ir_ena:指令寄存器更新控制信号　　　　　alu_data_sel:运算器数据选择信号

alu_en:运算器工作使能信号　　　　　　　pc_ena:程序计数器工作使能信号

flag_set:标志寄存器写信号　　　　　　　pc_inc:程序计数器更新控制信号

hlt:停机信号;　　　　　　　　　　　　　rd_m:　存储器读信号

io:为两位 I/O 控制信号　　　　　　　　　wr_m:存储器写信号

mar_ena:地址寄存器工作使能信号　　　　sp_pop:出栈控制信号

mar_sel:地址寄存器输入数据选择控制信号　sp_push:进栈控制信号

mdr_ena:数据寄存器工作使能信号　　　　reg_read1,reg_read2:寄存器组读控制信号

mar_sel:地址寄存器输入数据选择控制信号　reg_write1,reg_write2:寄存器组写控制信号

io:输入输出控制信号

代码 7.9　控制器 cu 的 Verilog HDL 代码

```
modulecu (clk,cu_ena,flag_in,op,
        pc_inc,pc_ena,ir_ena,reg_read1,reg_read2,
        reg_write1,reg_write2,
        alu_data_sel,flag_set,
        wr_m,rd_m,
        sp_pop,sp_push,
        mar_sel,mar_ena,
```

```
                mdr_ena, mdr_sel,
                alu_ena , hlt   ,io);
input clk,cu_ena;
input[7:0] flag_in;
input[4:0] op;
output pc_inc,pc_ena,ir_ena,reg_read1,reg_read2,reg_write1,reg_write2,alu_data_sel;
output flag_set,wr_m,rd_m,sp_pop,sp_push;
output [1:0] mar_sel,mdr_sel,io;
output mar_ena,mdr_ena,alu_ena,hlt;

reg pc_inc,pc_ena,ir_ena,reg_read1,reg_read2,reg_write1,reg_write2,alu_data_sel;
reg flag_set,wr_m,rd_m,sp_pop,sp_push;
reg [1:0] mar_sel,mdr_sel,io;
reg mar_ena,mdr_ena,alu_ena,hlt;
reg[3:0] state;

parameter adc=5'b00000,
            sbb=5'b00001,
            mul=5'b00010,
            div=5'b00011,
            addi=5'b00100,
            cmp=5'b00101,
            andd=5'b00110,
            orr=5'b00111,
            nott=5'b01000,
            xorr=5'b01001,
            test=5'b01010,
            shl=5'b01011,
            shr=5'b01100,
            sar=5'b01101,
            mov=5'b01110,
            movil=5'b01111,
            movih=5'b10000,
            in=5'b10001,
            out=5'b10010,
            load=5'b10011,
            store=5'b10100,
            push=5'b10101,
            pop=5'b10110,
            jr=5'b10111,
```

```verilog
            jrc=5'b11000,
            jrnc=5'b11001,
            jrz=5'b11010,
            jrnz=5'b11011,
            clc=5'b11100,
            stc=5'b11101,
            nop=5'b11110,
            halt=5'b11111;

always @(negedge clk)
begin
  if(! cu_ena)
    begin
        state<=3'b0000;
      {pc_inc,pc_ena,ir_ena,reg_read1,
      reg_read2,reg_write1,reg_write2,alu_data_sel}<=8'b0000_0000;
      {alu_ena,hlt,io,flag_set,wr_m,rd_m}<=7'b000_0000;
      {sp_pop,sp_push,mar_sel,mar_ena,mdr_ena,mdr_sel}<=8'b0000_0000;
    end
  else
      contrl_cycle;
end
task contrl_cycle;   //tasck contrl_cycle
begin
casex(state)
  4'b0000:   //pc->mar
    begin
      {pc_inc,pc_ena,ir_ena,reg_read1,
      reg_read2,reg_write1,reg_write2,alu_data_sel}<=8'b0000_0000;
      {alu_ena,hlt,io,flag_set,wr_m,rd_m}<=7'b000_0000;
      {sp_pop,sp_push,mar_sel,mar_ena,mdr_ena,mdr_sel}<=8'b0000_1000;
      state<=4'b0001;
      end
  4'b0001:   //read mem
    begin
      {pc_inc,pc_ena,ir_ena,reg_read1,
       reg_read2,reg_write1,reg_write2,alu_data_sel}<=8'b0000_0000;
      {alu_ena,hlt,io,flag_set,wr_m,rd_m}<=7'b000_0001;
      {sp_pop,sp_push,mar_sel,mar_ena,mdr_ena,mdr_sel}<=8'b0000_0000;
```

```
        state<=4'b0010;
      end
  3'b0010： //send M[pc] to MAR
    begin
      {pc_inc,pc_ena,ir_ena,reg_read1,
       reg_read2,reg_write1,reg_write2,alu_data_sel}<=8'b0000_0000;
      {alu_ena,hlt,io,flag_set,wr_m,rd_m}<=7'b000_0001;
      {sp_pop,sp_push,mar_sel,mar_ena,mdr_ena,mdr_sel}<=8'b0000_0111;
      state<=4'b0011;
    end
  3'b0011： //write IR;MAR->IR
    begin
      {pc_inc,pc_ena,ir_ena,reg_read1,
       reg_read2,reg_write1,reg_write2,alu_data_sel}<=8'b0010_0000;
      {alu_ena,hlt,io,flag_set,wr_m,rd_m}<=7'b000_0000;
      {sp_pop,sp_push,mar_sel,mar_ena,mdr_ena,mdr_sel}<=8'b0000_0000;
      state<=4'b0100;
    end
  4'b0100： //read register_array and begin decode
    begin
      {pc_inc,pc_ena,ir_ena,reg_read1,
       reg_read2,reg_write1,reg_write2,alu_data_sel}<=8'b0001_1000;
      {alu_ena,hlt,io,flag_set,wr_m,rd_m}<=7'b000_0000;
      {sp_pop,sp_push,mar_sel,mar_ena,mdr_ena,mdr_sel}<=8'b0000_0000;
      state<=4'b0101;
    end
  4'b0101：  //update pc  and select the right data to ALU
    begin
if(op==adc||op==sbb||op==mul||op==div||op==orr||op==andd||op==xorr|
|op==test||op==cmp||op==nott||op==shl||op==shr||op==sar||op==mov)
        begin
        {pc_inc,pc_ena,ir_ena,reg_read1,
         reg_read2,reg_write1,reg_write2,alu_data_sel}<=8'b0100_0000;
        {alu_ena,hlt,io,flag_set,wr_m,rd_m}<=7'b000_0000;
        {sp_pop,sp_push,mar_sel,mar_ena,mdr_ena,mdr_sel}<=8'b0000_0000;
        end
      else if(op==addi||op==movil||op==movih)
        begin
        {pc_inc,pc_ena,ir_ena,reg_read1,
```

```
                    reg_read2,reg_write1,reg_write2,alu_data_sel}<=8'b0100_0001;
                    {alu_ena,hlt,io,flag_set,wr_m,rd_m}<=7'b000_0000;
                    {sp_pop,sp_push,mar_sel,mar_ena,mdr_ena,mdr_sel}<=8'b0000_0000;
                    end
            else if(op==jr||op==jrc||op==jrnc||op==jrz||op==jrnz)
            begin
if(op==jr||((op==jrc)&&flag_in[3])||((op==jrnc)&&(! flag_in[3]))||((op==
jrz)&&flag_in[2])||((op==jrnz)&&(! flag_in[2])))
                    begin    // jump sucsses
                    {pc_inc,pc_ena,ir_ena,reg_read1,
                     reg_read2,reg_write1,reg_write2,alu_data_sel}<=8'b1100_0000;
                    {alu_ena,hlt,io,flag_set,wr_m,rd_m}<=7'b000_0000;
                    {sp_pop,sp_push,mar_sel,mar_ena,mdr_ena,mdr_sel}<=8'b0000_0000;
                    end
                    //jump unsucsses
            else
if(((op==jrc)&&(! flag_in[3]))||((op==jrnc)&&flag_in[3])||((op==jrz)&&(!
flag_in[2]))||((op==jrnz)&&flag_in[2]))
                    begin
                    {pc_inc,pc_ena,ir_ena,reg_read1,
                     reg_read2,reg_write1,reg_write2,alu_data_sel}<=8'b0100_0000;
                    {alu_ena,hlt,io,flag_set,wr_m,rd_m}<=7'b000_0000;
                    {sp_pop,sp_push,mar_sel,mar_ena,mdr_ena,mdr_sel}<=8'b0000_0000;
                    end
            end
            else if(op==load||op==in)
                    begin
                    {pc_inc,pc_ena,ir_ena,reg_read1,
                     reg_read2,reg_write1,reg_write2,alu_data_sel}<=8'b0100_0000;
                    {alu_ena,hlt,io,flag_set,wr_m,rd_m}<=7'b000_0000;
                    {sp_pop,sp_push,mar_sel,mar_ena,mdr_ena,mdr_sel}<=8'b0010_1000;
                    end
            else if(op==store||op==out)
                    begin
                    {pc_inc,pc_ena,ir_ena,reg_read1,
                     reg_read2,reg_write1,reg_write2,alu_data_sel}<=8'b0100_0000;
                    {alu_ena,hlt,io,flag_set,wr_m,rd_m}<=7'b000_0000;
                    {sp_pop,sp_push,mar_sel,mar_ena,mdr_ena,mdr_sel}<=8'b0001_1110;
                    end
```

```
        else if(op==push)
            begin
            {pc_inc,pc_ena,ir_ena,reg_read1,
             reg_read2,reg_write1,reg_write2,alu_data_sel}<=8'b0100_0000;
            {alu_ena,hlt,io,flag_set,wr_m,rd_m}<=7'b000_0000;
            {sp_pop,sp_push,mar_sel,mar_ena,mdr_ena,mdr_sel}<=8'b0100_0000;
            end
        else if(op==pop)
            begin
            {pc_inc,pc_ena,ir_ena,reg_read1,
             reg_read2,reg_write1,reg_write2,alu_data_sel}<=8'b0100_0000;
            {alu_ena,hlt,io,flag_set,wr_m,rd_m}<=7'b000_0000;
            {sp_pop,sp_push,mar_sel,mar_ena,mdr_ena,mdr_sel}<=8'b0011_1000;
            end
        else if(op==clc||op==stc||op==nop)
            begin
            {pc_inc,pc_ena,ir_ena,reg_read1,
             reg_read2,reg_write1,reg_write2,alu_data_sel}<=8'b0100_0000;
            {alu_ena,hlt,io,flag_set,wr_m,rd_m}<=7'b000_0000;
            {sp_pop,sp_push,mar_sel,mar_ena,mdr_ena,mdr_sel}<=8'b0000_0000;
            end
        else if(op==halt)//if ir is HALT    hlt=1,PC stay
            begin
            {pc_inc,pc_ena,ir_ena,reg_read1,
            reg_read2,reg_write1,reg_write2,alu_data_sel}<=8'b0000_0000;
            {alu_ena,hlt,io,flag_set,wr_m,rd_m}<=7'b010_0000;
            {sp_pop,sp_push,mar_sel,mar_ena,mdr_ena,mdr_sel}<=8'b0000_0000;
            end
        state<=4'b0110;
        end
    4'b0110:   //exe (EX or MEM)
        begin
if(op==adc||op==sbb||op==mul||op==div||op==addi||op==orr||op==andd|
|op==xorr||op==test||op==cmp||op==nott||op==shl||op==shr||op==sar||
op==mov||op==movil||op==movih||op==clc||op==stc)
            begin
                {pc_inc,pc_ena,ir_ena,reg_read1,
                 reg_read2,reg_write1,reg_write2,alu_data_sel}<=8'b0000_0000;
                {alu_ena,hlt,io,flag_set,wr_m,rd_m}<=7'b100_0000;
```

```verilog
        {sp_pop,sp_push,mar_sel,mar_ena,mdr_ena,mdr_sel}<=8'b0000_0000;
      end
    else if(op==jr||op==jrc||op==jrnc||op==jrz||op==jrnz)
      begin
        {pc_inc,pc_ena,ir_ena,reg_read1,
         reg_read2,reg_write1,reg_write2,alu_data_sel}<=8'b0000_0000;
        {alu_ena,hlt,io,flag_set,wr_m,rd_m}<=7'b000_0000;
        {sp_pop,sp_push,mar_sel,mar_ena,mdr_ena,mdr_sel}<=8'b0000_0000;
      end
    else if(op==load)
      begin
        {pc_inc,pc_ena,ir_ena,reg_read1,
         reg_read2,reg_write1,reg_write2,alu_data_sel}<=8'b0000_0000;
        {alu_ena,hlt,io,flag_set,wr_m,rd_m}<=7'b000_0001;
        {sp_pop,sp_push,mar_sel,mar_ena,mdr_ena,mdr_sel}<=8'b0000_0000;
      end
    else if(op==pop)
      begin
        {pc_inc,pc_ena,ir_ena,reg_read1,
         reg_read2,reg_write1,reg_write2,alu_data_sel}<=8'b0000_0000;
        {alu_ena,hlt,io,flag_set,wr_m,rd_m}<=7'b000_0001;
        {sp_pop,sp_push,mar_sel,mar_ena,mdr_ena,mdr_sel}<=8'b1000_0000;
      end
    else if(op==store)
      begin
        {pc_inc,pc_ena,ir_ena,reg_read1,
        reg_read2,reg_write1,reg_write2,alu_data_sel}<=8'b0000_0000;
        {alu_ena,hlt,io,flag_set,wr_m,rd_m}<=7'b000_0010;
        {sp_pop,sp_push,mar_sel,mar_ena,mdr_ena,mdr_sel}<=8'b0000_0000;
      end
    else if(op==push)
      begin
        {pc_inc,pc_ena,ir_ena,reg_read1,
         reg_read2,reg_write1,reg_write2,alu_data_sel}<=8'b0000_0000;
        {alu_ena,hlt,io,flag_set,wr_m,rd_m}<=7'b000_0000;//
        //{sp_pop,sp_push,mar_sel,mar_ena,mdr_ena,mdr_sel}<=8'b0100_0000;
        {sp_pop,sp_push,mar_sel,mar_ena,mdr_ena,mdr_sel}<=8'b0011_1101;
      end
    else if(op==nop||op==halt)//do nothing
```

```
      begin
        {pc_inc,pc_ena,ir_ena,reg_read1,
         reg_read2,reg_write1,reg_write2,alu_data_sel}<=8'b0000_0000;
        {alu_ena,hlt,io,flag_set,wr_m,rd_m}<=7'b000_0000;
        {sp_pop,sp_push,mar_sel,mar_ena,mdr_ena,mdr_sel}<=8'b0000_0000;
      end
    else if(op==in)//
      begin
        {pc_inc,pc_ena,ir_ena,reg_read1,
         reg_read2,reg_write1,reg_write2,alu_data_sel}<=8'b0000_0000;
        {alu_ena,hlt,io,flag_set,wr_m,rd_m}<=7'b001_0000;//io:10 means in
        {sp_pop,sp_push,mar_sel,mar_ena,mdr_ena,mdr_sel}<=8'b0000_0000;
      end
    else if(op==out)//
      begin
        {pc_inc,pc_ena,ir_ena,reg_read1,
         reg_read2,reg_write1,reg_write2,alu_data_sel}<=8'b0000_0000;
        {alu_ena,hlt,io,flag_set,wr_m,rd_m}<=7'b001_1000;// io=11 means out
        {sp_pop,sp_push,mar_sel,mar_ena,mdr_ena,mdr_sel}<=8'b0000_0000;
      end
  state<=4'b0111;
  end
4'b0111:  //write back to Reg_array  and set FLAG
  begin
    if (op==adc||op==sbb||op==div||op==addi||op==shl||op==shr||
      op==sar) //wb reg and setflag
      begin
        {pc_inc,pc_ena,ir_ena,reg_read1,
         reg_read2,reg_write1,reg_write2,alu_data_sel}<=8'b0000_0100;
        {alu_ena,hlt,io,flag_set,wr_m,rd_m}<=7'b000_0100;
        {sp_pop,sp_push,mar_sel,mar_ena,mdr_ena,mdr_sel}<=8'b0000_0000;
      end
    else if(op==mul)
      begin
        {pc_inc,pc_ena,ir_ena,reg_read1,
         reg_read2,reg_write1,reg_write2,alu_data_sel}<=8'b0000_0110;
        {alu_ena,hlt,io,flag_set,wr_m,rd_m}<=7'b000_0100;
        {sp_pop,sp_push,mar_sel,mar_ena,mdr_ena,mdr_sel}<=8'b0000_0000;
      end
```

```
        else if (op==andd||op==orr||op==nott||op==xorr||op==mov||op=
            =movil||op==movih) //only wb reg
          begin
            {pc_inc,pc_ena,ir_ena,reg_read1,
             reg_read2,reg_write1,reg_write2,alu_data_sel}<=8'b0000_0100;
            {alu_ena,hlt,io,flag_set,wr_m,rd_m}<=7'b000_0000;
            {sp_pop,sp_push,mar_sel,mar_ena,mdr_ena,mdr_sel}<=8'b0000_0000;
          end
        else if(op==cmp||op==test||op==clc||op==stc)   //only setflag
          begin
            {pc_inc,pc_ena,ir_ena,reg_read1,
             reg_read2,reg_write1,reg_write2,alu_data_sel}<=8'b0000_0000;
            {alu_ena,hlt,io,flag_set,wr_m,rd_m}<=7'b000_0100;
            {sp_pop,sp_push,mar_sel,mar_ena,mdr_ena,mdr_sel}<=8'b0000_0000;
          end
        else
  if (op==nop||op==halt||op==jr||op==jrc||op==jrnc||op==jrz||op==jrnz
  ||op==store||op==out)//do nothing
          begin
            {pc_inc,pc_ena,ir_ena,reg_read1,
             reg_read2,reg_write1,reg_write2,alu_data_sel}<=8'b0000_0000;
            {alu_ena,hlt,io,flag_set,wr_m,rd_m}<=7'b000_0000;
            {sp_pop,sp_push,mar_sel,mar_ena,mdr_ena,mdr_sel}<=8'b0000_0000;
          end
        else if(op==push)
          begin
            {pc_inc,pc_ena,ir_ena,reg_read1,
             reg_read2,reg_write1,reg_write2,alu_data_sel}<=8'b0000_0000;
            {alu_ena,hlt,io,flag_set,wr_m,rd_m}<=7'b000_0010;
            {sp_pop,sp_push,mar_sel,mar_ena,mdr_ena,mdr_sel}<=8'b0000_0000;
          end
        else if(op==in)   //MEM->MDR
          begin
            {pc_inc,pc_ena,ir_ena,reg_read1,
             reg_read2,reg_write1,reg_write2,alu_data_sel}<=8'b0000_0000;
            {alu_ena,hlt,io,flag_set,wr_m,rd_m}<=7'b000_0000;
            {sp_pop,sp_push,mar_sel,mar_ena,mdr_ena,mdr_sel}<=8'b0000_0111;
          end
```

```
        else if(op==load||op==pop)   //MEM->MDR
            begin
              {pc_inc,pc_ena,ir_ena,reg_read1,
              reg_read2,reg_write1,reg_write2,alu_data_sel}<=8'b0000_0000;
              {alu_ena,hlt,io,flag_set,wr_m,rd_m}<=7'b000_0001;   //rd_m=1
              {sp_pop,sp_push,mar_sel,mar_ena,mdr_ena,mdr_sel}<=8'b0000_0111;
            end
        state<=4'b1000;
      end
    4'b1000:
      begin
        if(op==load||op==pop||op==in)
            begin
              {pc_inc,pc_ena,ir_ena,reg_read1,
               reg_read2,reg_write1,reg_write2,alu_data_sel}<=8'b0000_0010;
              {alu_ena,hlt,io,flag_set,wr_m,rd_m}<=7'b000_0000;
              {sp_pop,sp_push,mar_sel,mar_ena,mdr_ena,mdr_sel}<=8'b0000_0000;
            end
        else
            begin
              {pc_inc,pc_ena,ir_ena,reg_read1,
               reg_read2,reg_write1,reg_write2,alu_data_sel}<=8'b0000_0000;
              {alu_ena,hlt,io,flag_set,wr_m,rd_m}<=7'b000_0000;
              {sp_pop,sp_push,mar_sel,mar_ena,mdr_ena,mdr_sel}<=8'b0000_0000;
            end
        state<=4'b0000;
      end
    default:
      begin
        {pc_inc,pc_ena,ir_ena,reg_read1,
         reg_read2,reg_write1,reg_write2,alu_data_sel}<=8'b0000_0000;
        {alu_ena,hlt,io,flag_set,wr_m,rd_m}<=7'b000_0000;
        {sp_pop,sp_push,mar_sel,mar_ena,mdr_ena,mdr_sel}<=8'b0000_0000;
        state<=4'b0000;
      end
endcase
end
endtask
endmodule
```

cu 的模块符号如图 7.27 所示。

对 cu 模块执行 ADC 和 HLT 指令的功能仿真结果如图 7.28 和图 7.29 所示。图 7.27 中,在 cu_ena 上升沿后第一个 clk 的下降沿,mar_ena＝1,mdr_sel＝0,此时地址寄存器 MAR＝程序计数器 PC;在第二个 clk 的下降沿,rd_m＝1,当前执行读存储器的操作,从存储器读出所需的指令放入数据寄存器 MDR;在第三个 clk 的下降沿,mdr_ena＝1,mdr_sel＝11,执行将从内存取出的数据送入 MDR 的操作;第四个 clk 的下降沿,ir_ena＝1 此时将 MDR 中暂存的指令送往 MIR,至此取指令操作结束;第五个 clk 的下降沿,reg_read1＝1、reg_read2＝1 这两个信号控制寄存器组读取指令中的源寄存器和目的寄存器数送往运算器的数据输入端;第六个 clk 的下降沿,pc_ena＝1,pc_inc＝1 执行将 PC 加 1 的操作形成下一条指令地址;在第七个 clk 的下降沿,alu_ena＝1,此时运算器执行 adc 运算,即将源操作数和目的操作数相加的操作;在第八个 clk 的下降沿,reg_write1＝1、flag_set＝1 执行将运算器的运算结果存入目的寄存器的操作,同时根据当前的运算结果更新标志寄存器的内容。

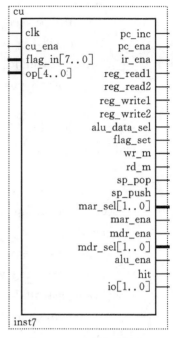

图 7.27　cu 的模块符号

将图 7.29 与图 7.27 比较可以发现,在图 7.29 中 op＝11111,表明该指令为停机指令 HLT,停机指令前四个 clk 时钟信号执行取指令阶段的操作,因此产生的控制信号与 adc 是完

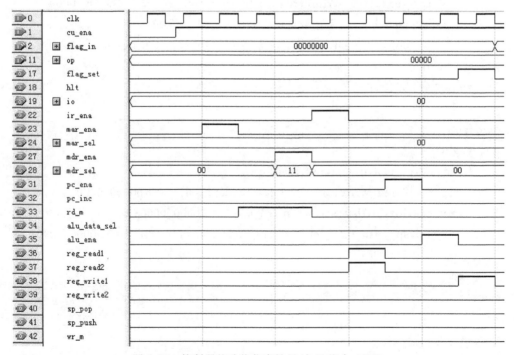

图 7.28　控制器的功能仿真结果(加法指令 ADC)

全一样的,只是 HLT 指令在第六个时钟信号产生 hlt=1 的停机信号。

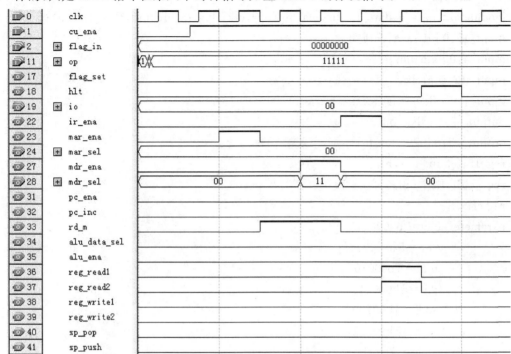

图 7.29 控制器的功能仿真结果(停机指令 HLT)

7.6.9 算术逻辑运算单元(ALU)

算术逻辑运算单元可以执行两种运算,算术运算和逻辑运算。这里设计的算术运算器是一个十六位的定点运算器,此算术运算器可执行的运算有带进位加法(ADC),带进位减法(SBB),无符号除法(DIV),无符号乘法(MUL),立即数加(ADDI);逻辑运算有逻辑与(AND),逻辑或(OR),异或(XOR),逻辑非(NOT),逻辑左移(SHL),逻辑右移(SHR),算术右移(SAR),比较(CMP),测试(TEST)等总共十四种运算。算术逻辑运算单元(ALU)的实现见代码 7.10。

ALU 的输入输出端口信号说明如下。

输入信号

data_a,data_b:运算器的两路 16 位的输入数据;

alu_ena:算术、逻辑运算器工作使能信号

alu_opr:5 位运算控制输入

clk:输入时钟信号

flag_in:8 位的来自标志寄存器的状态数据;

输出信号:

flag_out:运算器的标志位输出信号

alu_out:运算器的低 16 位运算结果输出

hi:运算器的高 16 位输出。

代码 7.10 运算器 ALU 的 Verilog HDL 实现代码

```verilog
module alu(data_a,data_b,alu_ena,alu_opr,clk,flag_in,alu_out,flag_out,hi);
input[15:0] data_a,data_b;
input[4:0] alu_opr;
input alu_ena,clk;
input[7:0] flag_in;//xxxxc,z,o,s
output [7:0] flag_out;
output[15:0] alu_out,hi;
reg[15:0] alu_out,hi;
reg [7:0] flag_out;
reg cf;
parameter adc=5'b00000,
          sbb=5'b00001,
          mul=5'b00010,
          div=5'b00011,
          addi=5'b00100,
          cmp=5'b00101,
          andd=5'b00110,
          orr=5'b00111,
          nott=5'b01000,
          xorr=5'b01001,
          test=5'b01010,
          shl=5'b01011,
          shr=5'b01100,
          sar=5'b01101,
          mov=5'b01110,
          movil=5'b01111,
          movih=5'b10000,
          clc=5'b11100,
          stc=5'b11101;

always @(posedge clk)
begin
    if(alu_ena)
    begin
      casex(alu_opr) //xxxx,cf,zf,of,sf
            adc://
              begin
                if(data_a==0&&data_b==0&&flag_in[3]==0)
```

```verilog
          begin
            alu_out=16'b0000_0000_0000_0000;
            flag_out=8'b0000_0100;
          end
          else
          begin
            {cf,alu_out[15:0]}=data_a+data_b+flag_in[3];
            flag_out={4'b0000,cf,1'b0,cf,1'b0};
          end
       end
sbb://
   begin
      alu_out=data_a-data_b-flag_in[3];
      if(alu_out==16'b0000_0000_0000_0000)
      flag_out=8'b0000_0100;
      else
      flag_out=8'b0000_0000;
   end
mul:
   begin
   if(data_a==0||data_b==0)
      begin
      {hi[15:0],alu_out[15:0]}=0;
      flag_out=8'b0000_0100;
      end
   else
        begin
        {hi[15:0],alu_out[15:0]}=data_a * data_b;//
        flag_out=8'b0000_0000;
        end
   end
div:
   begin
      if(data_a==0)
       begin
       alu_out=16'b0000_0000_0000_0000;
       flag_out=8'b0000_0100;
       end
      else
```

```
            begin
            alu_out＝data_a/data_b；
            flag_out＝8′b0000_0000；
            end
        end
    addi：
      begin
          if(data_a＝＝0&&data_b＝＝0)
          begin
          alu_out＝16′b0000_0000_0000_0000；
          flag_out＝8′b0000_0100；
          end
        else
          begin
          {cf,alu_out[15：0]}＝data_a＋data_b；
          flag_out＝{4′b0000,cf,1′b0,cf,1′b0}；
          end
      end
    cmp：
      begin
          if((data_a－data_b)＞0)
            flag_out＝8′b0000_0000；　　//a＞b：zf＝0 sf＝0
          else if((data_a－data_b)＝＝0)
            flag_out＝{5′b00000,1′b1,2′b00}；//a＝b：zf＝1 sf＝0
          else if((data_b－data_a)＞0)
            flag_out＝{5′b00000,1′b1,2′b01}；//a＜b：zf＝1 sf＝1
      end
    andd：alu_out＝data_a&data_b；
    orr：alu_out＝data_a|data_b；
    nott：alu_out＝～data_a；
    xorr：alu_out＝ˆdata_a；
    test：
      begin
        if((data_a&data_b)＝＝0)
            flag_out＝{5′b00000,1′b1,2′b00}；//a&b＝0：zf＝1
        else
            flag_out＝{5′b00000,1′b1,2′b00}；
        end
  shl：
```

```
            begin
                flag_out={4'b0000,data_a[15],flag_in[2:0]};
                alu_out=data_a<<1;
            end
        shr：
            begin
            flag_out={4'b0000,data_a[0],flag_in[2:0]};
            alu_out=data_a>>1;
            end
        sar：
            begin//
            alu_out=data_a>>1;
            flag_out=flag_in;
            end
        mov：alu_out=data_b;
        movil：
            begin
            alu_out={data_a[15:8],data_b[7:0]};
            end
        movih：
            begin
            alu_out={data_b[7:0],data_a[7:0]};
            end
        clc：flag_out={flag_in[7:4],1'b0,flag_in[2:0]};
        stc：flag_out={flag_in[7:4],1'b1,flag_in[2:0]};
        default：
            begin
            alu_out=16'bxxxx_xxxx_xxxx_xxxx;
            hi=16'bxxxx_xxxx_xxxx_xxxx;
            flag_out=8'bxxxx_xxxx;
            end
    endcase
    end
end
endmodule
```

运算器的模块符号如图 7.30 所示,其功能仿真结果如图 7.31 所示。

ALU 的部分功能仿真测试结果如图 7.31 所示。为了编译观察,图中输入数据 data_a、data_b 以及运算结果 alu_out、hi 为十进制数显示,其他信号均为二进制数。

为了控制 ALU 输入数据的来源,又设计了一个 alu_in_contrl 模块,可以使 ALU 的来源

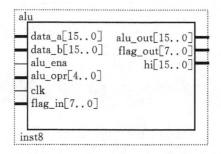

图 7.30　算术逻辑运算单元 ALU 结构

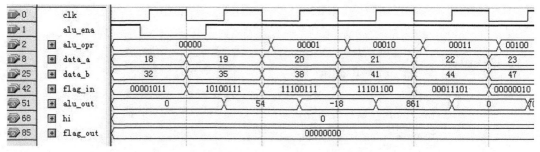

图 7.31　算术逻辑运算单元的功能仿真测试结果

多样化。其实现代码如下。

```
module alu_in_contrl(clk,in_a,in_b,data_a,data_b,alu_sel,imm);
input [15:0] in_a,in_b;
input [7:0] imm;
input alu_sel,clk;
output [15:0] data_a,data_b;
reg [15:0] data_a,data_b;


always @(posedge clk)
begin
   if(alu_sel)
     begin
       data_a<=in_a;
       data_b<=imm;
     end
   else
     begin
       data_a<=in_a;
       data_b<=in_b;
     end
end
```

endmodule

7.6.10 标志寄存器(FLAGS)

标志寄存器是一个 8 位的寄存器,它用于寄存程序执行时产生的标志位。其高 4 位没有使用,低 4 位从低到高位依次表示符号标志位 CF、溢出标志位 OF、零标志位 ZF 和进位标志位 CF,标志寄存器(FLAGS)的实现见代码 7.11。首先对各标志位含义进行说明。

进位标志位 CF(Carry Flag)。算术指令执行后,若运算结果最高位产生进位或错位,则 CF 置 1;否则置 0。

溢出标志位 OF(Overflow Flag)。它用于标识运算结果是否溢出。当运算溢出时,OF 置 1;否则置 0。

零标志位 ZF(Zero Flag)。若指令运算结果为 0,则置 ZF 为 1,否则置为 0。

符号标志位 SF(Sign Flag)。它用于标识运算结果的符号。SF 为 0 表示正数,为 1 表示负数。

标志寄存器的输入和输出端口说明如下:

输入端口:

Clk:输入时钟信号

rst:复位信号

flag_set:标志寄存器更新信号

flag_in:8 位的输入数据;

输出端口:

flag_value:标志位数据输出

代码 7.11 标志寄存器的实现代码

```
`timescale 1ns/1ns
module flag(clk,rst,flag_set,flag_in,flag_value);
input clk,rst,flag_set;
input[7:0] flag_in;
output[7:0] flag_value;
reg[7:0] flag_value;
always @(posedge clk or negedge rst)
begin
    if(! rst)
        flag_value<=8'b0000_0000;
    else if(flag_set)
        flag_value<=flag_in;
end
endmodule
```

标志寄存器的模块符号如图 7.32 所示,其功能仿真见图 7.33。图 7.33 中 clk 的上升沿时刻若 flag_set=1,则 falg_value 锁存此时的 flag_in 数据。

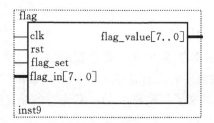

图 7.32　标志寄存器

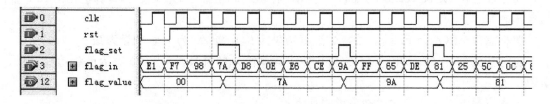

图 7.33　标志寄存器的功能仿真结果

7.7　RISC CPU 设计

　　用前面设计实现并通过功能测试的各个模块进行连接就构成了一个 RISC CPU,并且可以对其进行功能测试。在综合测试中为了能够跟踪指令在整个 CPU 中的执行情况,特意将有些功能模块之间传递的信号留有对外的接口。在测试成功通过后再将这些接口从 CPU 上删除,这样最后得到代码 7.12 所示的完整的 RISC CPU。

代码 7.12　RISC CPU 顶层模块的实现代码

```
module risc_cpu(clkin,reset,addr,indata,outdata,wr_m,rd_m,hlt,io,cu_ena,sw,pc,ir);
input clkin,reset;

input[15:0] indata;
output[15:0] outdata;
input[1:0] sw;

output[15:0] addr;
output wr_m,rd_m,hlt;
output [1:0] io;
output cu_ena;
output  [15:0] pc;
output  [15:0] ir;


wire clkin,clk,clk1,reset,fetch;//clock

wire pc_inc,pc_ena,ir_ena,reg_read1,reg_read2,reg_write1,reg_write2,alu_data_sel;
wire flag_set,wr_m,rd_m,sp_pop,sp_push;
```

```
wire [1:0] mar_sel,mdr_sel,io;
wire mar_ena,mdr_ena,alu_ena,hlt;

wire [15:0] pc_addr;
wire [15:0] sp_addr;
wire [15:0] reg_out1,reg_out2;
wire [15:0] mem_in,mem_out,reg_out;
wire [15:0] ir_out;



wire [15:0] hi,alu_out;

wire[15:0] a,b,data_a,data_b;
wire[7:0] flag_in,flag_out;
wire [15:0] indata,outdata;

assign pc=pc_addr;
assign ir=ir_out;

clk_gen m_clk_gen(. clk(clkin),. rst(reset),. clk_out(clk));

clock   m_clock (. clk(clk),. clk1(clk1),. reset(reset),. fetch(fetch));
cu_contrl   m_cu_contrl(. clk(clk1),. cu_ena(cu_ena),. fetch(fetch),. rst(reset));

cu   m_cu (. clk(clk1),. cu_ena(cu_ena),. flag_in(flag_in),. op(ir_out[15:11]),
        . pc_inc(pc_inc),. pc_ena(pc_ena),
        . ir_ena(ir_ena),. reg_read1(reg_read1),. reg_read2(reg_read2),
        . reg_write1(reg_write1),. reg_write2(reg_write2),
        . alu_data_sel(alu_data_sel),. flag_set(flag_set),
        . wr_m(wr_m),. rd_m(rd_m),. sp_pop(sp_pop),. sp_push(sp_push),
        . mar_sel(mar_sel),. mar_ena(mar_ena),. mdr_ena(mdr_ena),
        . mdr_sel(mdr_sel),. alu_ena(alu_ena),. hlt(hlt),. io(io));// 27 bit output signal

instuction_register m_ir(. ir_out (ir_out),. data(mem_out),
                        . ir_ena(ir_ena),. clk(clk1),. rst(reset));

pc m_pc(. pc_value(pc_addr),. offset(ir_out[10:0]),. pc_inc(pc_inc),. clk(clk1),
        . rst(reset),. pc_ena(pc_ena),. sw(sw));
```

sp m_sp(. clk(clk1),. rst(reset),. sp_pop(sp_pop),. sp_push(sp_push),. sp_value(sp_addr));

flag m_flag(. clk(clk1),. rst(reset),. flag_set(flag_set),. flag_in(flag_out),. flag_value(flag_in));

alu m_alu(. data_a(data_a),. data_b(data_b),. alu_ena(alu_ena),. alu_opr(ir_out[15: 11]), . clk(clk1),. flag_in(flag_in),. alu_out(alu_out),. flag_out(flag_out),. hi(hi));

alu_in_contrl m_alu_in_contrl(. clk(clk1),. in_a(a),. in_b(b),. data_a(data_a),. data_b(data_b), . alu_sel(alu_data_sel),. imm(ir_out[7:0]));

register_array m_reg_array(. clk(clk1),. rst(reset),
　　　　　　　　　　. reg_read1(reg_read1),. reg_read2(reg_read2),
　　　　　　　　　　. addr1(ir_out[10:8]),. addr2(ir_out[7:5]),
　　　　　　　　　　. reg_write1(reg_write1),. reg_write2(reg_write2),
　　　　　　　　　　. data_in1(alu_out),. data_in2(hi),. data_in3(mem_out),
　　　　　　　　　　. reg_out1(a),. reg_out2(b));

mar m_mar(. clk(clk1),. rst(reset),. mar_ena(mar_ena),. mar_sel(mar_sel),
　　　　　　　　　　. ir_addr1(a),. ir_addr2(b),. pc_addr(pc_addr),
　　　　　　　　　　. sp_addr(sp_addr),. mar_addr(addr));

mdr m_mdr(. clk(clk1),. rst(reset),. mdr_ena(mdr_ena),
　　　　　　. mdr_sel(mdr_sel),. reg_in1(a),. reg_in2(b),. reg_out(outdata),
　　　　　　. mem_in(indata),. mem_out(mem_out));
endmodule
RISC CPU 的模块符号如图 7.34 所示。

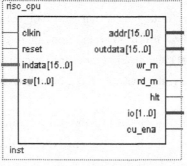

图 7.34　RISC CPU 结构图

7.8　模型机组成

构建模型机的目的是为了在整机环境下对 RISC CPU 进行测试。该模型机的内部结构如图 7.35 所示,是在 RISIC_CPU 模块的基础上增加了只读存储器 ROM、随机存储器 RAM 和总线控制部件 ADDR_DECODE 构成模型机系统。

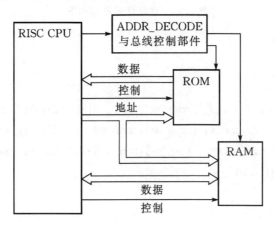

图 7.35　模型机结构框图

其中 ROM 用于存储测试程序,根据所设计 CPU 的特点,此 ROM 存储字长设计成 16 位,存储容量为 256 字,地址空间为 0x0000 至 0x00FF。RAM 用于装载数据,此 RAM 的存储字长设计成 16 位,存储容量为 512 字,地址空间为 0x0100 至 0x02FF。RAM 区被分为两部分,其中 0x0100 至 0x01FF 地址空间用作一般数据存储区,0x0200 至 0x02FF 地址空间用作堆栈区。地址译码器是用来产生选通信号的,根据地址总线上的输出地址来选通 ROM 或者 RAM。此址译码器的另一作用是对地址总线和数据总线进行控制,这样保证数据能在总线上准确流通。图 7.35 中还画出了地址总线、数据总线和控制总线,这些总线是 RISC CPU 与存储器以及其他外部设备交互的数据通路。需要说明的是,实际的存储器可以根据可编程器件或实际存储器的大小决定。

7.8.1　总线控制

总线控制器用来产生存储器的选通信号,根据地址总线上的输出地址来选通 ROM 或者 RAM,是通过一个地址译码器实现的。地址译码器的另一作用是对地址总线和数据总线进行控制以保证数据能在总线上准确流通。其工作逻辑是,根据 RISC CPU 对外输出的地址进行译码,地址译码器根据地址的范围来控制总线的使用权,其实现见代码 7.13,符号模块如图 7.36所示。

代码 7.13　地址译码器的实现代码

```
module addr_decode(addr,rom_sel,ram_sel);
output rom_sel,ram_sel;
input [15:0] addr;
reg rom_sel,ram_sel;
```

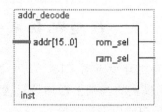

图 7.36 地址译码器结构图

```
always @(addr)
begin
  casex(addr)
  16'b0000_0000_xxxx_xxxx：{rom_sel,ram_sel}<=2'b10;// rom 区
  16'b0000_0001_xxxx_xxxx：{rom_sel,ram_sel}<=2'b01;//ram 数据区
  16'b0000_0010_xxxx_xxxx：{rom_sel,ram_sel}<=2'b01;//ram 堆栈区
  default：{rom_sel,ram_sel}<=2'b00;
  endcase
end   endmodule
```

7.8.2 ROM

ROM 用于存储程序，根据 CPU 中运算器和寄存器的长度，ROM 存储字长设计成 16 位，存储容量为 256 字，地址空间为 0x0000 至 0x00FF。ROM 的实现见代码 7.14，其符号模块如图 7.37 所示。

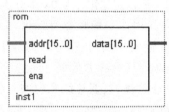

图 7.37 ROM 结构图

代码 7.14 ROM 的实现代码

```
module rom(data,addr,read,ena);
output [15:0] data;
input [15:0] addr;
input ena,read;
reg[15:0] rom [255:0];
wire [15:0] data;
assign data=(read&&ena)? rom[addr]：16'hzzzz;
endmodule
```

7.8.3 RAM

RAM 用于装载数据，其存储字长设计成 16 位，存储容量为 512 字，地址空间为 0x0100

至 0x02FF。RAM 区被分为两部分,其中 0x0100 至 0x01FF 地址空间用作一般数据存储区,
0x0200 至 0x02FF 地址空间用作堆栈区。RAM 的实现见代码 7.15,其符号模块如图 7.38
所示。

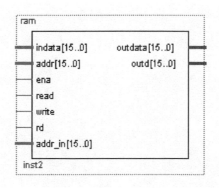

图 7.38　RAM 结构图

代码 7.15　RAM 的实现代码如下:

```
module ram(indata,outdata,addr,ena,read,write);
input [15:0]  indata;
input [15:0] addr;
input ena,read,write;
output[15:0]  outdata;
reg[15:0] ram [767:256];
assign outdata=(read&&ena)? ram[addr]: 16'hzzzz;
always @(posedge write)
   begin
    ram[addr]<=indata;
   end  endmodule
```

7.8.4　模型机构成

用前面已经实现的模块 RISIC_CPU、ROM、RAM 和 ADDR_DECODE 就可以构成模型
机系统。其代码见代码 7.16。

代码 7.16　模型机构成代码

```
module cpu_top(clkin,reset,hlt,io,cu_ena,outdata,
sw,addr_in,rd_in,send_addr,a,b,c,d,dota,dotb,dotc,dotd);
input clkin,reset;
input [15:0] addr_in;
input rd_in,send_addr;
output [6:0] a,b,c,d;
output dota,dotb,dotc,dotd;

output hlt;
```

```
    output [1:0] io;
    output cu_ena;
    wire cu_ena;
    output [15:0] outdata;
    input [1:0] sw;
    wire [1:0] sw;

    wire rdd;
    wire [15:0] outd;
    wire [15:0] addr_ii;
    wire rd_in,send_addr;
    wire [15:0] addr_in;
    wire  dota,dotb,dotc,dotd;
    wire [6:0] a,b,c,d;

    wire [1:0] io;
    wire clkin,reset;
    wire [15:0] indata,outdata,addr;
    wire rd,wr;
    wire ram_sel,rom_sel;
    wire hlt;

    risc_cpu m_risc_cpu(.clkin(clkin),.reset(reset),.addr(addr),.indata(indata),.outda-
ta(outdata),.wr_m(wr),.rd_m(rd),.hlt(hlt),.io(io),.cu_ena(cu_ena),.sw(sw));

    addr_decode m_addr_decode(.addr(addr),.rom_sel(rom_sel),.ram_sel(ram_sel));

    rom m_rom(.data(indata),.addr(addr),.read(rd),.ena(rom_sel));

    ram m_ram(.indata(outdata),.outdata(indata),.addr(addr),.ena(ram_sel),.read
(rd),.write(wr),.rd(rdd),.outd(outd),.addr_in(addr_ii));

    read_contrl  m_read_contrl(.addr_in(addr_in),.rd_in(rd_in),.addr(addr_ii),.rd
(rdd),.send_addr(send_addr));

    decode4_7  m_decodea(.data_out(a),.indec(outd[3:0]),.dot(dota));
    decode4_7  m_decodeb(.data_out(b),.indec(outd[7:4]),.dot(dotb));
    decode4_7  m_decodec(.data_out(c),.indec(outd[11:8]),.dot(dotc));
    decode4_7  m_decoded(.data_out(d),.indec(outd[15:12]),.dot(dotd));
```

endmodule

为了将程序运行后存在 RAM 中的结果在七段数码管上显示出来,cpu_top 中出现了实例化的 read_contrl 模块和 decode4_7 模块。加入 read_contrl 模块的目的是为了采用交互的方式选择输出存储单元的数据,decode4_7 模块的功能是实现共阳极七段数码输出的模块。这两个模块的实现见代码 7.17 和代码 7.18。

代码 7.17 交互式数据输出控制模块代码

```
module read_contrl(addr_in,rd_in,addr,rd,send_addr);
input [15:0]  addr_in;
input rd_in,send_addr;

output [15:0] addr;
output rd;
reg [15:0] addr;
assign rd=~rd_in;
always @(negedge send_addr)
begin
if(! send_addr)
addr<=addr_in;
end
endmodule
```

代码 7.18 共阳极七段数码管译码器模块代码

```
module decode4_7(data_out,indec,dot);
output[6:0] data_out;
output dot;
input[3:0] indec;
reg[6:0] data_out;
assign dot=1'b1;
always @(indec)
begin
case(indec) //用 case 语句进行译码
4'b0000: data_out = 7'b1000000; // 0
4'b0001: data_out = 7'b1111001; // 1
4'b0010: data_out = 7'b0100100; // 2
4'b0011: data_out = 7'b0110000; // 3
4'b0100: data_out = 7'b0011001; // 4
4'b0101: data_out = 7'b0010010; // 5
4'b0110: data_out = 7'b0000010; // 6
4'b0111: data_out = 7'b1111000; // 7
4'b1000: data_out = 7'b0000000; // 8
```

```
4'b1001：data_out = 7'b0010000；// 9
4'b1010：data_out = 7'b0001000；//a
4'b1011：data_out = 7'b0000011；//b
4'b1100：data_out = 7'b1000110；//c
4'b1101：data_out = 7'b0100001；//d
4'b1110：data_out = 7'b0000110；//e
4'b1111：data_out = 7'b0001110；//f
default：data_out＝7'bx；
endcase
end
endmodule
```

7.8.5　模型机的样例程序

为了验证模型机的功能这里设计了几个测试用于测试指令功能的小程序,这些程序均在 Altera 公司的开发板 DE2-70 上经过了验证。下面给出这几个用于测试的样例程序。每一个测试程序存放在不同的 ROM 区域,为了可以选择执行不同的程序,在 cpu_top 模块中引入了输入端口 sw[1:0],通过设置不同的 sw,可以在复位信号有效后执行不同的样例程序。为此需要对程序计数器模块中复位信号执行的操作进行相应的修改。修改后的代码见代码 7.19。

代码 7.19　选择执行程序的 PC 模块

```
module pc(pc_value,offset,pc_inc,clk,rst,pc_ena,sw)；
    output[15:0] pc_value；
    input[10:0]　 offset；
    input pc_inc,clk,rst,pc_ena；
    input[1:0] sw；
    reg[15:0] pc_value；
    always @(posedge clk or negedge rst)
        begin
          if(! rst)
            pc_value<＝(sw * 32)＋10；　　　//根据不同的 sw 产生不同的 PC 地址
          else
            if(pc_ena&&pc_inc&&offset[10])
              pc_value<＝pc_value－offset[9:0]；
          else
            if(pc_ena&&pc_inc&&(! offset[10]))
              pc_value<＝pc_value＋offset[9:0]；
          else if(pc_ena)
              pc_value<＝pc_value＋1'b1；
        end
    endmodule
```

1. 测试样例一

样例一的功能是实现控制 16 个 LED 灯产生流水灯效果。具体代码设计如下：

```
//sw= 01   流水灯
rom[42]=16'b01111_001_000_00001; //movil r1,00000001;
rom[43]=16'b10000_001_000_00000; //movih r1,0
rom[44]=16'b01110_000_001_00000; //mov r0,r1
rom[45]=16'b10100_100_000_00000;//store r4,r0
rom[46]=16'b01011_000_000_00000; //shl r0//shl,r0
rom[47]=16'b11001_100_000_00010;//jnrc  2
rom[48]=16'b10111_100_000_00100;//jr  4
```

图 7.39 是样例一程序执行过程中 PC 和 IR 的变化情况,图中 PC 和 IR 的数据显示均为十六进制。图中可以看出上 sw=2'b01,在复位信号有效后 PC=16'h002a 开始执行指令,从 ROM 中[002a]单元中取出指令为 16'h7901 即指令,随后 PC 的值依次为 16'h002b,16'h 16'h002c,16'h002d,16'h002e,16'h002f,由于[002f]单元中是一个有条件跳转指令,当条件满足时 PC 跳转至 16'h 002d 执行,而后又继续指令 16'h002e......。指令在执行过程中对应的流水灯数据可从 outdata(十六进制显示)输出。

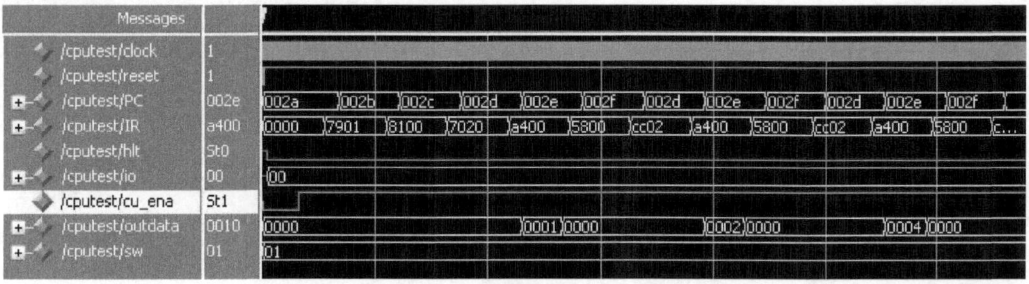

图 7.39　流水灯程序 PC 和 IR 变化过程

2. 测试样例二

样例二的功能是实现 1 到 100 的累加求和,并将其存在 R0 寄存器指示的存储单元中。

```
//sw=10   accum 1+2+.....+100->r0
rom[74]=16'b01111_010_0110_0101;//movil r2,0110_0101//mov r2,101
rom[75]=16'b10000_010_0000_0000;//movih r2,0000_0000
rom[77]=16'b01111_000_0000_0001;//movil r0,0000_0001//mov r0,1
rom[78]=16'b10000_000_0000_0000;//movih r0,0000_0000
rom[79]=16'b01111_001_000_00010; //movil r1,00000010//mov r1,2
rom[80]=16'b10000_001_000_00000; //movih r1,0
rom[81]=16'b00000_000_001_00000;//adc r0,r1
rom[82]=16'b00100_001_000_00001;//addi r1,1
rom[83]=16'b00101_010_001_00000;//cmp r2,r1
rom[84]=16'b11011_100_000_00011;//jrnz 1,3
```

```
rom[85]=16'b01111_100_1000_0011;//movil r4,1000_0011//mov r4,
rom[86]=16'b10000_100_0000_0001;//movih r4,0000_0001
rom[87]=16'b10100_100_000_00000;//store r4,r0
rom[88]=16'b11111_000_000_00000;//hlt
```

3. 测试样例三

样例三的功能是对若干个数进行升序排序,并将排序结果通过 7 段显示器显示出来。

输入数据 7,129,13,6,1,257,34833,5

输出排序结果为 1,5,6,7,13,129,257,34883

具体代码设计如下:

```
//sw=11    sorting
//送入数据
rom[106]=16'b01111_000_0100_0000;//mov r0,01_0100_0000
rom[107]=16'b10000_000_0000_0001;
rom[108]=16'b01111_001_0000_0111;//mov r1,7
rom[109]=16'b10000_001_0000_0000;
rom[110]=16'b10100_000_001_00000;//store r0,r1
rom[111]=16'b00100_000_000_00001;//addi r0,1
rom[112]=16'b01111_001_1000_0001;//mov r1,129
rom[113]=16'b10000_001_0000_0000;
rom[114]=16'b10100_000_001_00000;//store r0,r1
rom[115]=16'b00100_000_000_00001;//addi r0,1
rom[116]=16'b01111_001_0000_1101;//mov r1,13
rom[117]=16'b10000_001_0000_0000;
rom[118]=16'b10100_000_001_00000;//store r0,r1
rom[119]=16'b00100_000_000_00001;//addi r0,1
rom[120]=16'b01111_001_0000_0110;//mov r1,6
rom[121]=16'b10000_001_0000_0000;
rom[122]=16'b10100_000_001_00000;//store r0,r1
rom[123]=16'b00100_000_000_00001;//addi r0,1
rom[124]=16'b01111_001_0000_0001;//mov r1,1
rom[125]=16'b10000_001_0000_0000;
rom[126]=16'b10100_000_001_00000;//store r0,r1
rom[127]=16'b00100_000_000_00001;//addi r0,1
rom[128]=16'b01111_001_0000_0001;//mov r1,257
rom[129]=16'b10000_001_0000_0001;
rom[130]=16'b10100_000_001_00000;//store r0,r1
rom[131]=16'b00100_000_000_00001;//addi r0,1
rom[132]=16'b01111_001_0001_0001;//mov r1,34833
rom[133]=16'b10000_001_1000_1000;
```

rom[134]＝16'b10100_000_001_00000;//store r0,r1

rom[135]＝16'b00100_000_000_00001;//addi r0,1

rom[136]＝16'b01111_001_0000_0101;//mov r1,5

rom[137]＝16'b10000_001_0000_0000;

rom[138]＝16'b10100_000_001_00000;//store r0,r1

rom[139]＝16'b01111_011_0000_0001;//mov r3,1

rom[140]＝16'b10000_011_0000_0000;//

rom[141]＝16'b01111_100_0100_0001;//mov r4,01_0100_0001

rom[142]＝16'b10000_100_0000_0001;//

rom[143]＝16'b01111_000_0100_0000;//mov r0,01_0100_0000//addr0

rom[144]＝16'b10000_000_0000_0001;

rom[145]＝16'b01111_101_0100_1001;//mov r5,addr3

rom[146]＝16'b10000_101_0000_0001;

rom[147]＝16'b01110_001_000_00000;//mov r1,r0　　//addr1

rom[148]＝16'b01111_010_0100_0001;//mov r2, 01_0100_0001 //addr2

rom[149]＝16'b10000_010_0000_0001;//处理数据,排序

rom[150]＝16'b00001_101_011_00000;//sbb,r5,r3//r5－1 －＞r5

rom[151]＝16'b10011_110_001_00000;//load r6,r1

rom[152]＝16'b10011_111_010_00000;//load r7,r2

rom[153]＝16'b00101_110_111_00000;//cmp r6,r7

rom[154]＝16'b11011_000_0000_1000; //jrnz

rom[155]＝16'b00100_001_000_00001;//addi r1,1

rom[156]＝16'b00100_010_000_00001;//addi r2,1

rom[157]＝16'b00101_101_010_00000;//cmp r5,r2

rom[158]＝16'b11011_100_000_00111;//jrnz 1,7

rom[159]＝16'b00101_101_100_00000; //cmp r5,r4

rom[160]＝16'b11011_100_0000_1101; //jrnz 1,13

rom[161]＝16'b11111_000_000_00000;//hlt

rom[162]＝16'b10100_010_110_00000;//store r2,r6

rom[163]＝16'b10100_001_111_00000;//store r1,r7

rom[164]＝16'b10111_100_0000_1001; //jr 1,9

// ＃ ＃ ＃ 03 end

习　　题

1.若在本章模型机结构的基础上增加寄存器加 1(INC reg)和寄存器减 1(DEC reg)两条指令需要在哪些方面进行修改?

2.本章的模型机采用定长机器周期的设计,若将其改为变长机器周期,哪些部件需要做改

动？如何改动？

3. 设计一个模型机能够满足如下要求：

（1）设计实现模型机硬件构成模块及数据通路，包括：运算器、存储器、通用寄存器组、IR、PC 及控制单元；

（2）设计模型机指令系统，要求包含基本类型的指令；

（3）实现模型机的自动运行，能够执行预存的样例代码。

第8章 SOPC 系统设计

SOPC(system on programmable chip,可编程片上系统)是一种灵活、高效的 SOC 解决方案,是一种新的软硬件协同的系统设计技术。它将处理器、存储器、I/O 接口等系统设计需要的功能模块集成到一个可编程器件上,构成一个满足用户需求的计算机系统。

本章首先介绍 SOPC 的相关知识,然后利用实例介绍 SOPC Builder 硬件配置平台与硬件系统构建过程,以及 Nios II IDE 软件开发平台及软件开发与调试方法。

8.1 IP 核介绍

IP (intellectual property)是知识产权的简称,SOC 和 SOPC 在设计上都是以集成电路 IP 核为基础的。集成电路 IP 是经过预先设计、预先验证、符合产业界普遍认同的设计规范和设计标准,并且具有相对独立并可以重复利用的电路模块或子系统,如 CPU、运算器等。集成电路 IP 核具有知识含量高、占用芯片面积小、运行速度快、功耗低、工艺容差性大等特点,还具有可重用性,可以重复应用于 SOC、SOPC 或复杂的 ASIC 的设计中。

8.1.1 IP 核类型

根据 IP 核的实现方法不同,IP 核分为软核、硬核和固核三种。

(1)软核

软核通常是用 HDL 文本形式提交给用户,它经过 RTL 级设计优化和功能验证,但其中不含有任何具体的物理信息。据此,用户可以综合出正确的门电路级设计网表,并可以进行后续的结构设计,具有很大的灵活性,借助于 EDA 综合工具可以很容易地与其他外部逻辑电路合成一体,根据各种不同半导体工艺,设计成具有不同性能的器件。

(2)硬核

硬核是基于半导体工艺的物理设计,已有固定的拓扑布局和具体工艺,并已经过工艺验证,具有可保证的性能。其提供给用户的形式是电路物理结构掩模版图和全套工艺文件,是可以拿来就用的全套技术。

(3)固核

固核的设计程度则是介于软核和硬核之间,除了完成软核所有的设计外,还完成了门级电路综合和时序仿真等设计环节。一般以门级电路网表的形式提供给用户。

8.1.2 SOPC 设计中的 IP 核

在 SOPC 的设计中,嵌入式的 IP 核分硬核和软核两种。

(1)IP 硬核

基于 FPGA 嵌入 IP 硬核的 SOPC 系统,是在 FPGA 中以硬核的方式预先植入嵌入式系统处理器,可以是 ARM 或其他的微处理器知识产权核,然后利用 FPGA 中的可编程逻辑资源和 IP 核来实现其他的外围器件和接口。这样使得 FPGA 灵活的硬件设计和实现与处理器的强大运算功能很好地结合。

基于嵌入 IP 硬核的 SOPC 系统有以下的缺点：

①此类硬核多来自第三方公司，FPGA 厂商需要支付知识产权费用，从而导致 FPGA 器件价格相对偏高。

②由于硬核是预先植入的，设计者无法根据实际需要改变处理器的结构，如总线宽度、接口方式等，更不能将 FPGA 逻辑资源构成的硬件模块以指令的形式形成内置嵌入式系统的硬件加速模块。

③无法根据实际需要在同一 FPGA 中使用多个处理器核。

④ 无法裁剪处理器的硬件资源以降低 FPGA 成本。

⑤ 只能在特定的 FPGA 中使用硬核。

(2)IP 软核

基于 FPGA 嵌入 IP 软核的 SOPC 系统可以解决基于硬核的 SOPC 的缺点。目前最具代表性的软核嵌入式系统处理器有 Altera 公司 NIOS 和 NIOS II。

8.2　Nios II 处理器简介

Nios II 是 Altera 公司正式推出的 32 位 RSIC 嵌入式处理器，占用 FPGA 的资源少，具有很大的灵活性，用户可以在多种系统设置组合中进行选择，达到性能、特性和成本目标。

8.2.1　Nios II 的特点

Nios II 的主要特点包括系统资源的可定制性和系统性能可配置性。

(1)系统资源可定制性

采用 Nios II 处理器，开发者将不会局限于预先制造的处理器技术，而是根据自己的标准定制处理器；按照需要选择合适的外设、存储器和接口；用户可以轻松集成自己专有的功能，使设计具有独特的竞争优势。

① Nios II 的可定制性

Nios II 处理器系列包括三种内核：快速（Nios II/f）、标准（Nios II/s）和经济型（Nios II/e），每一型号都针对价格和性能范围进行了优化。其主要特点如表 8.1 所示。

表 8.1　Nios II 三种内核特性

特性	Nios II /f（快速）	Nios II /s（标准）	Nios II /e（经济）
说明	针对最佳性能优化	平衡性能和尺寸	针对逻辑资源占用优化
流水线	6 级	5 级	无
乘法器	1 周期	3 周期	软件仿真实现
支路预测	动态	静态	无
指令缓冲	可设置	可设置	无
数据缓冲	可设置	无	无
定制指令	256	256	256

②外设的可定制性

Nios II 开发包含有一套通用外设接口库。利用 SOPC Builder 软件，用户可以生成自己的定制外设，并将其集成在 Nios II 处理器系统中。使用 SOPC Builder，用户可以在 Altera FPGA 中组合实现现有处理器无法达到的嵌入式处理器配置。Nios II 设计可采用的常用外设如表 8.2 所示。

表 8.2　Nios II 设计可采用的部分外设

定时器/计数器	外部三态桥接	EPCS 串行闪存控制器	串行外设接口(SPI)	LCD 接口
用户逻辑接口	JTAG UARTC	S8900 10Base—T 接口	以太网接口 PCI	系统 ID
外部 SRAM 接口	片上 ROM	直接存储器通道(DMA)	紧凑闪存接口(CFI)	UART
SDR SDRAM	片上 RAM	LAN91C111 10/100	有源串行存储器接口	并行 I/O
PCI	DDR SDRAM	CAN	RNG	USB
DDR2 SDRAM	DES 16550 UART	RSA	10/100/1000 Ethernet MAC	I2C
SHA—1	浮点单元			

(2)系统性能可配置性

用户所需要的处理器，应该能够满足当前和今后的设计性能需求。Nios II 设计人员必须能够更改其设计，如加入多个 Nios II CPU、定制指令集、硬件加速器，以达到新的性能目标。采用 Nios II 处理器，可以通过 Avalon 交换架构来调整系统性能，该架构是 Altera 的专有互联技术，支持多种并行数据通道，实现大吞吐量应用。

8.2.2　Nios II 应用系统结构

Nios II 处理器可以和许多外设一起构成一个完整的应用系统，外设包括标准外设和一些用户自定义的外设。图 8.1 是常用的 Nios II 应用系统的结构。

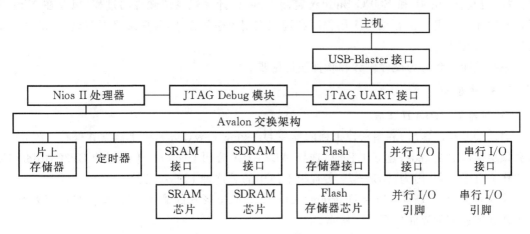

图 8.1　常用的 Nios II 应用系统的结构

8.3　SOPC 应用系统的开发

8.3.1　SOPC 应用系统开发步骤

利用 NIOS II 处理器开发 SOPC 应用系统包括硬件设计和软件设计两部分。硬件设计是利用 Quartus II 和 SOPC Builder 定制一个满足用户要求的计算机硬件系统,将硬件下载到 FPGA 芯片中。软件设计是利用 Nios II IDE 开发环境对应用系统编程,软件开发使用的语言由用户选择,可使用汇编语言、C 语言、C++语言。

SOPC 应用系统的具体开发步骤为:

(1)分析系统需求说明,包括功能需求和性能要求等;

(2)建立 Quartus II 工程,建立顶层实体;

(3)用 SOPC Builder 生成一个用户定制的系统模块,包括 NIOS II 及标准外设模块;

(4)将 SOPC 系统模块集成到硬件工程中,并添加一些模块,可以是 Altera 公司提供的 LPM 模块、第三方提供的或用户自己定制的模块;

(5)在顶层实体中,将 SOPC 系统模块、Altera 的 LPM 或用户自定义的模块连接起来;

(6)分配引脚和编译工程,编译生成系统的硬件配置文件. sof 和. pof 文件;

(7)将硬件配置文件下载到开发板,作为软件开发和调试的基础;

(8)使用 Nios II IDE 开发环境进行软件开发;

(9)编译软件工程,生成可执行文件. elf;

(10)进行在线调试,直到软硬件协同工作;

(11)软件下载到 flash 中,应用系统上电后即可独立工作。

8.3.2　SOPC 应用系统开发实例

如何建立一个简单的 SOPC 应用系统呢? 本节以 16 个 LED 灯实现流水灯效果的设计为例,说明用 Quartus II 和 SOPC Builder 定制 Nios II 计算机系统硬件的过程,以及在 Nios II IDE 开发环境下用 C 语言编写应用程序和调试应用程序的方法,程序最终下载到 DE2 - 70 开发板上进行验证。

系统设计过程分为硬件设计和软件设计两步。

1. 硬件设计

(1)新建 Quartus II 工程

启动 Quartus II 后,利用新建工程向导在 D:\sopc_new\led 目录下建立并保存工程,工程名和顶层实体名为 leds,建立工程时,选择 ALTERA 公司 Cyclone II 系列的 EP2C70F896C6 芯片作为目标设备,因为,DE2 - 70 实验板上使用的是这种 FPGA 芯片。

建立完工程后,新建 Block Diagram/Schematic File 形式的输入文件,文件名保存为 leds,工程建立完成后的界面如图 8.2 所示。

(2)新建 Nois 系统

在 Quartus II 软件中,选择"Tools"菜单下的"SOPC Builder"选项,出现图 8.3 所示的新建 Nois 系统对话框,输入 Nois_system1 作为系统名,选择使用的语言 Verilog,点击"OK",进入图 8.4 所示 SOPC Builder 设计界面。

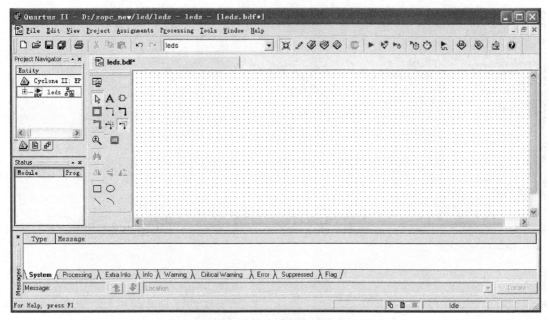

图 8.2　简单的 SOPC 应用系统工程界面

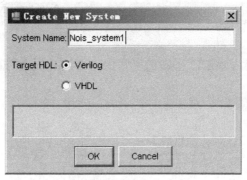

图 8.3　新建 Nois 系统对话框

（3）SOPC Builder 界面介绍

图 8.4 所示的 SOPC Builder 窗口分为左、右两部分。左半部分包括 System Contents 和 System Generation 两个标签，System Contents 用于给系统中添加组件和配置组件，设计满足系统要求的系统；System Generation 用于生成系统。窗口右边上半部分可以选择芯片和设置系统工作时钟，例如，芯片选择 Cyclone II，时钟设为 50MHz，这个是为和 DE2 实验板一致，右边下半部分用来显示定制的硬件。窗体下边为信息窗口，显示系统构建过程中的一些提示信息。

（4）添加处理器

在左边窗口选择"Nios II Processor"选项，点击"Add"按钮，出现图 8.5 所示的 Nios II 处理器对话框。处理器有 Nios II/e（经济型）、Nios II/s 标准型和 Nios II/f 增强型三种，选择 Nios II/e，点击"finish"按钮，这时出现如图 8.6 所示的包含 Nios II 处理器的 SOPC Builder 设计界面。

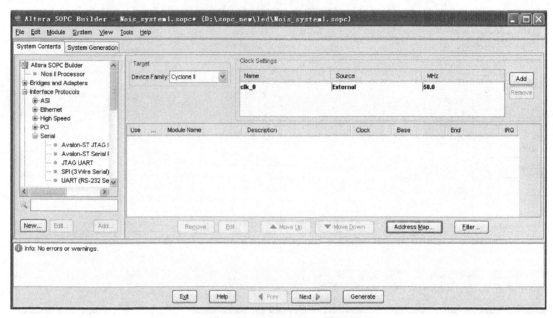

图 8.4　SOPC Builder 界面

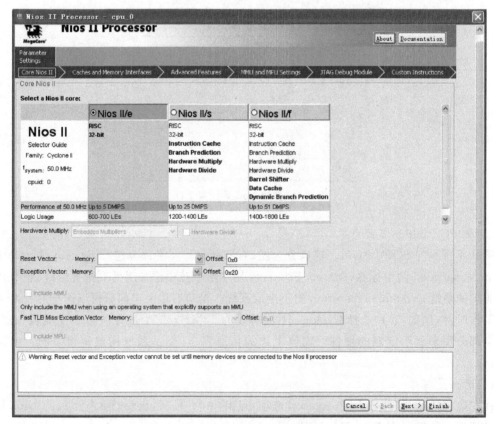

图 8.5　Nios II 处理器对话框

图 8.6 界面中显示了指定的 Nios II 处理器，这时在信息窗口显示了一些错误提示，这是

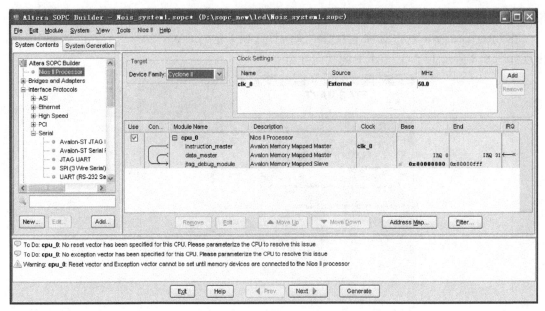

图 8.6　包含 Nios II 处理器的 SOPC Builder 设计界面

因为处理器的一些参数还没有配置。没关系,当系统提供了有效的数据后,错误信息就可自动消除。

设计过程中,SOPC Builder 自动为各组件选择了名字,组件名与设计目标相联系,但是组件名是可以修改的,修改方法为在组件名上点右键,在弹出菜单中选择 Rename 选项,将名字更改为所需名称。用该方法将 cpu_0 改为 CPU,改名后界面如图 8.7 所示。

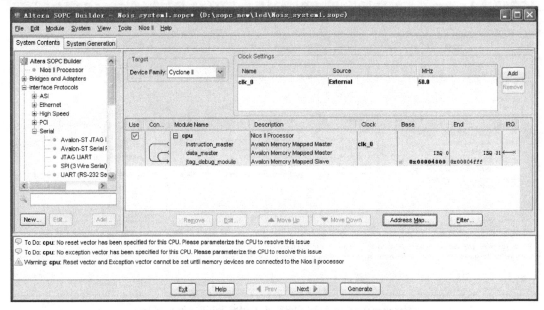

图 8.7　Nios II 处理器改名后的 SOPC Builder 设计界面

(5)添加 JTAG UART 接口

JTAG UART 接口可以将 Nios II 软件与开发版相连接,可以返回开发板的信息,为了方便调试,应添加 JTAG UART 调试模块。

在 Interface Protocols 选项下,选择"Serial"选项下的"JTAG UART",点击"Add"按钮,出现如图 8.8 所示 JTAG UART 配置向导窗口。

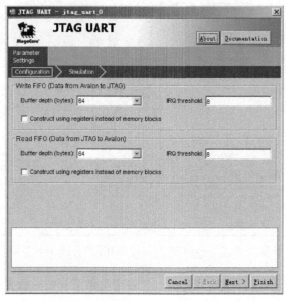

图 8.8 JTAG UART 配置向导窗口

在配置向导窗口不需修改任何参数,使用默认设置,点击"Finish"按钮,返回到如图 8.9 所示 SOPC Builder 设计界面。

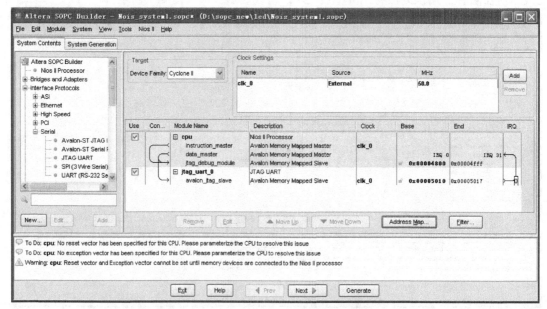

图 8.9 包含 JTAG UART 的 SOPC Builder 设计界面

(6)添加片上存储器

存储器用来存放程序和数据,本例中程序比较小,可以放在片内存储器中。在"Memories

and Memory Controllers" 选项下,选择 On – Chip 选项下的"On-Chip Memory (RAM or ROM)",点击"Add"按钮,出现如图 8.10 所示的片上存储器配置向导窗口。

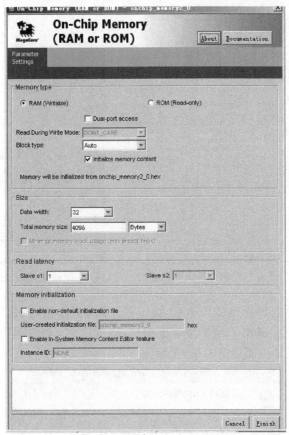

图 8.10　片上存储器配置向导窗口

　　在存储器配置向导窗口选择 RAM 存储器,设置存储器数据宽度为 32 位,存储容量为4 K 字节,其他参数不用修改,点击"Finish"按钮,系统中就添加了片上 RAM,将其改名为 Onchip_ RAM。

　　用同样的方法,在配置向导窗口选择 ROM 存储器(如果不固化程序,可以不添加 ROM), 添加后将其改名为 Onchip_ROM。添加完片上存储器返回到如图 8.11 所示 SOPC Builder 设计界面。

　　FPGA 芯片内部其实没有 ROM 硬件资源,ROM 是通过对 RAM 赋初值,并保持该值为只读来实现的。ROM 的内容是在对 FPGA 芯片配置时一起写入 FPGA 芯片的。在系统上电时,片上 ROM 的内容将由 onchip_ROM. hex 文件进行初始化,onchip_ROM. hex 文件是由 Nios II IDE 生成的,文件内容即为用户程序。

　　(7)添加并行 I/O 接口

　　在用 LED 灯实现流水灯的系统中,LED 灯为输出设备,要经并行输出接口与系统相连。因此系统中要添加并行 I/O 接口。

　　在"Peripherals"选项下,选择"Microcontroooer Peripherals"选项下的"PIO (Parallel I/ O)",点击"Add"按钮,出现如图 8.12 所示的并行口配置向导窗口。

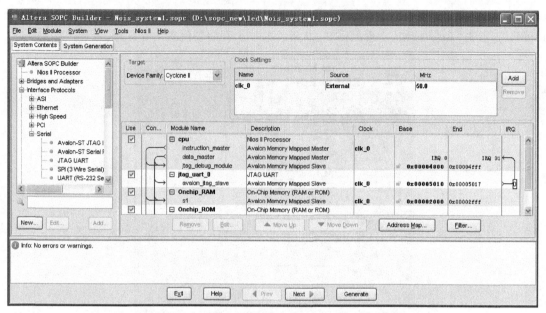

图 8.11　包含片上存储器的 SOPC Builder 设计界面

在并行口配置向导窗口指定端口宽度为 16 位,方向为输出,点击"Finish"按钮,返回到 SOPC Builder 设计界面。其中 pio_0 为输出接口,将其改名为 LED。到此硬件系统定制完成,其 SOPC Builder 设计界面如图 8.13 所示。

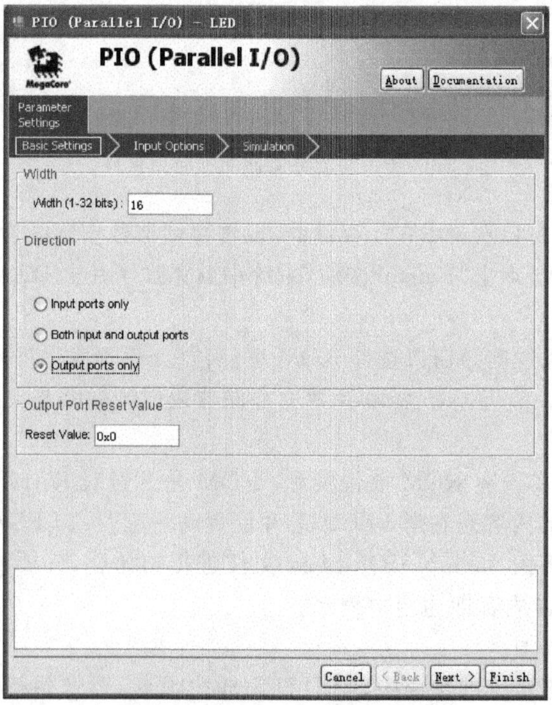

图 8.12　PIO 接口配置界面

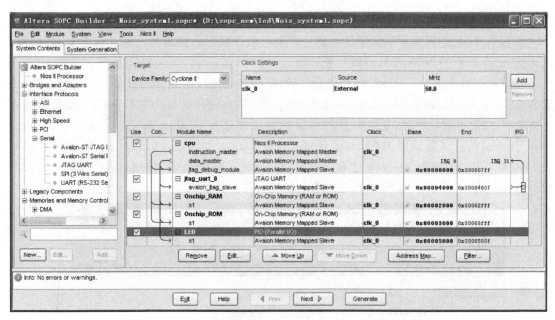

图 8.13　包含 PIO 接口的 SOPC Builder 设计界面

(8)为组件分配地址

设计过程中,SOPC Builder 自动为各组件分配了地址,组件的地址是可以重新进行分配的,分配地址的方法可以是用户手动分配,也可以自动分配,一般采用自动分配的方法。自动分配时,选择"System"菜单下的"Auto-Assign Base Addresses"选项和"Auto-Assign IRQs",SOPC Builder 自动为各组件分配基地址和中断优先级,分配地址后的界面如图 8.14 所示。

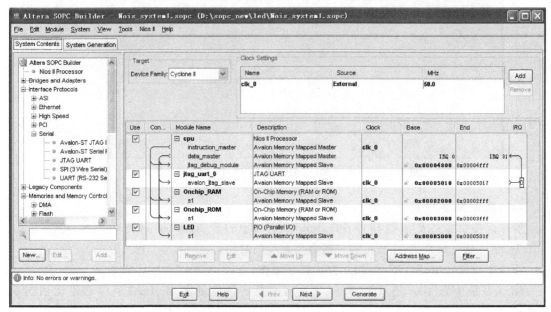

图 8.14　组件分配地址后的 SOPC Builder 设计界面

(9)配置 CPU

配置 CPU 就是设置在系统复位和异常发生时程序执行的位置与地址。双击 CPU 组件，进入图 8.15 所示的 Nios II 处理器配置界面。

本例题在系统上电后从 ROM 开始运行程序，因此将复位向量(Reset Vector)的存储器设置为 Onchip_ROM，地址 0x00003000 为 Onchip_ROM 的硬件地址 0x00003000 和偏移地址为 0x0 之和，如果不固化程序，复位向量的存储器也可设置为 Onchip_RAM；异常向量(Exception Vector)的存储器设置为 Onchip_RAM，地址 0x00002020 为 Onchip_RAM 的硬件地址 0x00002000 与偏移地址为 0x20 之和。设置完成后，点击"Finish"按钮，返回 SOPC Builder 设计界面。这时，原来添加 Nios II 处理器后的错误信息消失。

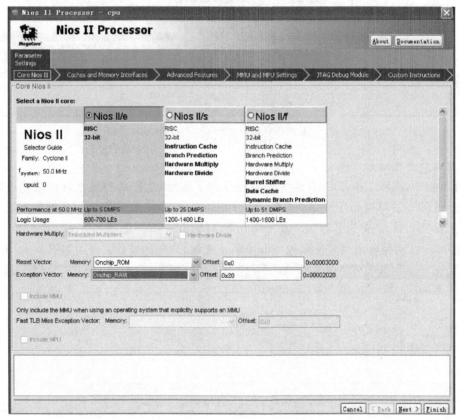

图 8.15　包含 JTAG UART 的 SOPC Builder 设计界面

(10)生成 Nios II 系统

所需部件添加完成后，选择 SOPC Builder 窗口上的 System Generation 标签，点击"Generate"按钮开始生成系统，生成过程一般需要较长的时间。

系统生成过程中，SOPC Builder 完成以下操作：

① 为系统生成 Nios Ⅱ IDE 软件开发所需要的硬件抽象层(HAL)、C 和汇编语言头文件；

② 为系统编译定制的软件库；

③ 生成 Verilog HDL 源文件；

④ 生成片内 ROM 和 RAM 所使用的 HEX 文件。

当出现"SUCCESS：SYSTEMGENERATION COMPLETED"，信息显示如图 8.16 所示，生成完成，点击"Exit"按钮返回 Quartus II 设计界面。

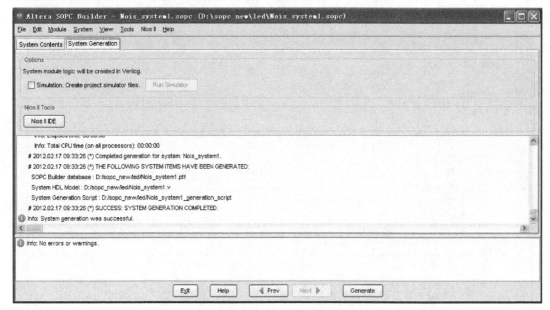

图 8.16　Nios II 系统生成成功界面

(11)将 Nios Ⅱ系统集成到 Quartus II 工程

完成 Nios Ⅱ系统设计后，还应该在 Quartus II 中对用 SOPC Builder 生成的 Nios Ⅱ系统模块进行实例化，进行引脚分配，然后编译系统并将系统下载到 FPGA 芯片，进行系统验证。

①Nios Ⅱ系统模块进行实例化

在文件输入界面双击鼠标，进入如图 8.17 所示的元件输入界面，选择"Projects"选项下的"Nois_system1"，点击"OK"按钮，返回如图 8.18 所示 Quartus II 设计界面。

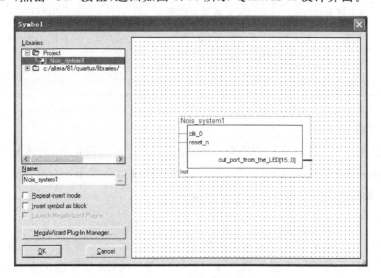

图 8.17　Nios Ⅱ元件选择界面

②引脚分配

形成引脚的方法很多,最简单的方法是在 Nois_system1 元件上点击右键,选择"Generate Pins for Symbol Ports",系统根据引脚的类型自动生成所需引脚,这样可以防止用户手动添加引脚造成的位数、方向等错误的发生。

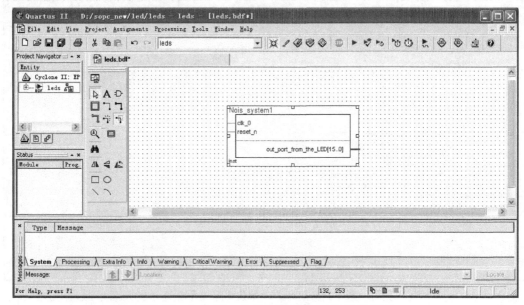

图 8.18　包含 Nios Ⅱ 元件的 Quartus Ⅱ 设计界面

为了以后能自动导入引脚,根据 DE2－70 开发板引脚分配情况对引脚进行更名。Nois_system1 引脚生成和更名后的 Quartus Ⅱ 设计界面如图 8.19 所示,引脚更名前后名称对照如表 8.3 所示。

表 8.3　引脚进行更名前后对照表

更名前引脚名	更名后引脚名	引脚功能
clk_0	iCLK_50	系统工作时钟
reset_n	iKEY[0]	按键开关作系统复位信号
out_port_from_the_LED[15..0]	oLEDR[15..0]	16 个绿色 LED 灯

③ 生成与下载

引脚分配完成后,导入引脚分配文件(参见第 3 章),点击编译按钮,对系统工程进行编译。编译后的 Quartus Ⅱ 设计界面如图 8.20 所示。编译完成生成了 leds. sof 和 leds. pof 两个供下载的文件,分别用于 JTAG 和 AS 方式的下载。

2. 软件设计

硬件下载后,一个满足用户要求的计算机硬件系统就定制完成了。接下来就是根据应用要求在 Nios Ⅱ IDE 开发环境下进行软件编程。下面就以 LED 灯形成流水灯的效果为例,介绍用 C 语言编写应用程序的方法和过程。

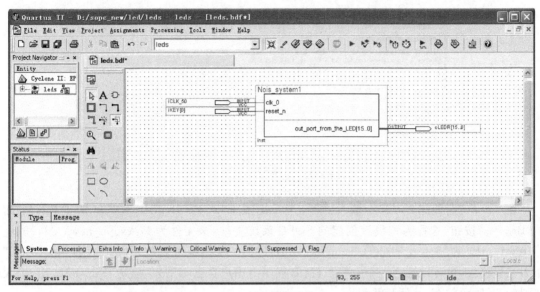

图 8.19　Nois_system1 生成引脚后的 Quartus II 设计界面

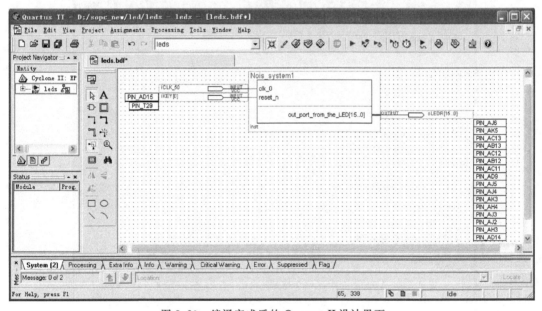

图 8.20　编译完成后的 Quartus II 设计界面

（1）选择工作区

启动 Nios II 8.1 软件，进入 Nios II 集成编程环境。选择"File"菜单下的"Switch Work-space…"，进入图 8.21 所示的选择工作区界面，工作区选择是为了把各 Nios II 应用程序分开。如果不选择工作区，所有工程在同一个工作区中，这样调试程序时要关闭不用的工程，否则系统编译会出错。

（2）新建 Nios II IDE 工程

选择"File"菜单下的"New"下的"Nios II C/C++ Application"选项，进入图 8.22 所示的新建工程界面。

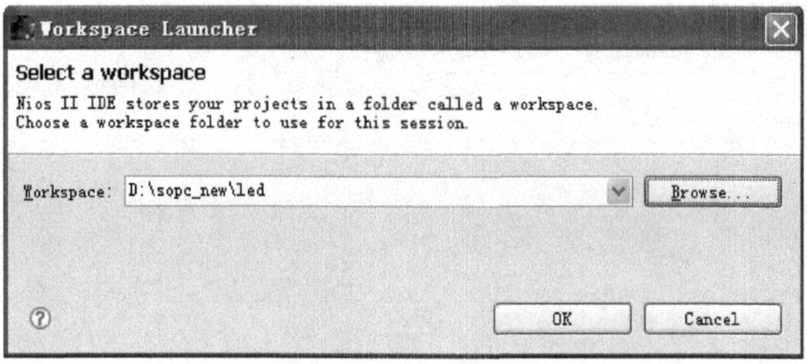

图 8.21　选择工作区界面

在"name"后面的文本框中输入工程名称 led,点击"SOPC Builder System PTF File"后面的"Browse"按钮,选择为该设计创建的 SOPC 系统文件,该文件为 D:\sopc_new\led\Nois_system1.ptf。在"Select Project Template"下有许多工程模板可供选择,选择"Hello World"作为工程模版,也可以选择一个空模版(所有程序由用户自己编写)。点击"Finish"按钮,进入如图 8.23 所示的 Nios II IDE 界面。

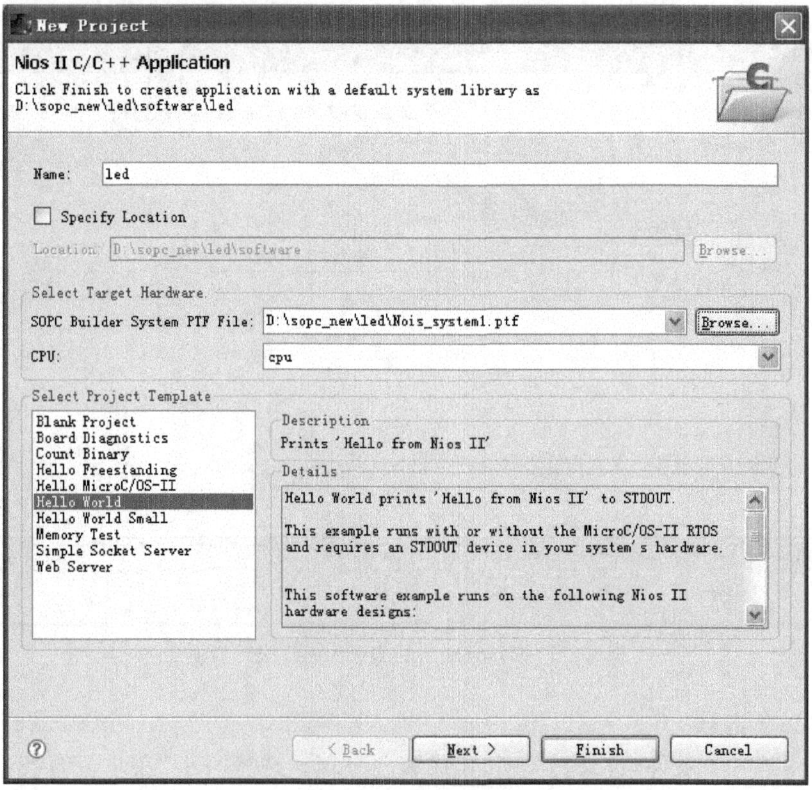

图 8.22　Nios II 创建新工程界面

(3)Nios II IDE 界面简介

Nios II IDE 界面是软件设计的一个集成环境。Nios II IDE 界面左边为工程管理窗口,其中显示 led 和 led_syslib 两个工程,led 是 C/C++应用工程,led_syslib 是描述硬件细节的系统库;中间部分用于编辑程序,输入用户应用程序;右半部分用于显示系统中包含的头文件等;

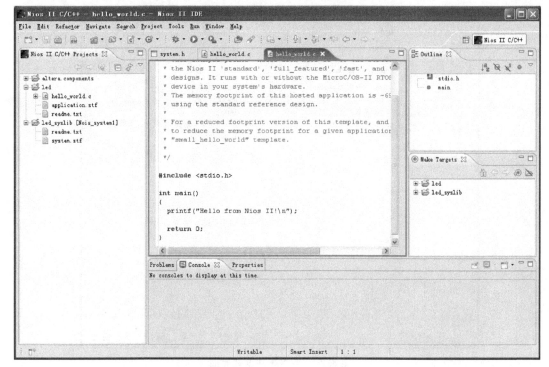

图 8.23　Nios II IDE 界面

下半部分用于显示系统编译和运行的信息。

（4）工程属性设置

系统编译前，工程属性的设置非常重要，工程属性不正确会造成系统编译错误。

在工程窗口的"led"选项上点击右键，选择"Properties 选项"，进入工程属性设置界面，在该界面中选择"C/C++ Build"，显示如图 8.24 所示的属性设置界面。按照图中显示设置编译器的优化参数。点击"OK"按钮完成设置。

在工程窗口的"led_syslib"选项上点击右键，选择"Properties 选项"，进入库文件属性设置界面，在该界面中选择"C/C++ Build"选项，显示如图 8.25 所示的系统库属性设置界面 1。按照图中显示设置编译器的优化参数。点击"OK"按钮完成设置。

在库文件属性设置界面中选择"System Library"，显示如图 8.26 所示的系统库设置界面 2。在右边存储器的选择中，如果程序要固化，第一项选择 Onchip_ROM 外，否则选择 Onchip _RAM，其余均选择 Onchip_RAM，由于存储器为片上存储器，其容量较小，因此在 Small C Library 选项前打钩，其余按图中参数设置，然后点击"OK"按钮完成设置。

（5）编译工程

在编写程序前可以先对工程进行编译，这样，一方面可以验证系统参数设置的正确性，另一方面可以自动生成与所选硬件相关的头文件和硬件抽象层库（HAL Hardware Abstraction Layer）。

在"led"选项上点击右键，在弹出菜单中选择"Build Project"，工程开始编译，编译完成界面如图 8.27 所示。观察该界面，led 和 led_syslib 选项下比编译前多了许多项，这些选项中包含了与系统硬件相关的头文件和 HAL 库。

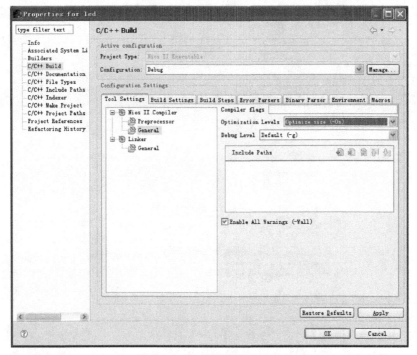

图 8.24　工程属性设置界面

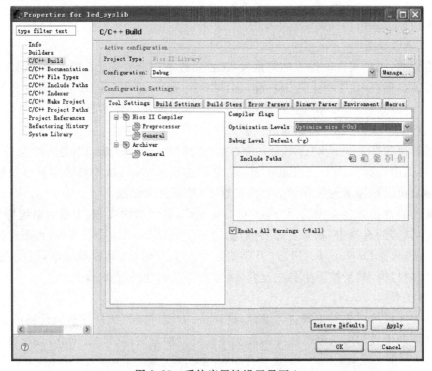

图 8.25　系统库属性设置界面 1

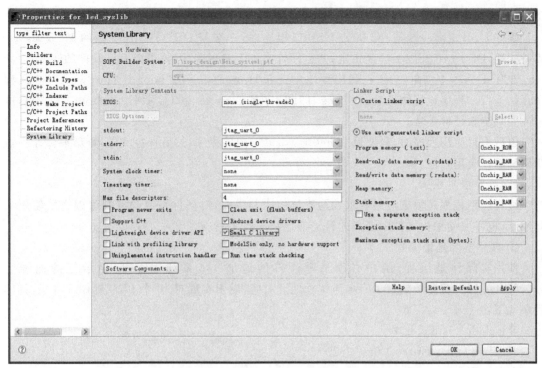

图 8.26　系统库属性设置界面 2

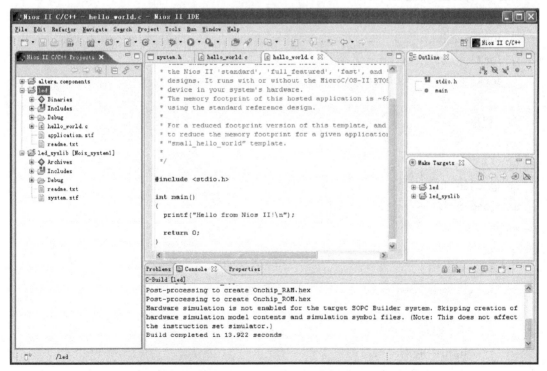

图 8.27　Nios Ⅱ工程编译界面

(6)调试与运行

确保 USB 电缆一端与 PC 机的 USB 口相连,另一端与 DE2 - 70 开发板的 USB-Blaster 接口相连,DE2 - 70 开发板已经供电,并且硬件文件下载正确后,就可以进行软件的调试。

在"led"选项上点击右键,在弹出菜单中选择"Run As"下的"Nios II Hardware"选项,程序开始运行。程序运行结束后,在 Nios II IDE 界面 Console 窗口显示 Hello from Nios II!,这时说明系统软硬件正常。

以后编写应用程序时,只要修改 hello_world. c 中的程序,然后保存文件,重新编译即可重新调试运行应用程序。

(7)编写应用程序

编写应用程序是根据应用要求编写系统的控制程序,对硬件系统的控制可以直接使用实际地址,也可以使用头文件中定义的符号地址和函数来完成。

① 使用实际地址编程

使用实际地址编程,用户必须清楚硬件的地址。本系统中 LED 显示灯的地址为 0x0005000,因此程序中定义 LEDs 与这个地址对应,用于实现对 16 个 LED 灯循环点亮,具体程序如下:

```c
# include <stdio. h>
# define LEDs (int * ) 0x0005000
//延时程序
void delay(unsigned int j)
{   unsigned int k;
    unsigned int i;
    for (k=0;k<=j;k++)
    for (i=0;i<=50000;i++);
}
//主程序
int main()
{
unsigned int light;
unsigned int i;
while (1)
  {
    light=0x01;
    for (i=0;i<16;i++)          //16 个灯循环点亮
      {
        * LEDs = light;       //输出灯的状态
        light=light<<1;
        delay(1000);
      }
  }
```

```
return 0;
}
```

② 使用头文件的符号地址

利用实际地址编程时,如果 Nios 硬件系统中的地址发生改变,程序就要跟着变化,这样程序通用性比较差。在系统第一次编译时,形成了与硬件相关的许多头文件,其中 system.h 是一个重要的头文件。system.h 中包含了所有硬件的配置信息,使用其中的符号地址编程,在硬件发生改变时程序不需要进行修改。system.h 中内容较多,其中和 LED 相关的内容如下:

```
# define LED_NAME "/dev/LED"
# define LED_TYPE "altera_avalon_pio"
# define LED_BASE 0x00005000                       //LED 基地址
# define LED_SPAN 16
# define LED_DO_TEST_BENCH_WIRING 0
# define LED_DRIVEN_SIM_VALUE 0
# define LED_HAS_TRI 0
# define LED_HAS_OUT 1
# define LED_HAS_IN 0
# define LED_CAPTURE 0
# define LED_DATA_WIDTH 16
# define LED_RESET_VALUE 0
# define LED_EDGE_TYPE "NONE"
# define LED_IRQ_TYPE "NONE"
# define LED_BIT_CLEARING_EDGE_REGISTER 0
# define LED_FREQ 50000000
# define ALT_MODULE_CLASS_LED altera_avalon_pio
```

system.h 中的内容只能引用,不能修改,如果修改其内容会造成程序编译错误。引用符号地址时,只要将原来程序的语句:

```
# define LEDs (int * ) 0x0005000
```

改为:

```
# include <system.h>
# define LEDs (int * ) LED_BASE
```

其他程序不用修改,这样仍然能控制 16 个 LED 灯循环点亮。当 Nios 硬件系统发生改变时,程序不用做任何修改,只要在工程上点右键,选择 Refresh 刷新工程,重新编译即可运行。

③ 使用头文件中的函数

软件第一次编译时除过生成 system.h 文件外,还生成了 altera_avalon_pio_regs.h 头文件,这个文件中包含了对并行接口操作的函数。使用函数控制硬件,系统不需要了解硬件更多的细节,只要知道函数的格式即可正确操作,这也是操作硬件最常用的方法。函数的具体操作下章将做具体说明。

altera_avalon_pio_regs.h 内容在包含了该文件后即可看到,使用函数对并行口操作实现 LED 流水灯效果程序如下:

```
#include "system. h"                    //包含基本的硬件描述信息
#include "altera_avalon_pio_regs. h"    //包含基本的 I/O 口信息
#include <stdio. h>
//延时程序
void delay(unsigned int j)
{   unsigned int k;
    unsigned int i;
    for (k=0;k<=j;k++)
    for (i=0;i<=50000;i++);
}
//主程序
int main()
{
unsigned int light;
unsigned int i;
while (1)
  {
     light=0x01;
     for (i=0;i<16;i++)          //16 个灯循环点亮
       {
          IOWR_ALTERA_AVALON _PIO_DATA (LED_BASE, light); //输出灯的状态
          light=light<<1;
          delay(1000);
       }
  }
  return 0;
}
```

3. 程序下载

　　程序调试通过后,由 Nios II IDE 生成的 onchip_ROM. hex 文件为正确的可执行程序代码。对 Quartus 工程重新编译,利用 onchip_ROM. hex 对 onchip_ROM 芯片进行初始化,生成的配置文件中包含了 onchip_ROM. hex 内容。

　　进入编程界面,将编程模式为"Active Serial programming",添加编译形成的 leds. pof 文件,并选择选项 program/Configue,然后单击"Start"按钮完成程序的下载,这时软件文件、FPGA 配置文件一起下载到了 DE2‐70 开发板上的 Altera EPCS16 芯片中了。当系统掉电时,数据不丢失。系统重新上电,程序自动加载,LED 灯的状态变化正常。

习　题

　　1.什么是 IP 核? IP 核有那几种类型?

2. Nios II 有哪些主要特点？Nios II 有哪些常用外设？

3. 说出 SOPC 应用系统开发过程。

4. Nios II 对外设的编程方式有哪几种？举例说明。

5. 设计一个用 8 个 LED 灯形成的流水灯的 SOPC 硬件，并在 Nios II 环境下编写控制程序。

第9章 NIOS II 常用外设编程

Nios II 嵌入式系统中包含各种外围设备,用户的应用程序对这些外围设备进行控制和操作来实现各种功能。Altera 提供了很多外设的 IP 核,用户可以很方便地将所需的外设集成到 Nios II 系统中去。很多第三方的公司也提供外设的 IP 核,用户也可以创建自己的外围设备,满足相应规范的第三方 IP 核和用户自己创建的 IP 核很容易地集成到 Nios II 系统中。

本章以实例的形式介绍一些常用的外设的硬件结构和软件编程,以及外部存储器的扩展方法,使读者掌握 Nios II 嵌入式系统的软硬件协同开发的技能。

9.1 并行接口

并行输入/输出(PIO)核提供了 Avalon 总线与 I/O 设备的连接。I/O 端口一端连接到片内的用户逻辑,另一端连到 FPGA 芯片的对外引脚上,提供对外部设备的 I/O 访问。

9.1.1 PIO 寄存器描述

每个 PIO 核可提供多达 32 位的 I/O 端口,用户要控制的设备较多时,可以添加多个 PIO 核。CPU 通过读/写 PIO 接口的映射寄存器来控制 PIO 端口。在 CPU 的控制下,PIO 核在输入端口捕获数据,驱动数据到输出端口。当 PIO 端口直接连到了 I/O 管脚,通过写控制寄存器,CPU 能够将管脚置成三态。

当 PIO 核集成到 SOPC Builder 生成的系统中,每个 PIO 核有 1 到 32 个位的 I/O 端口,具有 4 个寄存器的存储器映射的寄存器空间,4 个寄存器分别是 data、direction、interruptmask 和 edgecapture。

有些寄存器在某些硬件配置下不是必需的,这时相应的寄存器就不存在了。对一个不存在的寄存器进行读操作,则返回一个未定义的值;对一个不存在的寄存器进行写操作,则没有任何结果。寄存器的功能如表 9.1 所示。

表 9.1 PIO 核的寄存器

偏移量	寄存器名		R/W	端口位	
				15 …	2 1 0
0	数据寄存器	读访问	R	PIO 输入端口当前的数据值	
		写访问	W	向 PIO 输出端口输出的新的数据值	
1	方向寄存器 (direction)		R/W	控制每个 I/O 端口的输入输出方向 0 值为输入,1 值为输出。	
2	中断掩码寄存器 (interruptmask)		R/W	每个输入端口的 IRQ 使能或禁止 将某位设为 1,则使能相应的端口的中断	
3	边沿捕获寄存器 (edgecapture)		R/W	每个输入端口的边沿检测	

1. 数据寄存器(data)

PIO 核的 I/O 端口可以连接到片上或片外的逻辑。内核可以配置成仅有输入端口,或仅有输出端口,或两者都有。如果内核用于控制设备上的双向 I/O 管脚,内核提供具有三态控制的双向模式。

读数据寄存器返回输入端口上的数据,写数据寄存器则提供驱动到输出端口的数据。这些端口是独立的,读数据寄存器不会返回之前写入的数据。

2. 方向寄存器(direction)

如果端口是双向的,方向寄存器控制每个 PIO 端口的数据方向。当方向寄存器的第 n 位被置为 1,端口 n 驱动数据寄存器中相应位的值。

方向寄存器只有当 PIO 核配置为双向模式时才存在,模式(输入、输出或双向)在系统生成时指定,在运行时无法更改。在 input-only 或 output-only 模式下,方向寄存器不存在。这种情况下,读方向寄存器返回一个未定义的值,写方向寄存器则没有结果。

复位之后,方向寄存器的所有位都是 0,即所有双向的 I/O 端口配置为输入。如果 PIO 端口连接到设备的管脚,则管脚保持高阻状态。

3. 中断掩码寄存器(interruptmask)

设置中断掩码寄存器某位为 1,则将相应的 PIO 输入端口中断使能。中断的行为依赖 PIO 核的硬件配置。中断掩码寄存器只有当硬件配置产生中断请求(IRQ)时才存在。如果内核不能产生中断请求,读指定掩码寄存器返回一个未定义的值,写中断掩码寄存器则没有任何结果。

复位之后,所有的中断掩码寄存器位都为零,即所有 PIO 端口中断被禁止。

4. 边沿捕获寄存器

PIO 核可配置在输入端口上捕获脉冲边沿,可捕获由低到高的跳变、由高到低的跳变、或者两种跳变。当输入端口检测到一个脉冲的边沿,则边沿捕获寄存器会作出相应的反应。检测的边沿种类在系统生成时指定,并且不能通过写寄存器来改变。

为了更多了解并行口的属性,下面以 16 个开关控制 16 个 LED 灯的状态为例,说明并行接口 PIO 的硬件配置及编程方法。

9.1.2　PIO 硬件配置

在第 8 章例题的 SOPC Builder 工程基础上增加一个 PIO 接口,PIO 接口宽度为 16 位,方向选择只做输入(input ports only),配置界面如图 9.1 所示。

添加了 PIO 核后,将其改名为 SWITCH。然后选择 System 菜单下的"Auto-Assign Base Addresses"选项和"Auto-Assign IRQs",SOPC Builder 自动为各组件分配基地址和中断优先级,配置后的 SOPC Builder 设计如图 9.2 所示。点击"Generate"按钮生成 Nios II 系统。

将 SOPC Builder 生成的系统加入到 Quartus II 工程中,根据 DE2-70 开发板引脚分配情况,将 16 位输出接口与 16 个红色 LED 灯相连,16 位输入接口与 16 个拨码开关相连,时钟信号与 iCLK_50,复位信号连接在按键开关 iKEY0,具体引脚分配如图 9.3 所示。工程编译后,将文件下载到 DE2-70 开发板,作为开关控制 LED 灯的硬件环境。

9.1.3　PIO 软件编程

Nios II IDE 软件,生成一个 C/C++的工程,在软件工程第一次编译的时候,Nios II IDE

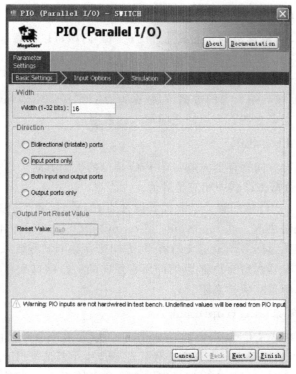

图 9.1 开关 PIO 配置界面

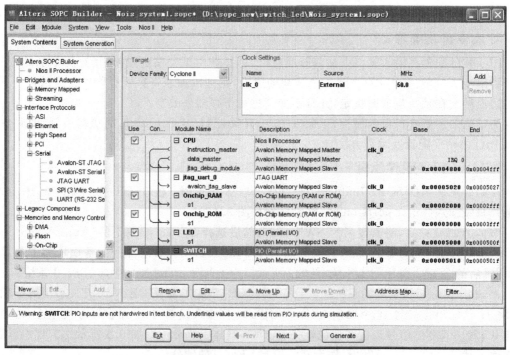

图 9.2 开关控制 LED 灯状态的 SOPC Builder 设计界面

生成了 system.h 和定义 PIO 核寄存器的 HAL 系统库头文件。

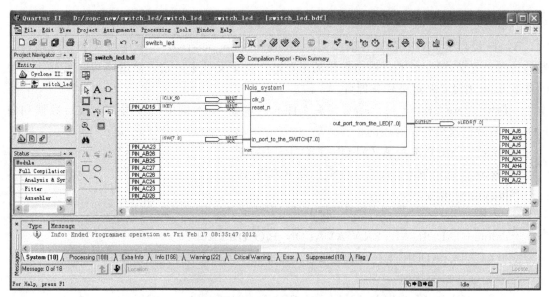

图 9.3　开关控制 LED 灯状态的 Quartus II 设计界面

1. 系统头文件

　　system.h 文件是硬件系统库的基础，system.h 文件提供了完整的 Nios II 系统硬件的软件描述，它的作用是将硬件和软件设计连接起来。system.h 文件描述系统中的每个外设的硬件配置、外设的基地址、中断请求优先级、外设的符号名等。

　　system.h 内容取决于硬件配置和用户设置的 HAL 系统库的属性。本例 system.h 中与 LED 相关的定义语句与第 8 章的相同，与 SWITCH 相关的定义语句如下：

　　# define SWITCH_NAME "/dev/SWITCH"

　　# define SWITCH_TYPE "altera_avalon_pio"

　　# define SWITCH_BASE 0x00005010　　　　　// SWITCH 硬件基地址

　　# define SWITCH_SPAN 16

　　# define SWITCH_DO_TEST_BENCH_WIRING 0

　　# define SWITCH_DRIVEN_SIM_VALUE 0

　　# define SWITCH_HAS_TRI 0

　　# define SWITCH_HAS_OUT 0

　　# define SWITCH_HAS_IN 1

　　# define SWITCH_CAPTURE 0

　　# define SWITCH_DATA_WIDTH 16

　　# define SWITCH_RESET_VALUE 0

　　# define SWITCH_EDGE_TYPE "NONE"

　　# define SWITCH_IRQ_TYPE "NONE"

　　# define SWITCH_BIT_CLEARING_EDGE_REGISTER 0

　　# define SWITCH_FREQ 50000000

　　# define ALT_MODULE_CLASS_SWITCH altera_avalon_pio

2. PIO 核的寄存器头文件

Altera 提供了 PIO 核的寄存器头文件 altera_avalon_pio_regs. h,其中包含了 PIO 核寄存器的访问宏定义,程序对 I/O 端口操作的函数都在这个文件中给出。使用函数时只要将其中的参数 base 用设备基地址代替即可。

本例中 altera_avalon_pio_regs. h 头文件的内容如下,本例中只有读 I/O 接口数据和向 I/O接口写数据这两句是有用的。

```
#ifndef __ ALTERA_AVALON_PIO_REGS_H __
#define __ ALTERA_AVALON_PIO_REGS_H __
#include <io. h>


#define IOADDR_ALTERA_AVALON_PIO_DATA(base)
__ IO_CALC_ADDRESS_NATIVE(base, 0)
//读 I/O 接口的数据
#define IORD_ALTERA_AVALON_PIO_DATA(base)        IORD(base, 0)
//向 I/O 接口写数据
#define IOWR_ALTERA_AVALON _PIO_DATA (base, data)        IOWR(base, 0, data)


#define IOADDR_ALTERA_AVALON_PIO_DIRECTION(base)
__ IO_CALC_ADDRESS_NATIVE(base, 1)
#define IORD_ALTERA_AVALON_PIO_DIRECTION(base)           IORD(base, 1)
#define IOWR_ALTERA_AVALON _PIO_DIRECTION(base, data)   IOWR(base, 1, data)


#define IOADDR_ALTERA_AVALON_PIO_IRQ_MASK(base)
__ IO_CALC_ADDRESS_NATIVE(base, 2)
#define IORD_ALTERA_AVALON_PIO_IRQ_MASK(base)            IORD(base, 2)
#define IOWR_ALTERA_AVALON _PIO_IRQ_MASK(base, data)    IOWR(base, 2, data)


#define IOADDR_ALTERA_AVALON_PIO_EDGE_CAP(base)
__ IO_CALC_ADDRESS_NATIVE(base, 3)
#define IORD_ALTERA_AVALON_PIO_EDGE_CAP(base)            IORD(base, 3)
#define IOWR_ALTERA_AVALON _PIO_EDGE_CAP(base, data)    IOWR(base, 3, data)


#define ALTERA_AVALON_PIO_DIRECTION_INPUT   0
#define ALTERA_AVALON_PIO_DIRECTION_OUTPUT 1


#endif / * __ ALTERA_AVALON_PIO_REGS_H __ * /
```

3. 控制程序

下面程序为开关控制 LED 灯程序,程序中必须包含 system. h 和 altera_avalon_pio_regs.

h 两个头文件,主程序 main( )最主要的就是读开关的值和向输出端口输出数据,这样可以用从开关读到的值来控制灯 LED 的状态。具体程序如下:

```
＃include "system. h"                    //包含基本的硬件描述信息
＃include "altera_avalon_pio_regs. h"    //包含基本的 I/O 口信息
int main()
{
  unsigned int light;
  while (1)
    {
      light＝IORD_ALTERA_AVALON _PIO_DATA (SWITCH_BASE);    //读开关的状态
      IOWR_ALTERA_AVALON_PIO_DATA(LED_BASE, light);  //写 LED 灯的状态
    }
      return 0;
    }
```

程序在 Nios II IDE 环境中进行编辑、编译运行,运行后在 DE2－70 开发板上拨动 16 个开关的位置,对应的 16 个 LED 灯的状态就随着变化。

9.2　中断系统

中断是指 CPU 在执行程序的过程中,出现了某种突发事件亟待处理,CPU 中止现行程序的执行,执行该事件的中断服务程序,处理完毕后,CPU 自动返回原程序被中断的位置继续执行。在 Nios II 系统中,PIO 核可以配置成在某个输入的情况下产生中断请求。

产生中断请求的条件可以是:

① 电平触发——PIO 核硬件检测到高电平则产生中断请求。通过在内核外部加一个非门来实现对低电平敏感。

② 边沿触发——PIO 核的边沿捕获配置决定哪种边沿会导致中断请求。

PIO 端口中断配置成以中断方式工作时,interruptmask 寄存器决定哪个端口可以产生中断,每个端口的中断可以被屏蔽;edgecapture 寄存器用于输入端口上捕获脉冲边沿。

为了说明中断服务程序的编写和注册方法,下面用 DE2－70 开发板上的 iKEY1 来模拟中断,控制 16 个 LED 灯形成的流水灯的效果。当按键按下偶数次时,流水灯停止移动,当按下奇数次时,流水灯从右向左移动。

9.2.1　中断系统硬件配置

在第 8 章例题的 SOPC Builder 设计的基础增加一个 PIO 核用来接收 iKEY1 按键的信号用于模拟中断,其中位数 1 位,方向为输入,配置界面如图 9.4 所示。

点击"Next" 按钮,进入图 9.5 所示的与中断配置相关的界面。配置中断为边沿触发,上升沿有效,配置完成,点击"Finish"按钮,返回图 9.6 所示的 SOPC Builder 设计界面。

图 9.6 是配置完成的用按键控制流水灯效果的 SOPC Builder 设计界面,LED 设置为 16 位输出,用于接收按键的 PIO 改名为 button。工程组件配置完成后,选择"System"菜单下的"Auto-Assign Base Addresses"选项和"Auto-Assign IRQs",SOPC Builder 自动为各组件分配

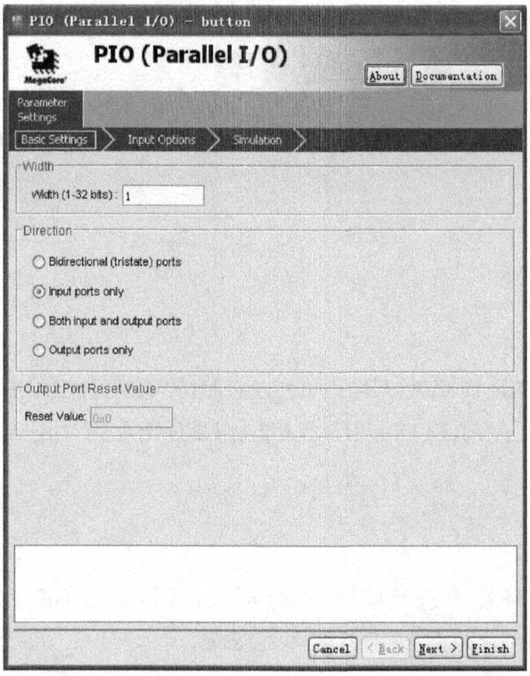

图 9.4　与按键对应的端口位数和方向配置界面

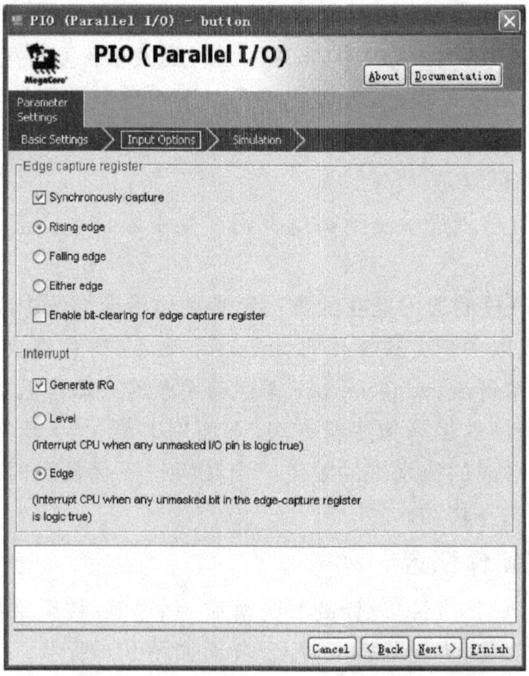

图 9.5　与按键对应的中断配置界面

基地址和中断优先级,点击"Generate"按钮生成 Nios II 系统。

　　将 SOPC Builder 生成的含有中断的系统加入到 Quartus II 工程中,根据 DE2 - 70 开发板引脚分配情况,将 16 位输出接口与 16 个红色 LED 灯相连,时钟信号与 iCLK_50,复位信号连

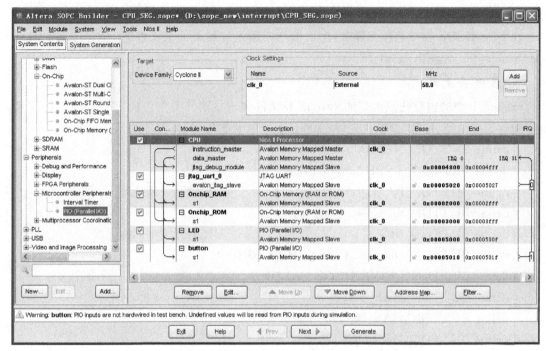

图 9.6　用按键控制流水灯效果的 SOPC Builder 设计界面

接在按键开关 iKEY0,iKEY1 用于接收按键中断,中断系统引脚分配如图 9.7 所示。工程编译后,将文件下载到 DE2 - 70 开发板,作为中断系统的硬件环境。

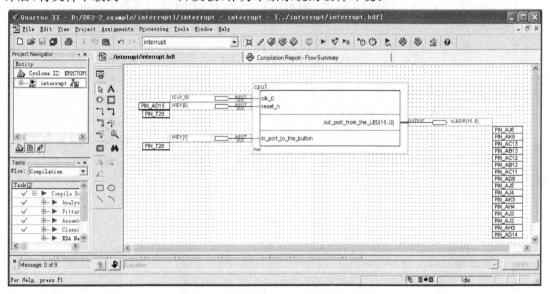

图 9.7　中断系统 Quartus II 设计界面

9.2.2　中断系统软件编程

中断发生时,处理器开始执行一段由 HAL 插入的代码,并判断中断源和中断优先级,然后再转到用户的中断服务子程序(ISR)中。即中断发生后,除中断服务程序完成的工作外,其余工作由 HAL 系统库自动完成,如现场保护、现场恢复、转到中断服务程序等。

在 Nios II IDE 软件工程编译时,生成的与中断系统相关的头文件有三个,system. h、altera_avalon_pio_regs. h 和 alt_irq. h。

1. 系统头文件

system. h 中的内容比流水灯的 system. h 文件多了按键开关对应的 PIO 端口配置信息,其中包含了基地址、位数、中断优先级、中断信号有效状态等,具体内容如下:

```
#define BUTTON_NAME "/dev/button"
#define BUTTON_TYPE "altera_avalon_pio"
#define BUTTON_BASE 0x00005010              //按键开关基地址
#define BUTTON_SPAN 16
#define BUTTON_IRQ 1                         //按键开关中断优先级
#define BUTTON_DO_TEST_BENCH_WIRING 1
#define BUTTON_DRIVEN_SIM_VALUE 0
#define BUTTON_HAS_TRI 0
#define BUTTON_HAS_OUT 0
#define BUTTON_HAS_IN 1
#define BUTTON_CAPTURE 1
#define BUTTON_DATA_WIDTH 1                  //PIO 端口位数
#define BUTTON_RESET_VALUE 0
#define BUTTON_EDGE_TYPE "RISING"            //中断有效信号为上升沿
#define BUTTON_IRQ_TYPE "EDGE"               //中断触发类型为边沿
#define BUTTON_BIT_CLEARING_EDGE_REGISTER 0
#define BUTTON_FREQ 50000000
#define ALT_MODULE_CLASS_button altera_avalon_pio
```

2. PIO 核的寄存器头文件

Altera 提供了 PIO 核的寄存器头文件 altera_avalon_pio_regs. h 与流水灯部分完全相同,在这里主要注意下面中断相关的几个函数。其中前面 3 句与中断屏蔽有关,后面 3 句与边沿捕获寄存器相关。

```
//屏蔽寄存器的地址
#define IOADDR_ALTERA_AVALON_PIO_IRQ_MASK(base) \
__IO_CALC_ADDRESS_NATIVE(base, 2)
//读屏蔽寄存器的值
#define IORD_ALTERA_AVALON_PIO_IRQ_MASK(base)      IORD(base, 2)
//写屏蔽寄存器的值
#define IOWR_ALTERA_AVALON_PIO_IRQ_MASK(base, data)   IOWR(base, 2, data)
//边沿捕获寄存器的地址
#define IOADDR_ALTERA_AVALON_PIO_EDGE_CAP(base) \
__IO_CALC_ADDRESS_NATIVE(base, 3)
```

//读边沿捕获寄存器的值

＃define IORD_ALTERA_AVALON_PIO_EDGE_CAP(base)　　　IORD(base, 3)

//写边沿捕获寄存器的值

＃define IOWR_ALTERA_AVALON _PIO_EDGE_CAP(base, data)　　IOWR(base, 3, data)

3. 中断注册

为了将中断服务子程序的信息告知 HAL 层,用户需要完成 ISR 注册工作,具体分为两步:

(1)编写 ISR

中断函数的原型为:

void 函数名(void * context, alt_u32 id)

函数名为中断服务子程序的名字,void * context 指向传递给 ISR 的信息的全局变量指针;id 是在 system. h 中声明的中断优先级号。

(2)向 HAL 注册 ISR

alt_irq. h 头文件中有许多与中断相关的函数,用于注册 ISR 的函数如下:

extern int alt_irq_register (alt_u32 id,

　　　　　　　　　　void *　　context,

　　　　　　　　　　void (* irq_handler)(void * , alt_u32));

其中,id 是中断优先级号,void * context 指向传递给 ISR 的信息的全局变量指针,void (* irq_handler)(void * , alt_u32)是指向 ISR 函数的指针。

4. 中断系统应用程序

在编写与中断相关的应用程序时,首先要包含 system. h、altera_avalon_pio_regs. h 和 alt_irq. h 这三个头文件。应用程序包括延时函数、中断函数、中断初始化函数和主程序四个部分。

(1)延时函数:用于控制流水灯状态变化的时间。

(2)中断函数:当按键按下时产生中断,每产生一次中断,对变量 flag 变反,然后清除边沿捕获寄存器,为下次接收中断做准备。

(3)中断初始化函数:用于开放中断、进行中断登记和清除边沿捕获寄存器。

(4)主程序:根据 flag 的值控制流水灯的移动和停止。

中断系统应用程序如下:

```
＃include <system. h>
＃include <stdio. h>
＃include <altera_avalon_pio_regs. h>
＃include "sys/alt_irq. h"
int flag＝0;
//延时函数
void delay(unsigned int j)
{    unsigned int k;
     unsigned int i;
```

```
        for(k=0;k<=j;k++)
        for(i=0;i<=50000;i++);
    }
//中断函数
  void button_interrupt(void  * context,alt_u32 id)
{
    flag=! flag;               //改变按键标志
    //清除边沿捕获寄存器
    IOWR_ALTERA_AVALON_PIO_EDGE_CAP(BUTTON_BASE, 0);
}
//中断初始化函数
void init_interrupt(void)
{
    //开放 iKEY1 中断
    IOWR_ALTERA_AVALON_PIO_IRQ_MASK(BUTTON_BASE, 1);
    //清除边沿捕获寄存器
    IOWR_ALTERA_AVALON_PIO_EDGE_CAP(BUTTON_BASE, 0);
    //注册中断函数
    alt_irq_register(BUTTON_IRQ ,NULL,button_interrupt);
}
//主程序
int main()
{
  unsigned int light;
  unsigned int i;
//调用中断初始化函数
init_interrupt();
while (1)
    {
    light=0x01;
    for(i=0;i<=16;i++)
        {
            IOWR_ALTERA_AVALON_PIO_DATA(LED_BASE, light);
                                        // 向输出端口输出数据
            if(flag)                    //判断按键次数标记
            light=light<<1;
            delay(1000);
        }
    }
```

```
        return 0;
    }
```
程序在 Nios II IDE 环境中进行编辑、编译运行,运行后可以由 iKEY1 控制流水灯的移动和停止。

9.3 定时器

定时器是用于对时钟周期进行计数并产生周期性中断信号的硬件外围设备,Nios II 处理器系统提供可定制定时器核,定时器提供如下的特性:

(1)可控制启动、停止和复位定时器。

(2)两种计数模式:一次递减和连续递减。

(3)递减周期寄存器——当递减到零时,可屏蔽中断请求。

(4)可选的看门狗定时器特性——当定时器计时零时,复位系统。

(5)可选的周期脉冲产生器特性——当定时器计时到零时,输出一个脉冲。

(6)兼容 32 位和 16 位的处理器。

9.3.1 定时器寄存器描述

定时器所有的寄存器都是 16 位的,使得定时器能够兼容 16 位和 32 位的处理器。每个定时器有 6 个用户可以访问的 16 位的寄存器,某些寄存器只有在特定的配置下硬件上存在。例如,如果定时器配置成具有一个固定的周期,硬件上就没有周期寄存器(period registers)了。表 9.2 给出了定时器寄存器的映射。

表 9.2 定时器寄存器

偏移量	寄存器名	R/W	端口位						
			15	···	4	3	2	1	0
0	status	R/W	未定义					RUN	TO
1	control	R/W	未定义			STOP	START	CONT	ITO
2	periodl	R/W	超时周期-低位(位 15..0)						
3	periodh	R/W	超时周期-高位(位 31..16)						
4	snapl	R/W	计数器快照-低位(位 15..0)						
5	snaph	R/W	计数器快照-高位(位 31..16)						

1. 状态寄存器

状态寄存器有两个定义位,可进行的操作及位的具体描述如表 9.3 所示。

表 9.3 状态寄存器

位	名称	读/写/清除	描述
0	TO	读/清除	当内部的计数器减到 0 时,TO 位被置为 1。一旦被超时事件设置,TO 位保持该状态,直到被主外设清除。向状态寄存器写入 0 即可清除 TO
1	RUN	读	当内部计数器运行时,RUN 位为 1;否则为 0。向 RUN 位写操作无效

2. 控制寄存器

控制寄存器有 4 个控制位,可进行的操作及位的具体描述如表 9.4 所示。

表 9.4　控制寄存器位

位	名称	读/写/清零	描述
0	ITO	读写	如果 ITO 位为 1,当状态寄存器 TO 是 1 时,则定时器核产生一个中断请求。当 ITO 位为 0,定时器不产生中断请求
1	CONT	读写	CONT 位决定内部计数器达到 0 时的行为。如果 CONT 位为 1,计数器继续运行,直到它被 STOP 位停止。如果 CONT 为 0,计数器在达到零之后,停止运行。不管 CONT 位为何值,当计数器到 0 时,计数器重新装载 periodl 和 periodh 寄存器中存储的 32 位的计数器的初值
2	START	写	写 1 到 START 位启动内部计数器的运行(减 1 计数)。START 位是计数器使能位。如果定时器被停止了,写 1 到 START 位,则重启定时器计数,计数从计数器保存的当前值开始。如果定时器正在运行,写 1 到 START 没有任何作用。写 0 到 START 位没有任何作用
3	STOP	写	写 1 到 STOP 位停止内部的计数器,STOP 位是使计数器停止工作的位。如果已经被停止了,写 1 到 STOP 位没有任何的作用。写 0 到 STOP 位没有任何作用。如果定时器硬件配置没有 Start/Stop 控制位,写 STOP 位没有任何作用

9.3.2　定时器硬件配置

上一节流水灯状态转换的时间是由延时程序实现的,延时程序由 CPU 执行,这就造成 CPU 利用率的下降。为了提高 CPU 的利用率,延时可以由定时器来实现,当定时时间到定时器向 CPU 发中断,CPU 转去执行中断服务程序,控制流水灯切换状态。

要用定时器控制流水灯状态,在流水灯系统中添加定时器。在"Peripherals"选项下,选择"Microcontroooer Peripherals"选项下的"Interval Timer",点击"Add"按钮,出现定时器配置向导窗口界面,具体配置如图 9.8 所示。

Timeout Period:设置 periodl 和 periodh 寄存器的初始值,这个值可以根据系统输入时钟和 period 中的设定值获得。当 Writeable period 设置关闭时,周期保持固定且不能在运行中修改。

定时时间=period 值×系统时钟= period 值/系统时钟频率

Counter Size:设置定时器为 32 位或者 64 位。

Presets:为方便使用,提供几个预定义的硬件配置。

①Custom(用户自定义):由用户选择是否对周期寄存器、快照寄存器和启/停位的控制。

②simple periodic interrupt(简单的周期中断):用于仅要求周期性 IRQ 发生器的系统。周期固定且不能停止定时器,但可以禁止 IRQ。

③full-feaured(完整特性):周期寄存器、快照寄存器和启/停的均可控制。

④watchdog(看门狗):时间到后系统自动复位。

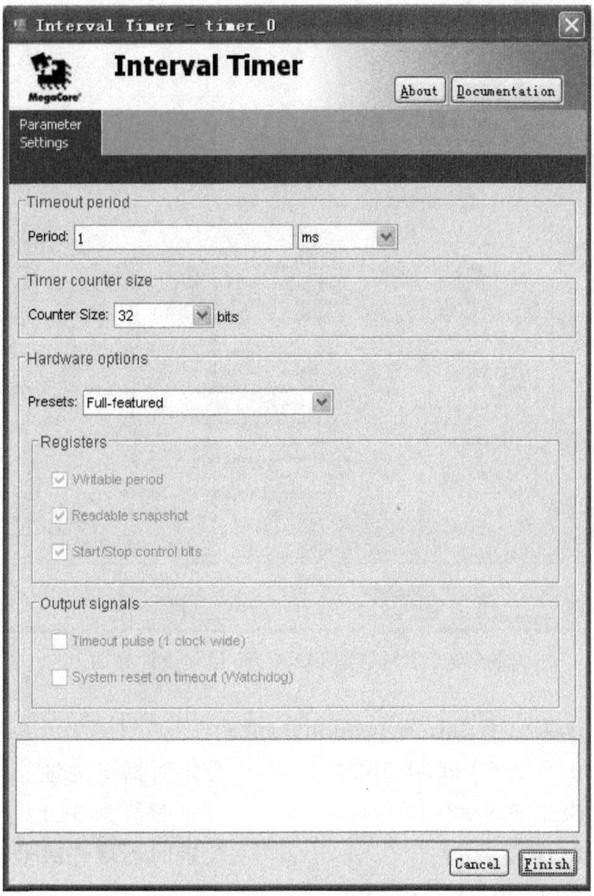

图 9.8　定时器配置界面

Output Singnals：设置时间到后产生的信号，可以选择产生一个时钟周期的脉冲信号和时间到系统自动复位。

工程组件配置完成后，选择"System"菜单下的"Auto-Assign Base Addresses"选项和"Auto-Assign IRQs"，SOPC Builder 自动为各组件分配基地址和中断优先级，配置完成的界面如图 9.9 所示。点击"Generate"按钮生成 Nios II 系统。

将 SOPC Builder 生成的系统加入到 Quartus II 工程中，其引脚分配与前面流水灯完全相同。工程编译后，将文件下载到 DE2 - 70 开发板，作为用定时器控制流水灯的硬件环境。

9.3.3　定时器软件编程

在 Nios II IDE 软件工程编译时，生成的与中断系统相关的头文件有 4 个，system. h、altera_avalon_timer_regs. h、altera_avalon_pio_regs. h 和 alt_irq. h。后边两个头文件是对 PIO 核中断的定义，与前面变化不大，这里不再赘述。

1. 系统头文件

增加了定时器后，system. h 就自动生成了对定时器基地址、中断优先级等的定义语句，具体定义如下：

#define TIMER_0_NAME "/dev/timer_0"

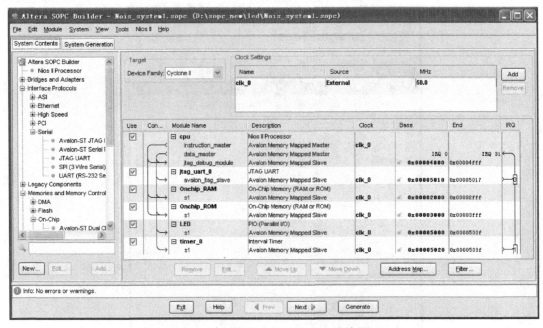

图 9.9　定时器的 SOPC Builder 设计界面

```
# define TIMER_0_TYPE "altera_avalon_timer"
# define TIMER_0_BASE 0x00005020          //定时器基地址
# define TIMER_0_SPAN 32                   //定时器为 32 位
# define TIMER_0_IRQ 1                     //定时器优先级号
# define TIMER_0_ALWAYS_RUN 0
# define TIMER_0_FIXED_PERIOD 0
# define TIMER_0_SNAPSHOT 1
# define TIMER_0_PERIOD 1
# define TIMER_0_PERIOD_UNITS "ms"
# define TIMER_0_RESET_OUTPUT 0
# define TIMER_0_TIMEOUT_PULSE_OUTPUT 0
# define TIMER_0_LOAD_VALUE 49999
# define TIMER_0_COUNTER_SIZE 32
# define TIMER_0_MULT 0.0010
# define TIMER_0_TICKS_PER_SEC 1000
# define TIMER_0_FREQ 50000000
# define ALT_MODULE_CLASS_timer_0 altera_avalon_timer
```

2. 定时器核的寄存器头文件

altera_avalon_timer_regs. h 定义了内核寄存器的映射,提供了对底层硬件的符号化的访问。该头文件中包含的信息较多,这里只列出了与本例相关的 4 句,并对这 4 句加有注释。

//读写状态寄存器

```
# define IOWR_ALTERA_AVALON_TIMER_STATUS(base, data) \
```

```
IOWR(base，ALTERA_AVALON_TIMER_STATUS_REG，data)
```
//读写控制寄存器
```
#define IOWR_ALTERA_AVALON_TIMER_CONTROL(base，data) \
IOWR(base，ALTERA_AVALON_TIMER_CONTROL_REG，data)
```
//读写周期寄存器低位
```
#define IOWR_ALTERA_AVALON_TIMER_PERIODL(base，data) \
IOWR(base，ALTERA_AVALON_TIMER_PERIODL_REG，data)
```
//读写周期寄存器高位
```
#define IOWR_ALTERA_AVALON_TIMER_PERIODH(base，data) \
IOWR(base，ALTERA_AVALON_TIMER_PERIODH_REG，data)
```

3.定时器应用程序

用定时器控制流水灯的程序由主函数、定时器初始化函数和中断函数三部分组成。

（1）主函数

主函数设置了流水灯的初值、调用定时器初始化函数，然后执行了一个死循环程序，等待中断的发生。

（2）初始化函数

由于定时器是以中断方式工作，定时时间到向处理器发中断，处理器接到中断要转向中断服务程序，因此，在定时器初始化函数中对中断函数进行了注册。另外，定时器初始化函数完成定时初值的设置、清除状态寄存器、启动定时器的工作。

（3）中断函数

定时时间每到一次，进入一次中断函数，在中断函数中控制了流水灯状态的切换。另外为了能重复接收中断，中断函数中要清除状态寄存器。

定时器控制流水灯状态的程序如下：

```
#include "system.h"                     //包含基本的硬件描述信息
#include "altera_avalon_timer_regs.h"   //定义内核寄存器的映射，提供对底层硬件
                                        //的符号化访问
#include "altera_avalon_pio_regs.h"     //包含基本的I/O口信息
#include "alt_types.h"                  //Altera定义的数据类型
#include "sys/alt_irq.h"
unsigned int led；
//函数声明
void Timer_Init()；
void Timer_interrupts(void * context，alt_u32 id)；
//定时器初始化
void Timer_Init()
  {
    alt_irq_register(TIMER_0_IRQ,0,Timer_interrupts)；    //注册中断函数
    IOWR_ALTERA_AVALON _TIMER_STATUS (TIMER_0_BASE，0)；     //清状态标志
     //修改定时时间为1s
```

```
    IOWR_ALTERA_AVALON _TIMER_PERIODH(TIMER_0_BASE, 50000000>>16);
    IOWR_ALTERA_AVALON _TIMER_PERIODL(TIMER_0_BASE, 50000000&0xffff);
    //启动定时器允许中断,连续计数
    IOWR_ALTERA_AVALON_TIMER_CONTROL(TIMER_0_BASE, 7);
  }
//定时器中断服务函数
void Timer_interrupts(void * context, alt_u32 id)
  {
    if (led & 0x8000)
    led=1;
    else
    led = led<<1;
    IOWR_ALTERA_AVALON_PIO_DATA(LED_BASE, led);
    IOWR_ALTERA_AVALON_TIMER_STATUS(TIMER_0_BASE, 0);
                                                    //清状态寄存器

  }
//主程序
int main(void)
  {
    led = 1;
    Timer_Init();    //定时器初始化
    while (1);          //等待
    return 0;
  }
```

9.4　存储器扩展

FPGA 芯片中逻辑单元数是有限的,片上存储器容量不可能太大,如果要存储大量的程序和数据就要扩展外部存储器。存储器的扩展包括存放用户程序和数据的随机存储器扩展和进行程序固化所用的 Flash 的扩展。本节就以 DE2-70 开发板上这几类存储器为例介绍存储器的扩展与编程方法。

9.4.1　SRAM 扩展

SRAM(Static RAM)静态随机存储器常用于存放程序和数据,其速度极快,但是成本极高,所以容量非常小。

1. SRAM 硬件配置

DE2-70 开发板上配置有 2M 字节(512K×32 位)的 SRAM,用于存放程序和数据。下面就设计一个包括 SRAM 的系统,用户程序下载到 SRAM 中,并用软件实现对存储器的读写操作。

（1）时钟配制

启动 SOPC Builder，新建一个 Nios II 系统，先添加 Nios II 处理器、JTAG UART 调试模块，如图 9.10 所示。为了提高系统运行速度，将系统时钟 clk_0 改为 100 MHz，这个时钟也用作外部存储器的时钟。

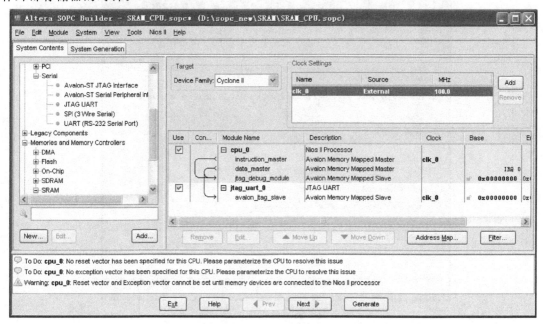

图 9.10　时钟配置界面

（2）添加 SRAM 控制器

在"Memories and Memory Controllers"选项下，选择"SRAM"项下的"Sypress CY7C1380C SSRAM"，点击"Add"按钮，出现如图 9.11 所示的 SRAM 存储器配置向导界面。去掉下面复选框的选择，其他参数不用修改，点击"Finish"按钮，完成 SRAM 配置，回到 SOPC Builder 界面，将其更名为 EXT_SRAM。

（3）添加三态桥

外部 SRAM 存储器要与 Aalon 总线相连需要经过三态桥。在 Bridges and Adapter 选项下，选择"Memory Mapped"选项下的"Avalon-MM-tristate Bridge"，点击"Add"按钮，出现如图 9.12 所示的三态桥定制界面，直接点击"Finish"按钮，即可完成定制，回到 SOPC Builder 界面。

在 SOPC Builder 界面中可以看到，添加的三态桥和 SRAM 控制器并没有连接，要连接比较简单。将光标移到 SRAM 控制器的左边，出现一个空心圆圈，只要在圆圈上点一下鼠标左键，空心圆圈就变成实心圆圈，这就实现了三态桥和 SRAM 控制器的连接。配置完成后，自动分配地址，配置完成的 SOPC Builder 设计界面如图 9.13 所示。

在系统生成前，一定记着将 CPU 的复位存储器和异常存储器设置为 EXE_SRAM，然后点击"Generate"按钮生成 Nios II 系统。

（4）添加 PLL 锁相环

由于组件工作的时钟设置为 100MHz，DE2-70 开发板没有这个时钟，另外，三态桥也没

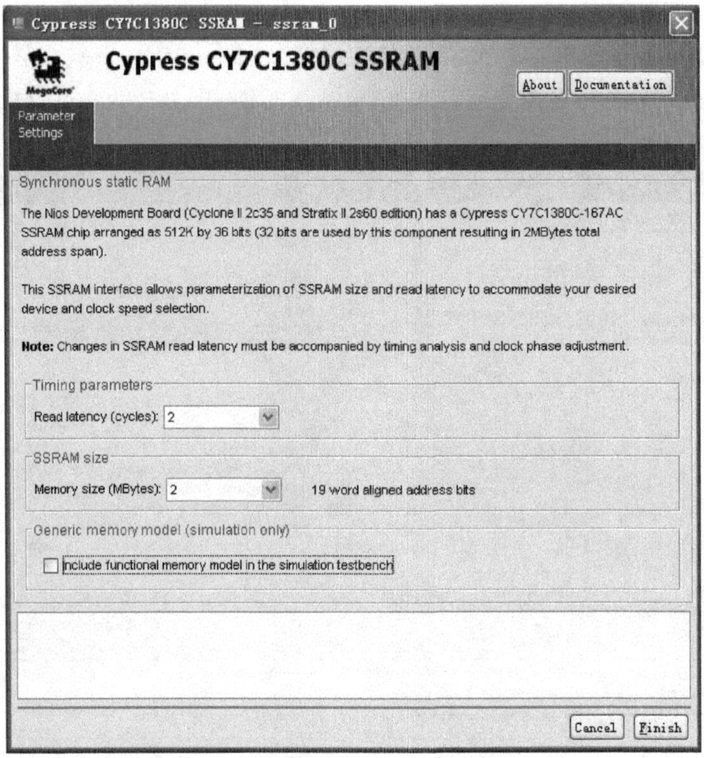

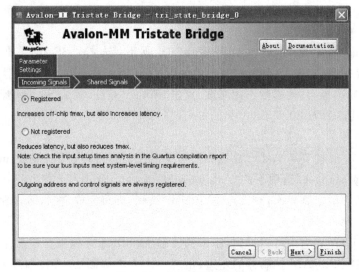

图 9.11　SRAM 配置向导界面

图 9.12　三态桥配置界面

有提供 SRAM 工作所用的外部时钟,因此系统中要增加锁相环。

　　在 Quartus II 软件中,在"Tools"菜单下选择"MegaWizard plug-In Mamager⋯"选项,进入如图 9.14 所示的宏单元向导界面 1。

　　选择新建一个宏单元模块,点击"Next"按钮,进入如图 9.15 所示的宏单元向导界面 2。

　　在左边列表中选择"ALTPLL"宏,选择芯片类型为 Cyclone II,语言为 Verilog HDL,输入

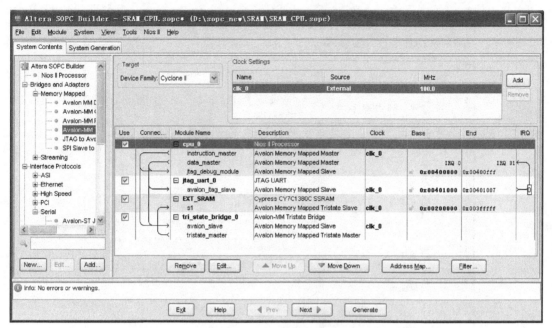

图 9.13　配置了 SRAM 组件的 SOPC Builder 设计界面

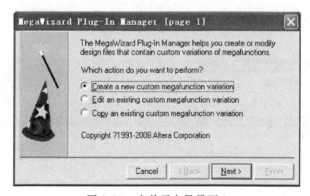

图 9.14　宏单元向导界面 1

文件名,点击"Next"按钮,进入如图 9.16 所示的宏单元向导界面 3。

在这一页输入外部时钟 50MHz,这个时钟是 DE2 - 70 开发板上提供的。然后,点击"Next"按钮,进入如图 9.17 所示的宏单元向导界面 4。

去掉界面 4 中的所有复选框前的选项,点击"Next"按钮,进入如图 9.18 所示的宏单元向导界面 5。

点击"Next"按钮,进入如图 9.19 所示的宏单元向导界面 6。

在向导界面 6 选择进行 2 倍频,形成时钟 c0,用于为处理器提供时钟。点击"Next"按钮,进入如图 9.20 所示的宏单元向导界面 7。

在向导界面 7 选择进行 2 倍频,相位角为 -65 形成时钟 C1,用于为外部存储器提供时钟。相位角与存储器工作时序有关,计算算法比较复杂,用户也可在 -180 到 180 之间选一些值进行验证。输入相应值后,点击"Next"按钮,进入如图 9.21 所示的宏单元向导界面 8。

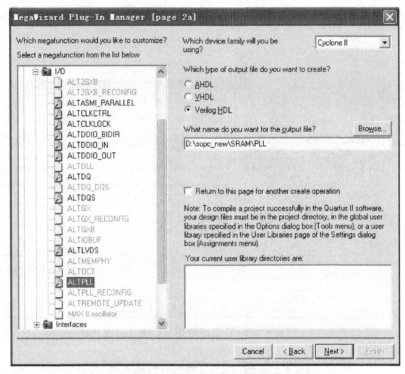

图 9.15　宏单元向导界面 2

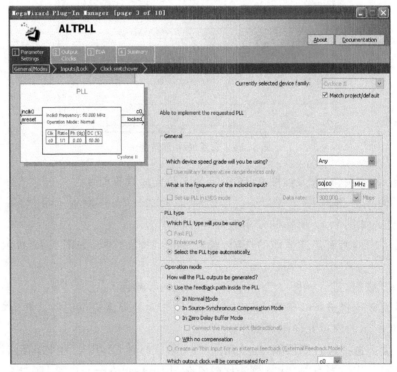

图 9.16　宏单元向导界面 3

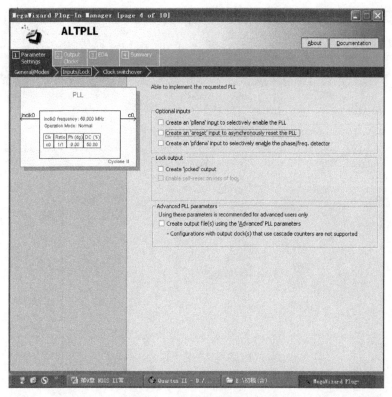

图 9.17　宏单元向导界面 4

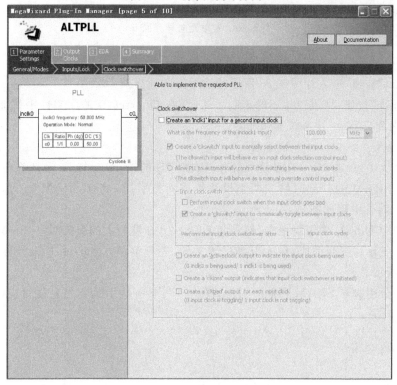

图 9.18　宏单元向导界面 5

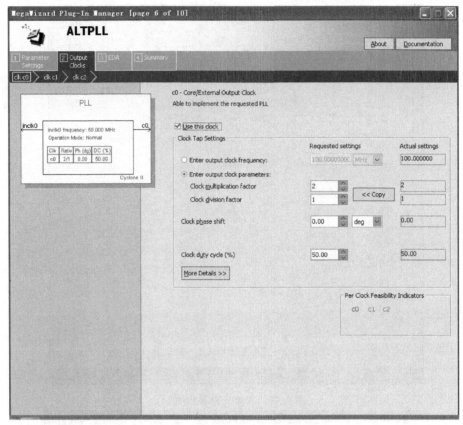

图 9.19　宏单元向导界面 6

点击"Next"按钮,进入如图 9.22 所示的宏单元向导界面 9。

点击"Next"按钮,进入如图 9.23 所示的宏单元向导界面 10。

点击"Finish"按钮,完成锁相环的定制。这时,在 Quartus II 的库文件中就能看到 SOPC Builder 系统中建立 Nios II 系统和锁相环。

(5)将模块集成到 Quartus II 工程

在顶层模块中,添加 Nios II 系统和锁相环,锁相环的输出 c0 与 Nios II 系统的时钟引脚相连,c1 用作 SRAM 的外部时钟。两个模块生成对外引脚,具有 SRAM 的 Nios II 系统与 PLL 的连接及对外引脚如图 9.24 所示。

将原理图中 Nios II 的引脚更名,使其与 DE2 - 70 开发板上的引脚对应,SRAM 引脚对应关系如表 9.5 所示。更名完成,导入引脚配置文件,进行编译,Quartus II 设计界面中引脚分配如图 9.25 所示。

图中大部分引脚与 SRAM 存储器引脚直接对应,有一些引脚不是直接对应,应该注意一些连接技巧。

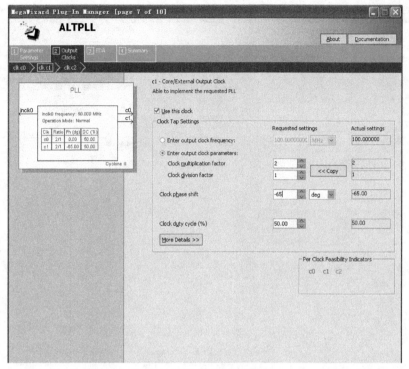

图 9.20 宏单元向导界面 7

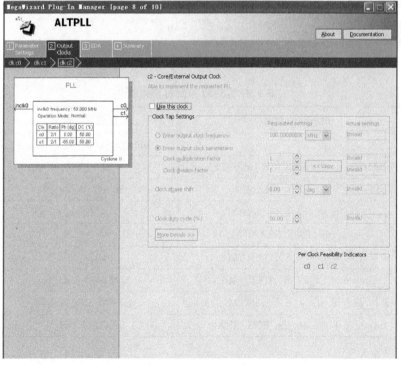

图 9.21 宏单元向导界面 8

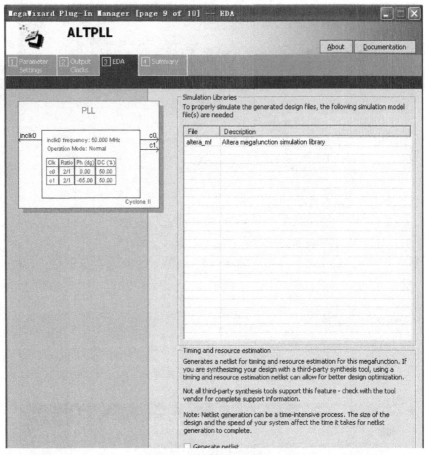

图 9.22　宏单元向导界面 9

表 9.5　SRAM 引脚对应关系

更名前引脚名	更名后引脚名
	oSRAM_CLK（与 c1 相连）
address_to_the_EXT_SRAM[1..0]	空
address_to_the_EXT_SRAM[20..2]	oSRAM_A[18..0]
adsc_n_to_the_EXT_SRAM	oSRAM_ADSC_N
bw_n_to_the_EXT_SRAM[3..0]	oSRAM_BE_N[3..0]
bwe_n_to_the_EXT_SRAM	oSRAM_WE_N
chipenable1_n_to_the_EXT_SRAM	oSRAM_CE1_N
data_to_and_from_the_EXT_SRAM[31..0]	SRAM_DQ[31..0]
outputenable_n_to_the_EXT_SRAM	oSRAM_OE_N

① 地址引脚

Avalon 三态桥形成的地址是字节地址，所以连接 Avalon 三态桥的 32 位宽度的 SRAM

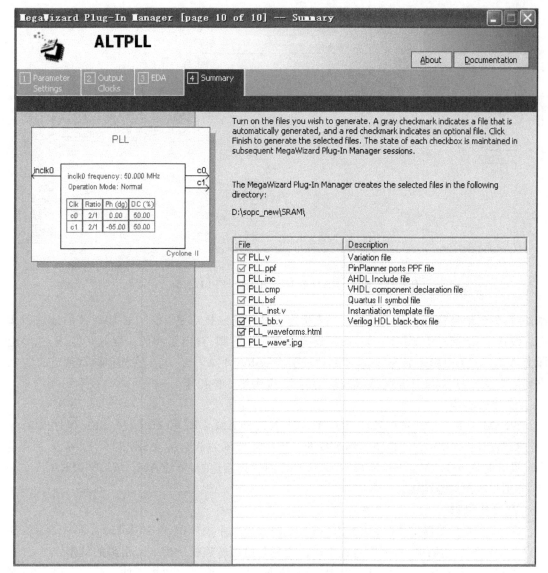

图 9.23　宏单元向导界面 10

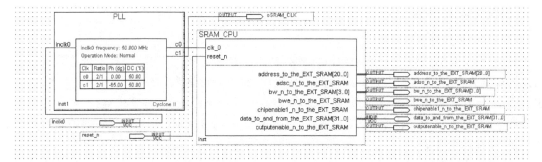

图 9.24　具有 SRAM 的 Nios II 系统与 PLL 的连接及对外引脚

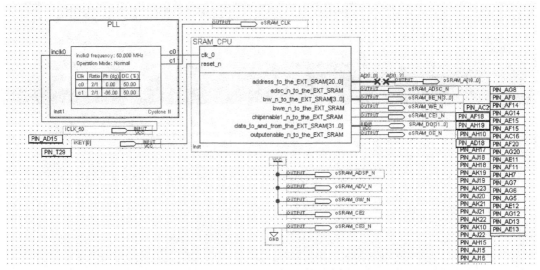

图 9.25 包含 SRAM 的 Nios II 系统与 PLL 引脚分配图

器件时,最低地址位必须和三态桥的 A2 相连。具体连线技巧是,将 Nios II 系统的地址引脚用总线连出,上面标上 A[20..0],然后放置一个输出引脚,输出引脚的一端画一总线,总线上标上 A[20..2],引脚命名为 SRAM 的地址引脚 oSRAM_A[18..0]。这样存储器地址的第 18 位到第 0 位就与 Nios II 系统形成地址的第 20 位到第 2 位相连。

② 片选信号

SRAM 上有 3 个片选信号,oSRAM_CE1_N、oSRAM_CE2 和 oSRAM_CE3_N,在对存储器进行访问时 oSRAM_CE1_N 和 oSRAM_CE3_N 应该为低电平,oSRAM_CE2 应该为高电平。设计时将 oSRAM_CE1_N 与 Nios II 系统的片选相连,将 oSRAM_CE2 和 oSRAM_CE3_N 分别与电源和地相连。

③ 其他引脚

在 SRAM 存储器工作时,还要求 SRAM 的 oSRAM_ADSP_N、oSRAM_ADV_N 和 oS-RAM_GW_N 应为高电平,图中直接将输出引脚与电源相连控制着 3 个引脚的状态。

引脚更名和连接完成后,导入引脚,对系统进行编译,编译成功将文件下载到 DE2 - 70 开发板,作为验证 SRAM 存储器的硬件环境。

2. SRAM 软件编程

(1) 系统头文件

启动 Nios II 软件,以 Hello world 为模板建立一个 C/C++工程,配置系统工程时,将存储器均设置为 EXT_SRAM,这时编译并运行程序,运行后信息窗口显示 Hello from Nios II!。这说明 Nios II 系统中的 SRAM 配置及正确,程序可正确下载到 SRAM 中运行。

在 Nios II 程序第一次编译时,形成的 system.h 中包含了对 SRAM 存储器的定义,下面语句是 SRAM 定义语句。

#define EXT_SRAM_NAME "/dev/EXT_SRAM"
#define EXT_SRAM_TYPE "altera_avalon_cy7c1380_ssram"
#define EXT_SRAM_BASE 0x00200000

```
# define EXT_SRAM_SPAN 2097152
# define EXT_SRAM_SRAM_MEMORY_SIZE 2
# define EXT_SRAM_SRAM_MEMORY_UNITS 1048576
# define EXT_SRAM_SSRAM_DATA_WIDTH 32
# define EXT_SRAM_SSRAM_READ_LATENCY 2
# define EXT_SRAM_SIMULATION_MODEL_NUM_LANES 4
# define ALT_MODULE_CLASS_EXT_SRAM altera_avalon_cy7c1380_ssram
```

（2）应用程序

SRAM 存储器设置为程序存储器和异常中断存储器，在 NIOS II 运行时会用到 SRAM 的从偏移地址为 0 的这部分空间，因此使用时要避开这部分，以免运行错误。

下面程序是对从 0x00210000 开始的 100 个单元写入数据 0-99，然后倒序读出并显示。由于存储器基地址 0x00200000 定义为 EXT_SRAM_BASE，因此要从 0x00210000 的单元开始进行操作，只需要从偏移量为 0x10000 开始即可。

对 SRAM 进行读写的程序如下：

```
# include <stdio.h>
# include <system.h>
//定义指向存储器的指针变量
unsigned int * sram = (unsigned int *)(EXT_SRAM_BASE+0x10000);
int main()
{
unsigned int i;
for (i=0;i<100;i++)                //向 SRAM 中 100 个单元写数 0－99
    { *(sram++) = i;    }
for (i=0;i<100;i++)                //从 SRAM 中倒序读 100 个单元
    { printf("%d\n",  *(--sram)); }
    return 0;
}
```

程序编译运行后，可看到在信息界面显示 99-0 之间的数据，说明对 SRAM 存储器读写正确。

9.4.2　SDRAM 扩展

SDRAM(Synchronous Dynamic Random Access Memory)同步动态随机存储器，采用 3.3V工作电压。SDRAM 是靠 MOS 电路中的栅极电容来记忆信息的，由于电容上的电荷会泄漏，需要定时给与补充，所以 SDRAM 需要设置刷新电路。但是 SDRAM 比静态 SRAM 集成度高、功耗低，从而成本也低，适于作大容量存储器。SDRAM 是基于双存储体结构，内含两个交错的存储阵列，当 CPU 从一个存储体或阵列访问数据时，另一个就已为读写数据做好了准备，通过这两个存储阵列的紧密切换，读取效率就能得到成倍的提高。

1. SDRAM 硬件配置

DE2－70 开发板上配置有两片 32M 字节（8M×16 位）的 SDRAM 芯片，用于存放运行的程序和数据。下面就在 SRAM 例题的基础上增加 SDRAM 控制，用户程序和数据都存放到 SDRAM 中，并用软件实现对 SDRAM 存储器的读写操作。

（1）配置 SDRAM 控制器

在"Memories and Memory Controllers"选项下，选择"SDRAM"选项下的"SDRAM Controller"，点击"Add"按钮，出现如图 9.26 所示的片上存储器配置向导窗口。

图 9.26　SDRAM 控制器

8M×16 位的 SDRAM 配置时，数据线宽度选 16，地址的 Row 输入 13，Colum 输入 9，参数设置完成，可以看到下面显示的容量与要求容量相同。点击"Finish"按钮，回到 SOPC Builder 界面，将其更名为 EXT_SDRAM0。用同样的方法，再添加一个 SDRAM 控制器，并将其更名为 EXT_SDRAM1，然后选择自动分配基地址。SDRAM 控制器配置完成的 SOPC Builder 界面如图 9.27 所示。

（2）将模块集成到 Quartus II 工程

将 Nios II 系统和 PLL 集成到 Quartus II 工程的顶层文件中，对引脚更名，使其与 DE2-70 开发板上的引脚对应，EXT_SDRAM0 引脚对应关系如表 9.6 所示，EXT_SDRAM1 引脚对应与 EXT_SDRAM0 相似，只是数据线与 DRAM_DQ[31..16]相连。更名完成，编译 Quartus II 工程，包含 SDRAM 的 Quartus II 工程界面如图 9.28 所示。

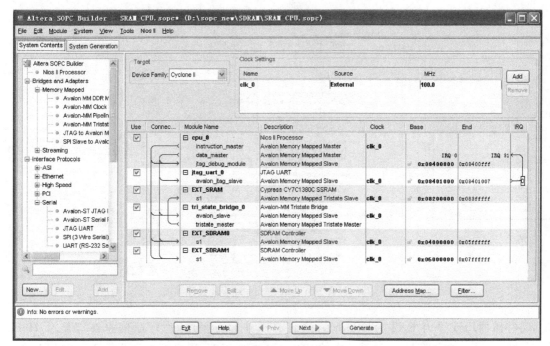

图 9.27　SDRAM 控制器配置完成的 SOPC Builder 设计界面

表 9.6　EXT_SDRAM0 引脚对应关系

更名前引脚名	更名后引脚名
	oDRAM0_CLK（与 c1 相连）
zs_addr_from_the_EXT_SDRAM0[12..0]	oDRAM0_A[12..0]
zs_ba_from_the_EXT_SDRAM0[1..0]	oDRAM0_BA[1..0]
zs_cas_n_from_the_EXT_SDRAM0	oDRAM0_CAS_N
zs_cke_from_the_EXT_SDRAM0	oDRAM0_CKE
zs_cs_n_from_the_EXT_SDRAM0	oDRAM0_CS_N
zs_dq_to_and_from_the_EXT_SDRAM0[15..0]	DRAM_DQ[15..0]
zs_dqm_from_the_EXT_SDRAM0[1..0]	oDRAM0_LDQM0 oDRAM0_UDQM1
zs_ras_n_from_the_EXT_SDRAM0	oDRAM0_RAS_N
zs_we_n_from_the_EXT_SDRAM0	oDRAM0_WE_N

　　SDRAM 存储器要正常工作,也需要锁相环提供时钟信号,因此图中 oDRAM0_CLK 和 oDRAM1_CLK 引脚分别与 PLL 的 c0 相连,另外应注意 zs_dqm_from_the_EXT_SDRAM0[1..0] 引脚与 oDRAM0_LDQM0 和 oDRAM0_UDQM1 的连接技巧。

2. SDRAM 软件编程

　　启动 Nios II 软件,以 Hello world 为模板建立一个 C/C++工程 sdram,配置系统工程

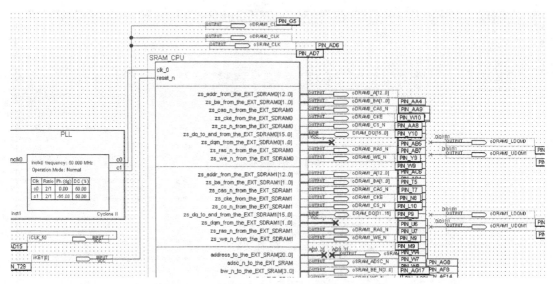

图 9.28　包含 SDRAM 的 Quartus II 设计界面

时,将存储器均设置为 EXT_SDRAM0,这时编译并运行程序,运行后信息窗口显示 Hello from Nios II!。这说明 Nios II 系统中的 SDRAM 配置正确,程序可正确下载到 SDRAM 中运行。

在 Nios II 程序第一次编译时,形成的 system. h 中包含了对 SDRAM 的定义,其中最主要的是下面两句,分别为 EXT_SDRAM0 和 EXT_SDRAM1 的基地址,基地址值为 Nios II 系统中配置的硬件地址。

define EXT_SDRAM0_BASE 0x04000000

define EXT_SDRAM1_BASE 0x06000000

要对 SDRAM 存储器操作,存储单元的地址计算是基地址与偏移地址之和。下面程序是对 EXT_SDRAM0 从 0x04010000 开始的 5 个单元写入数据 0x12341001～0x12341005,然后将其倒序显示出来。对 EXT_SDRAM1 操作方法与 EXT_SDRAM0 完全相同,只是基地址不同。

```
# include <stdio. h>
# include <system. h>
//定义指向存储器的指针变量
unsigned int * sdram0 = (unsigned int *)( EXT_SDRAM0_BASE +0x10000);
int main()
{
unsigned int i;
unsigned int number0=0x12341001;
    for (i=0;i<5;i++)              //向 SDRAM 中写数
    { *(sdram0++) = number0++;    }
    for (i=0;i<5;i++)              //从 SDRAM 中读数
    { printf("%x\n",  *(--sdram0));    }
```

}

程序编译运行后,信息界面显示 12341005～12341001 之间的数,说明程序功能正确。

3. 存储器调试

有时候存储器的内容不要显示,那么如何观察存储器操作是否正确呢? 这就要通过观察存储单元的值。

在 Nios II IDE 界面的"sdram"工程选项上点击右键,在弹出菜单中选择"Debug As"下"Nios II Hardware"选项,程序进入图 9.29 所示的 Debug 调试界面。

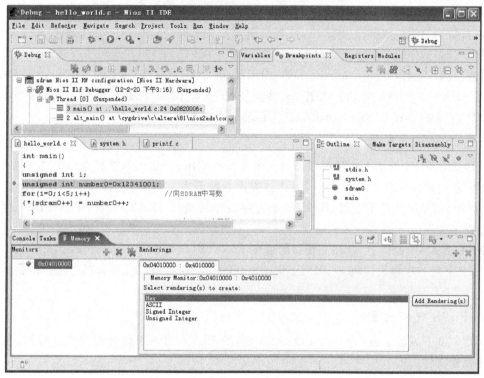

图 9.29　Debug 调试界面

在 Debug 调试界面下面 memory 标签的监视窗口点击右键,选择 Add Memory Monitor 选项,进入如图 9.30 所示的监视存储器界面。

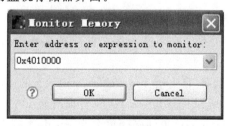

图 9.30　监视存储器界面

输入要监视存储器地址,点击"OK"按钮,存储器内容就显示在监视窗口右侧,单步运行程序可观察存储器内容变化情况。程序运行结束,存储器内容如图 9.31 所示,仔细观察存储器地址与内容的关系。

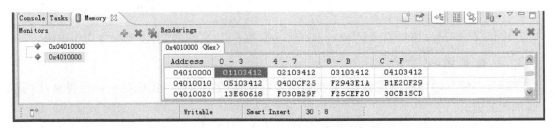

图 9.31　SDRAM 存储器内容

在实际应用中,两片 16 位 SDRAM 可以当做一片 32 位存储器来使用。在配置 SDRAM 控制器时,将数据总线位数选择为 32 位,将 Nios II 系统集成到 Quartus II 工程的顶层文件中,进行引脚重命名时,数据线与原来连线方法一样,Nios II 系统的地址线、片选和读写线分别与两个芯片的对应引脚相连,zs_dqm_from_the_EXT_SDRAM0[1..0]引脚与 EXT_SDRAM0 的 oDRAM0_LDQM0、oDRAM0_UDQM1 引脚相连,zs_dqm_from_the_EXT_SDRAM0[3..2]引脚与 EXT_SDRAM1 的 oDRAM1_LDQM0、oDRAM1_UDQM1 引脚相连。

9.4.3　Flash 扩展

虽然 SRAM 和 SDRAM 都可以作为程序存储器使用,但是当系统掉电后其内容丢失,要固化程序就要用到非易失的存储器 Flash。应用系统开发完成后,将程序和固定的数据下载到 Flash 中,当系统重新上电时,Flash 中的程序自动拷贝到 SRAM 或者 SDRAM 中,然后开始运行程序。

SOPC Builder 提供了 Avalon 接口的通用 Flash 接口(CFI Common Flash Interface)控制器内核,允许用户很容易地将 SOPC Builder 系统同外部的遵循 CFI 规范的 Flash 存储器连接起来。

1. Flash 硬件配置

DE2 - 70 开发板上有 8M 字节(4M×16 位)的 Flash,用于下载开发完成的程序,也可下载硬件配置文件。

下面就在前面 SRAM 例题的基础上设计一个包括 Flash 和 16 位 PIO 的系统,完成用 LED 灯实现的流水灯的功能,用户程序下载到 Flash 中。系统中已介绍过的组件不再介绍,主要介绍与 Flash 相关的组件。

(1)添加 System ID

System ID 就是一种标示符,上面有 System ID 号和时间戳,用于建立 Quartus II 工程与 Nios II 工程之间一一对应的关系。在下载程序之前或者系统重启之后,都会对它进行检验,以防止错误发生。

在 Peripherals 选项下,选择 Debug and Performance 下的 System ID Peripheral ,点击"Add"按钮,出现如图 9.30 所示的 System ID 配置向导窗口。点击"Finish"按钮,返回到 SOPC Builder 设计界面。System ID 组件必须更名为 sysid,否则 Nios II 工程编译时会出错。

(2)添加 CFI 模块

在"Memories and Memory Controllers"选项下,选择"Flash"选项下的"Flash Memory" ,点击"Add"按钮,出现如图 9.33 所示的 CFI 配置窗口。

对 DE2 - 70 开发板上 4M×16 位的 Flash,Presets 选择 Custom,Address Width(bits)地

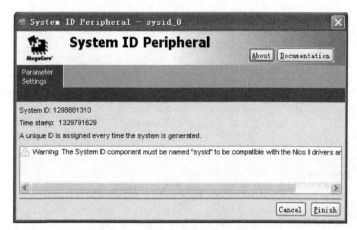

图 9.32　System ID 配置向导窗口

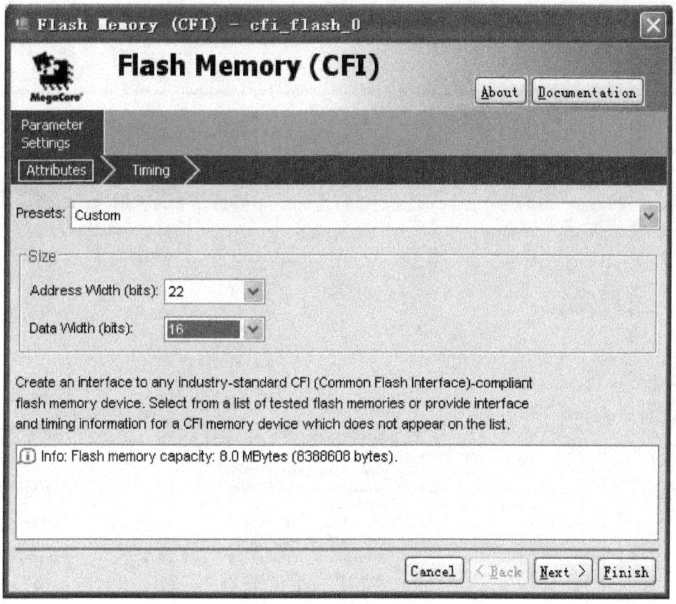

图 9.33　CFI 配置窗口

址线宽度选择 22，Data Width(bits)数据线宽度选择 16 位。设置完成后，点击"Next"按钮，出现 9.34 所示的 CFI 定时配置界面。

　　在 CFI 定时配置界面，需要设置 3 个量，Setup，Wait，Hold，不同 Flash 的芯片这些值不一样，需查阅相关手册，DE2 – 70 开发板 Flash 型号为 S29GL064A，这 3 个值分别为 40，160，40，设置完成后，点击"Finish"按钮，返回到 SOPC Builder 设计界面，将其更名为 EXT_Flash。

　　CFI 模块要与 Aalon 总线相连需要经过三态桥，添加三态桥并进行连接。配置完成，选择自动分配基地址，包含 Flash 的 SOPC Builder 界面如图 9.35 所示。然后点击"Generate"按钮生成 Nios II 系统，返回 Quartus II 设计工程。

　　（3）将模块集成到 Quartus II 工程

　　将 Nios II 系统和 PLL 集成到 Quartus II 工程的顶层文件中，对引脚更名，使其与 DE2 – 70 开发板上的引脚对应，其他引脚与前面用到的相同，EXT_Flash 引脚对应关系如表 9.7 所示。

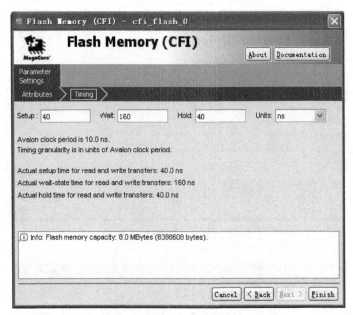

图 9.34　CFI 定时配置窗口

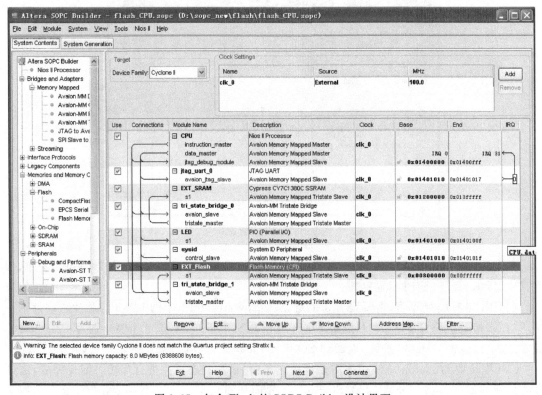

图 9.35　包含 Flash 的 SOPC Builder 设计界面

表 9.7　EXT_Flash 引脚对应关系

更名前引脚名	更名后引脚名
address_to_the_Flash[0]	空
address_to_the_Flash[22..0]	oFLASH_A[21..0]
data_to_and_from_the_Flash[15..0]	FLASH_DQ15_AM1,FLASH_DQ[14..0]
read_n_to_the_Flash	oFLASH_OE_N
select_n_to_the_Flash	oFLASH_CE_N
write_n_to_the_Flash	oFLASH_WE_N

引脚更名完成,导入引脚分配文件,编译 Quartus II 工程,包含 Flash 的 Quartus II 工程界面如图 9.36 所示。

Flash 引脚分配时注意 address_to_the_Flash[22..0]引脚与 oFLASH_A[21..0]的连接技巧,还应注意,Flash 芯片要正常工作,oFLASH_RST_N、oFLASH_BYTE_N、oFLASH_WP_N 引脚应为高电平。

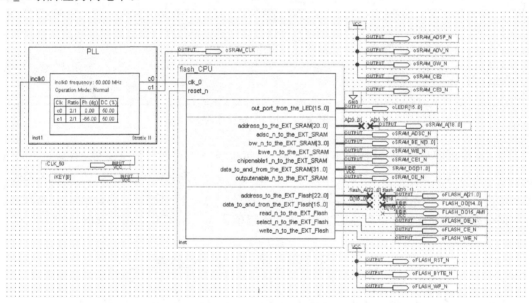

图 9.36　包含 Flash 的 Quartus II 设计界面

在系统生成前,CPU 的复位存储器为 EXT_Flash,异常存储器仍然设置为 EXT_SRAM,然后点击"Generate"按钮生成 Nios II 系统,返回 Quartus II 工程。然后下载硬件文件,作为系统验证的硬件环境。

2. 软件下载

硬件下载后,启动 Nios II IDE 环境,新建一个 C/C++工程 LED_TEST,配置系统工程时,将程序存储器设置为 EXT_Flash,其他存储器设置为 EXT_SRAM,然后编写流水灯程序,对程序进行编译,编译成功的程序要下载到 Flash 中。

在 Nios II IDE 软件的"Tools"下选择"Flash Programmer.."选项,进入如图 9.37 所示的 Flash 编程界面。

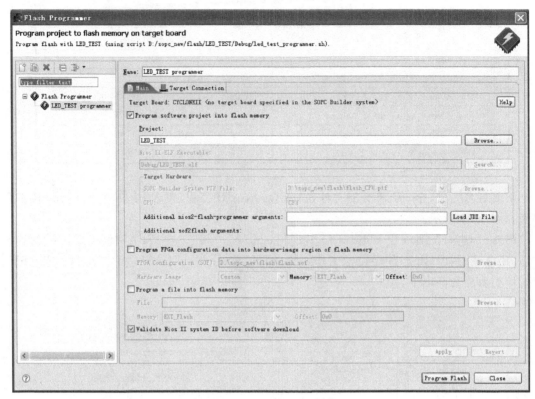

图 9.37　Flash 编程界面

在 Flash 编程界面中，选择要下载的工程，也可选择配置文件和数据文件，然后点击"Program Flash"按钮，程序和相关文件下载到 Flash 中。如果硬件编程模式为 JTAG，下载文件为.sof 文件，这时按系统复位键可以看到流水灯效果，但是系统断电后，重新上电不出现流水灯效果。要让系统重新上电后正常工作，硬件编程模式为 AS，下载文件为.pof 文件。

9.5　SOPC 应用综合实例

前面介绍了用 SOPC 技术实现计算机应用系统的硬件定制和软件编程方法。本节以多功能数字钟为例说明 SOPC 例说明实现较大规模数字系统的方法和过程。多功能数字钟测试环境为 DE2 - 70 开发板。

9.5.1　多功能数字钟简介

多功能数字钟应能显示时、分、秒的值并能调节时间，为达到这样的目的，Nios II 系统硬件结构如图 9.38 所示。

(1)Nios II 处理器：是系统的关键部件，负责执行程序；

(2)JTAG UART 模块与接口：用于系统的调试和程序的下载；

(3)SRAM 或 SDRAM 存储器：用于存储执行的程序和数据，本系统选择了 SRAM 存储器；

(4)Flash 存储器：用于固化程序，在系统掉电时保证程序不丢失；

(5)定时器：配置产生 1s 的定时，可在程序中改变时间值和控制定时器的启停，当时间到

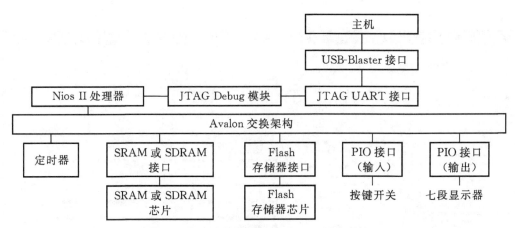

图 9.38　多功能电子钟的 Nios II 系统硬件

时向处理器发中断请求；

（6）PIO 接口（输入）：配置 3 个独立的 PIO 输入接口 button_h，button_m，button_s，以中断方式工作，用于接收按键状态来调节时间的时、分和秒值。

（7）PIO 接口（输出）：配置 6 个 PIO 输出接口 SEG0～SEG5，用于控制 6 个七段数码管显示时、分、秒的值。

9.5.2　多功能数字钟硬件配置

按照要求，在 SOPC Builder 下进行 Nios II 硬件系统的配置，这个配置是在前面 Flash 系统配置的基础上完成的，配置的界面如图 9.39 所示（有些相同部分没有显示出来）。配置完成后，注意观察按键和定时器的中断优先级，这个在中断注册时要用到。另外注意在系统生成前，CPU 的复位存储器为 EXT_Flash，异常存储器仍然设置为 EXT_SRAM，然后点击"Generate"按钮生成 Nios II 系统。生成成功后，返回 Quartus II 工程界面。

在 Quartus II 工程中，集成生成的 Nios II 系统和锁相环 PLL，然后进行引脚的生成与更名、Nios II 系统与 PLL 的连接，存储器引脚名称以及复位、时钟信号与前面例题中的介绍完全相同，按键和七段数码管所用的 PIO 接口引脚名称如表 9.8 所示。

在进行引脚命名与连接时应注意，8 位并行输出口与七段数码管的连接技巧，连线完成后，导入引脚，然后编译 Quartus II 工程界面，编译后的多功能电子钟 Quartus II 工程界面如图 9.40 所示。下载硬件文件，作为多功能电子钟验证的硬件环境。

表 9.8　按键和七段数码管所用的 PIO 接口引脚名称

更名前引脚名	更名后引脚名	用途
in_port_to_the_button_h	iKEY[1]	改变时值
in_port_to_the_button_m	iKEY[2]	改变分值
in_port_to_the_button_s	iKEY[3]	改变秒值
out_port_from_the_SEG0[7..0]	oHEX0_DP，oHEX0_D[6..0]	显示秒的低位
out_port_from_the_SEG1[7..0]	oHEX1_DP，oHEX1_D[6..0]	显示秒的高位
out_port_from_the_SEG2[7..0]	oHEX2_DP，oHEX2_D[6..0]	显示分的低位
out_port_from_the_SEG3[7..0]	oHEX3_DP，oHEX3_D[6..0]	显示分的高位

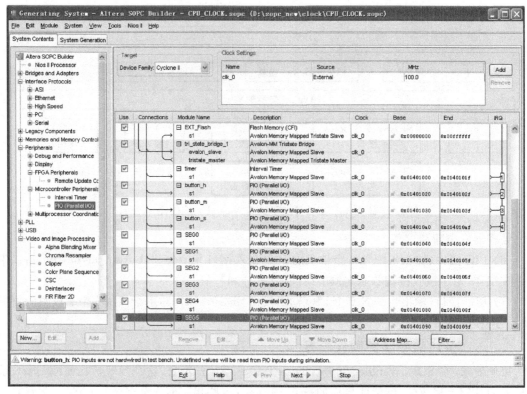

图 9.39　多功能电子钟 Nios II 硬件系统的配置界面

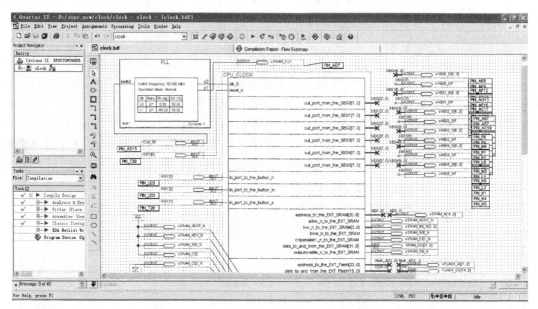

图 9.40　多功能电子钟的 Quartus II 设计界面

9.5.3　多功能电子钟软件编程

硬件下载后，启动 Nios II IDE 环境，建立以 Hello World 为模板的工程。配置系统工程时要注意，将程序存储器设置为 EXT_Flash，其他存储器设置为 EXT_SRAM，对程序进行编译，生成编程所需的头文件，然后编写多功能电子钟的程序。

多功能电子钟软件包括预定义部分、主程序和 3 个中断服务程序，各部分功能如下。

1. 头文件与公共参数定义

多功能数字钟应包含 4 个头文件 system. h、altera_avalon_pio_regs. h 、sys/alt_irq. h 和 altera_avalon_timer_regs. h，这些头文件包含了硬件相关信息。

由于多功能数字钟的时、分、秒的值是多个函数共用的，因此应定义为公共变量。共阳极七段显示代码也在这部分定义。

2. 主程序

完成初始参数的设置、中断初始化函数的调用和定时器初始化函数的调用。

3. 中断初始化函数

设置 3 个按键中断的触发方式和中断屏蔽情况，并分别注册这 3 个中断。

4. 定时器初始化函数

注册定时中断、清除状态，计算 1 秒的定时参数并写入定时器的时间常数寄存器，启动定时器允许中断，工作方式设置为连续计数方式。

5. 定时器中断服务程序

定时 1 秒时间到，修改时、分、秒的值，并进行显示。由于显示使用的是 DE2 - 70 开发板上的 6 个独立的共阳极七段数码管，因此显示时要将时、分、秒的高、低位进行分离，分别输出。

6. 按键 button_h 中断服务程序

该中断函数用于调整多功能数字钟的时值，每接受一次中断，时值加 1，当时值到 24 时，将时值清零。

7. 按键 button_m 中断服务程序

该中断函数用于调整多功能数字钟的分值，每接受一次中断，分值加 1，当分值到 60 时，将分值清零并对时值也要做相应的调整。

8. 按键 button_s 中断服务程序

该中断函数用于调整多功能数字钟的秒值，每接受一次中断，秒值加 1，当秒值到 60 时，将秒值清零并对时、分值分别做相应的调整。

多功能电子钟的程序如下：

```
#include "system. h"                //包含基本的硬件描述信息
#include "altera_avalon_pio_regs. h" //包含基本的 I/O 口信息
#include "sys/alt_irq. h"           //包含中断信息
#include "altera_avalon_timer_regs. h"  //定义内核寄存器的映射,提供对底层硬件的符号化访问
//共阳极七段显示代码
unsigned char table[10]={0xc0,0xf9,0xa4,0xb0,0x99,0x92,0x82,0xf8,0x80,0x10};un-
```

```
signed char hour,minute,second;        //定义存放时、分、秒的变量
//函数声明
void Timer_Init();
void Timer_interrupts(void * context, alt_u32 id);
void init_interrupt();
void button_h_interrupt(void * context, alt_u32 id);
void button_m_interrupt(void * context, alt_u32 id);
void button_s_interrupt(void * context, alt_u32 id);

//中断初始化
void init_interrupt(void )
{
    //button_h 中断初始化
    IOWR_ALTERA_AVALON_PIO_IRQ_MASK(BUTTON_H_BASE, 1);
    IOWR_ALTERA_AVALON_PIO_EDGE_CAP(BUTTON_H_BASE, 0);
    alt_irq_register(BUTTON_H_IRQ , 0,button_h_interrupt);    //button_h 注册中断函数
    //button_down 中断初始化
    IOWR_ALTERA_AVALON _PIO_IRQ_MASK(BUTTON_M_BASE, 1);
    IOWR_ALTERA_AVALON _PIO_EDGE_CAP(BUTTON_M_BASE, 0);
    alt_irq_register(BUTTON_M_IRQ , 0,button_m_interrupt);    //button_m 注册中断函数

    IOWR_ALTERA_AVALON_PIO_IRQ_MASK(BUTTON_S_BASE, 1);
    IOWR_ALTERA_AVALON_PIO_EDGE_CAP(BUTTON_S_BASE, 0);
    alt_irq_register(BUTTON_S_IRQ , 0,button_s_interrupt);    //button_s 注册中断函数
}
//button_h 中断函数
void button_h_interrupt(void * context,alt_u32 id)
{
    hour++;
        if (hour>=24)
        hour=0;
    IOWR_ALTERA_AVALON_PIO_EDGE_CAP(BUTTON_H_BASE, 0);
}
//button_m 中断函数
void button_m_interrupt(void * context,alt_u32 id)
{
    minute++;
        if (minute>=60)
        {
```

```
                    minute=0;
                    hour++;
                        if (hour>=24)
                            hour=0;
                    }
        IOWR_ALTERA_AVALON_PIO_EDGE_CAP(BUTTON_M_BASE,0);
}
//button_s 中断函数
void button_s_interrupt(void * context,alt_u32 id)
{
    second++;
            if (second>=60)
            {second=0;
            minute++;
                if (minute>=60)
                {minute=0;
                hour++;
                    if (hour>=24)
                        hour=0;
                }
            }
    IOWR_ALTERA_AVALON_PIO_EDGE_CAP(BUTTON_S_BASE,0);
}
//定时器初始化
void Timer_Init()
{
    alt_irq_register(TIMER_IRQ,0,Timer_interrupts);    //注册中断函数
    IOWR_ALTERA_AVALON_TIMER_STATUS(TIMER_BASE,0);    //清状态标志

    IOWR_ALTERA_AVALON_TIMER_PERIODH(TIMER_BASE,100000000>>16);
    //设置定时时间 1s
    IOWR_ALTERA_AVALON_TIMER_PERIODL(TIMER_BASE,100000000&0xffff);
    //启动定时器允许中断,连续计数
    IOWR_ALTERA_AVALON_TIMER_CONTROL(TIMER_BASE,7);
    }
//定时器中断服务函数
void Timer_interrupts(void * context, alt_u32 id)
{
        unsigned char s1,s2,m1,m2,h1,h2;
```

```
                    second++;
                    if (second>=60)
                    {second=0;
                     minute++;
                       if (minute>=60)
                         {minute=0;
                          hour++;
                            if (hour>=24)
                               hour=0;
                         }
                    }
                    s1=second % 10;
                    s2=second/10;
                    IOWR_ALTERA_AVALON _PIO_DATA (SEG0_BASE, table[s1]); //显示秒的低位
                    IOWR_ALTERA_AVALON _PIO_DATA (SEG1_BASE, table[s2]); //显示秒的高位
                    m1=minute % 10;
                    m2=minute/10;
                    IOWR_ALTERA_AVALON _PIO_DATA (SEG2_BASE, table[m1]); //显示分的低位
                    IOWR_ALTERA_AVALON _PIO_DATA (SEG3_BASE, table[m2]); //显示分的高位
                    h1=hour % 10;
                    h2=hour/10;
                    IOWR_ALTERA_AVALON _PIO_DATA (SEG4_BASE, table[h1]); //显示时的低位
                    IOWR_ALTERA_AVALON _PIO_DATA (SEG5_BASE, table[h2]); //显示时的高位

                    IOWR_ALTERA_AVALON _TIMER_STATUS (TIMER_BASE, 0);      //清状态寄存器

}
//主程序
int main()
{
 hour=0;
 minute=0;
 second=0;
 init_interrupt();
 Timer_Init();
  while (1);
  return 0;
}
```

程序运行后,DE2 - 70 开发板上正确显示时、分、秒的值,并且每隔一秒秒值加 1。分别按

动 3 个按键开关,可调整时、分、秒的值。

　　这里要注意,当程序存储器设置为 EXT_Flash 时,程序每次修改都要下载到 Flash 中,这样降低了调试速度。其实在程序调试阶段,为方便调试可以将所有存储器均配置为 EXT_SRAM。当程序功能正确后,再将程序存储器配置为 EXT_Flash,重新编译程序,然后将程序下载到 Flash 中,并且配置文件要用 AS 模式下载,这样 DE2 - 70 开发板每次上电都运行多功能电子钟的程序。

习　题

　　1. system. h 文件包含哪些信息?

　　2. PIO 核可提供多少位的 I/O 端口? 每个 PIO 有多少个寄存器? 使用 PIO 操作函数时应包含哪个头文件?

　　3. Nios II 系统中,中断有哪几种触发方式? 中断优先级如何设置?

　　4. 与中断相关的头文件有哪些? 中断服务程序如何注册?

　　5. 定时器组件的定时时间如何计算?

　　6. SRAM 和 SDRAM 有何区别? Nios II 系统与 16 位 SRAM 连接时应注意哪些问题?

　　7. 说出锁相环的功能及宏的定制过程。

　　8. 哪些存储器控制器都需要经过三态桥与 Aalon 总线相连?

　　9. 在 Nios II IDE 软件中,Flash 编程界面都可以对哪些文件进行下载?

　　10. System ID 组件的功能是什么? 该组件的名称有什么规定?

　　11. 观察一个实际的十字路口交通灯运行情况,模拟设计交通灯控制系统。

　　12. 设计一个用于测量信号频率的数字频率计,其测量范围为 1—50MHz。

　　13. 在参考本章数字时钟功能基础上,设计并实现一个具有闹铃和语音报时功能的电子表。

　　14. 设计一个出租车计价器,该计价器具备如下功能:

　　(1)具有启/停计费控制功能;

　　(2)通过脉冲信号模拟车辆的速度,且有 5 个速度可调;

　　(3)能实时显示里程数、单价、计费时间;

　　(4)能够支持时段计费功能。

参考文献

[1]　周立功. SOPC 嵌入式系统基础教程[M]. 北京:北京航空航天出版社. 2006. 11.

[2]　侯建军,郭勇. SOPC 技术基础教程[M]. 北京:北京交通大学出版社,2008. 5.

[3]　王刚、张潋. 基于 FPGA 的 SOPC 嵌入式系统设计与典型实例[M]. 北京:电子工业出版社. 2009. 1.

[4]　冼进. Verilog HDL 数字控制系统设计实例[M]. 北京:中国水利水电出版社. 2007. 4.

[5]　刘福奇,刘波. Verilog HDL 应用程序设计实例精讲[M]. 北京:电子工业出版社,2009. 10.

[6]　李兰英. Nios II 嵌入式软核 SOPC 设计原理及应用[M]. 北京:北京航空航天大学出版社. 2006. 11.

[7]　周立功. SOPC 嵌入式系统实验教程[M]. 北京:北京航空航天大学出版社. 2006. 11.

[8]　王晓迪,张景秀. SOPC 系统设计与实践[M]. 北京:北京航空航天大学出版社. 2008. 8.

[9]　蔡伟刚. Nios II 软件架构解析[M]. 西安:西安电子科技大学出版社. 2007. 11.

[10]　孙凯. Nios II 系统开发设计与应用实例[M]. 北京:北京航空航天大学出版社. 2007. 8.

[11]　郝建国,倪德克,郑燕,等. 基于 Nios II 内核的 FPGA 电路系统设计[M]. 北京:电子工业出版社. 2010. 4.

[12]　彭澄廉,周博,邱卫东,等. 挑战 SOC -基于 Nios 的 SOPC 设计与实践[M]. 北京:清华大学出版社. 2004. 8.

[13]　谭会生,瞿遂春. EDA 技术综合应用实例与分析[M]. 西安:西安电子科技大学出版社,2004. 11.

[14]　王毓银. 数字电路逻辑设计(脉冲与数字电路 第三版)[M]. 北京:高等教育出版社,1999. 9.

[15]　夏宇闻. Verilog 数字系统设计教程[M]. 北京:北京航空航天大学出版社,2003. 7.

[16]　吴继华,王诚. Altera FPGA / CPLD 设计(基础篇)[M]. 北京:人民邮电出版社,2011. 2.